国际能源署水电技术合作计划水电与环境工作组
淡水水库碳平衡管理项目技术报告

水库温室气体净通量
定量分析技术导则

国际能源署水电技术合作计划水电与环境工作组　著
李　哲　李　翀　译著
孙志禹　郭劲松　审校

科学出版社
北　京

内 容 简 介

国际能源署水电技术合作计划（IEA-Hydro）于 2007 年启动了淡水水库碳平衡管理工作项目，形成了《水库温室气体净通量定量分析技术导则》（第Ⅰ卷：监测与数据分析；第Ⅱ卷：建模）。两部技术导则着眼于梳理当前水库碳循环和温室气体源汇过程的科学认识和前沿动态，颁布标准化的水库碳通量监测与温室气体源汇建模评估方法，提出水库碳平衡研究的最优实践指南，以指导国际水电行业开展水库温室气体净通量监测评估与分析工作。本书分为三个部分，前两部分分别是上述两部技术导则的中译版，第三部分探讨在中国西南河道峡谷型水库开展水库温室气体净通量评估的若干思考。

本书可作为环境、水利、生态、地理、土木等学科及工程专业高年级本科生、研究生教学用书，以及相关领域教学、科研人员和工程技术人员的参考书。

图书在版编目(CIP)数据

水库温室气体净通量定量分析技术导则 / 国际能源署水电技术合作计划水电与环境工作组著；李哲，李翀译著. —北京：科学出版社，2016.12
　ISBN 978-7-03-051089-1

　Ⅰ. ①水…　Ⅱ. ①国…　②李…　③李…　Ⅲ. ①水库–有害气体–计量方法　Ⅳ. ①X511

中国版本图书馆 CIP 数据核字 (2016) 第 305366 号

责任编辑：李小锐　唐　梅 / 责任校对：韩雨舟
责任印制：罗　科 / 封面设计：墨创文化

科 学 出 版 社 出版
北京东黄城根北街16号
邮政编码：100717
http://www.sciencep.com

成都锦瑞印刷有限责任公司印刷
科学出版社发行　各地新华书店经销
*
2016 年 12 月第　一　版　开本：B5 (720×1000)
2016 年 12 月第一次印刷　印张：9.25
字数：200 千字
定价：92.00 元
(如有印装质量问题，我社负责调换)

致　谢

　　《水库温室气体净通量定量分析技术导则》(第Ⅰ卷：监测与数据分析；第Ⅱ卷：建模)的翻译工作得到了国际能源署水电技术合作计划(IEA-Hydro)的官方授权和大力支持。由衷感谢原著作者——IEA-Hydro专家团队为译著本导则付出的辛勤工作。

　　技术导则的翻译工作得到了中国长江三峡集团公司重点科研项目"三峡水库温室气体源汇通量监测与分析研究"和国家自然科学基金面上项目(51679226)的资助，同时也得到了 IEA-Hydro 主席 Torodd Jesen 博士、秘书 Niels & Lori Nielsen 博士和执行官 Jorge M. Damazio 博士、三峡集团公司林初学副总经理、科技与环境保护部孙志禹主任、杨洪斌副主任、陈永柏处长等领导的支持与帮助，在此表示衷心感谢。

译　者

2016 年 12 月

前　　言

　　水库是筑坝蓄水后形成的人工水体，亦称人工湖泊。它通过对地表径流的拦蓄调节，发挥灌溉、发电、防洪、供水、养殖、航运、旅游等多种功能，服务人类社会已超过 5000 年。目前，在全球范围内分布着超过 1000 万座水库、堰塘等人工水体，其中大型水库数量已超过 5 万座。各种水库所形成的总库容约为 1.55 万亿 m^3，约是全球河流年径流总量的 27.3%，形成的水面面积约占全球陆地天然水域总面积的 19.2%。中国是世界上水库数量最多的国家。目前，中国已建成各类型水库 9 万余座，总库容达 7063.7 亿 m^3，是中国天然湖泊储水量的两倍多，占中国河流年径流总量的 25.2%，总面积 6 万~7 万 km^2，同自然湖泊水域面积相当。

　　筑坝蓄水将可能显著改变流域碳的生物地球化学过程，使碳在地表与大气间的源汇关系发生变化。一方面，筑坝蓄水将不可避免地淹没一定土地，部分改变原有区域的土地利用特征，水库受淹区内土壤与植被中的有机物在成库后逐渐降解并向大气释放二氧化碳（CO_2）和甲烷（CH_4）等温室气体；另一方面，水库建成与运行迫使水库生态系统出现"河相－湖相"的过渡或交替，形成独特的水库初级生产格局和碳汇、碳埋藏等特点。20 世纪 90 年代以来，在热带水库的一些调查发现，筑坝蓄水将可能导致水库释放大量 CO_2、CH_4 等温室气体，产生显著的温室气体效应。但在北美寒温带水库的研究分析则认为，水库温室气体源汇关系变化与水库所在的气候带、水库库龄、淹没有机质丰度等生态环境因素密切相关，具有复杂性和不确定性。近年来国际学界形成的普遍共识是，科学评估水库温室气体通量的净增减（即水库温室气体的净通量），是明晰水库温室气体源汇关系的关键，也是揭示筑坝蓄水温室气体效应、客观阐释水电清洁能源属性的重要基础。

　　国际能源署（International Energy Association，IEA）水电技术合作计划（Technology Cooperation Program on Hydropower，IEA-Hydro）旨在促进和服务全球水电行业发展，围绕水电行业发展中的难点与热点问题，组织国际相关领域专家开展研究、评估与分析工作。IEA-Hydro 的水电与环境工作组（Annex XII：Hydropower & the Environment）于 2007 年启动淡水水库碳平衡管理（Managing the Carbon Balance in Freshwater Reservoirs）研究工作。该工作形成的重要技术报告《水库温室气体净通量定量分析技术导则》（第 I 卷：监测与数据分析）于 2012 年出版；《水库温室气体净通量定量分析技术导则》（第 II 卷：建模）也在 2015 年底正式出版。两部导则着重梳理了当前水库碳循环和温室气体源汇过程的科学认知和前沿动态，颁布标准化的水库碳通量监测与温室气体源汇建模评估方法，提出水库碳平衡研究的最优实践指南，以指导国际水电行业开展水库温室气体净通量监测评估的分析工作。

中国长江三峡集团公司(以下简称"三峡集团")自 2005 年开始跟踪、关注国际上发电水库温室气体源汇问题，在国内率先开展水库温室气体源汇研究的总体设计构思与布局，围绕水库温室气体监测方法、预测评估模型等问题陆续开展了大量调研与探索性研究工作。2010 年，三峡集团牵头承担了国家重点基础研究发展计划("973"计划)课题，后在 2012 年、2014 年分别启动了对金沙江下游梯级水电站和三峡水库温室气体源汇观测的分析研究。尽管初步结论认为中国西南峡谷河道型水库通常具有淹没面积小、混合程度好、单位能量密度高等特点，加之成库前系统的清库工作，成库后这些水库中 CO_2、CH_4 等温室气体的净增量应显著低于热带水库，但同国际上相对完整的长周期性监测序列和相对系统的预测评估研究相比，中国对水库温室气体研究的广度和深度仍十分有限，还不足以有力回应国际社会对中国水库温室气体效应的质疑。

为进一步紧跟国际前沿动态，积极参与国际水库温室气体研究，引导国际社会科学审视中国水库碳循环与温室气体源汇特征，2014 年年底三峡集团应邀参加了 IEA 在伦敦举办的水库温室气体研究工作会议。会后，在三峡集团的支持下，本书译者李哲有幸加入了 IEA-Hydro 专家团队，参与了《水库温室气体净通量定量分析技术导则》(第 II 卷：建模)的讨论与编写工作，并在技术导则中融入了中国典型峡谷河道型水库碳循环与温室气体源汇研究成果，以期能够更好地指导目前正在开展的中国水库温室气体源汇的监测与分析工作。在上述背景下，IEA-Hydro 授权中国长江三峡集团公司和中国科学院重庆绿色智能技术研究院将《水库温室气体净通量定量分析技术导则》(第 I 卷：监测与数据分析；第 II 卷：建模)翻译成中文版。相信该技术导则的中译版将指导并推动中国水库温室气体的研究工作，为科学阐明中国水库碳循环机制与温室气体源汇提供重要参考。

本书分为三个部分。第一部分和第二部分分别为 IEA-Hydro 技术导则的中译本；第三部分初步探讨中国西南河道型水库生态系统、水库碳循环与温室气体源汇的总体特征，结合 IEA-Hydro 技术导则的监测评估框架，提出在中国西南河道型水库开展碳循环与温室气体源汇建模研究的总体思路、模型框架与实施的技术路径，并对未来的研究工作提出展望。

本书内容广泛，又与多学科交叉，且 IEA-Hydro 技术导则专家团队母语背景复杂，在语言上可能有不少理解不透彻的地方；加之译者的知识和经验水平有限，翻译的表达误差在所难免，恳请广大读者不吝指正。

译 者

2016 年 10 月 28 日

目　　录

第二部分　建模

第三部分 对中国西南河道型水库温室气体净通量研究的思考

第一部分　监测与数据分析

　　摘　要　当前，在发电水库温室气体排放的研究前沿，依然存在众多的不确定性和不同观点，并使发电水库通常被排除在相关能源政策与法律法规范围以外。为此，国际能源署水电技术合作计划（IEA-Hydro）启动了"淡水水库碳平衡管理"工作项目。其目的在于通过全面的工作规划以增进对水库温室气体源汇变化科学知识的积累，为水库碳平衡研究提供最优实践导则，对水库温室气体通量评估提供标准化的科学方法。

　　《水库温室气体净通量定量分析技术导则》（以下简称"导则"）将为水库温室气体净通量的定量分析提供可参考的科学框架，对水库温室气体原位监测、数据分析和建模提供建议和推荐操作流程。导则分为两卷：第Ⅰ卷为监测与数据分析，第Ⅱ卷为建模。在本卷中，水库温室气体净通量定义为：蓄水后水库温室气体通量①，与蓄水前的温室气体通量和其他人类活动对水库温室气体通量的贡献量②的差值。导则通过阐述水库温室气体净通量估算③的概念性模型，提出了开

---

　　①　原文中为 GHG emissions and removals。作者原意为蓄水后水库温室气体，既可能存在释放（emissions），也可能吸收或去除（removals）大气中的温室气体（如藻类固碳）。在一定的时空范围内，水库温室气体总体的源汇情况应是上述二者相互抵消的结果（balance of GHG emissions and removals）。

　　必须特别指明，严格意义上，"通量"（flux）是指单位时间通过单位面积的物质的量，其量纲为［质量］·［面积］⁻²［时间］⁻¹。在水库温室气体源汇研究中，通常是指局部时间（如一次监测）或局部空间（如某一个监测点位）特定空间界面（水－气界面、土－气界面或控制断面）的温室气体通量。

　　近年来也有一些研究将"通量"概念的应用扩大到对水库源汇情况的表述中，如"水库温室气体总通量"，通常表示对特定时间和空间范围内水库温室气体监测"积分"后的总体源汇情况。"水库温室气体净通量"，通常表示特定时间和空间范围内同蓄水前相比水库蓄水后净增加或净减少的温室气体总量，同本书中"净通量"（net GHG emissions）相同。

　　本书中，为与中文表述更为接近，采用"通量"表达水库作为一个完整且独立的单元同大气间的温室气体交换特征，此时"通量"的量纲为［质量］·［时间］⁻¹，如"t·d⁻¹"。——译者

　　②　原文中为 GHG emissions from unrelated anthropogenic sources，简写为"UAS"，指除了筑坝蓄水以外，水库所在流域其他人类活动（如城镇排污、农田面源污染等）对水库温室气体通量产生的贡献。故关于这部分人类活动导致的水库温室气体通量变化，本书中均表达为"其他人类活动对水库温室气体净通量的贡献量"，或在书中直接用英文简写形式"UAS"进行表达。——译者

　　③　原文中多次使用"estimation"和"prediction"描述水库温室气体净通量评估的结果。根据原文作者的意思，"estimation"更强调对现有某种状态的计算结果；而"prediction"则在时间上带有对未来情景模型运行结果的描述。故结合两个单词的原意，本书将"estimation"翻译成"估算"或"估测"；将"prediction"翻译为"预测"。必须指明，尽管"估算"（或"估测"）在中文表达中带有"粗略计算"或"给出大致范围"的含义，"估算"结果通常具有较大不确定性，但本书中的"估算"并不强调对水库温室气体净通量建模仅仅是"粗略计算"或"给出大致范围"，而是经过既定科学流程对水库温室气体源汇较为准确的计算，相对中文含义而言，其不确定性明显较小。——译者

展该研究的基本科学框架。该概念性模型以 EPRI(2010)模型为基础，整个模型系统包括 5 个部分：水库淹没区、水库、水库上游流域、过坝下泄设施、下游受影响河段。导则同时提供了根据监测数据估算水库温室气体净通量的基本计算流程，以及评估它们不确定度的方法。对已建水库蓄水后温室气体总通量，导则提供了如何规划并实施监测的建议和操作规程，分析了与此相关的不确定度。关于估计蓄水前温室气体源汇情况，导则分别针对已建水库和待建水库提出了建议与操作流程。此外，本导则也提供了在环境与技术方面描述水库特征的指标清单，以方便检索或包含在水库温室气体净通量的定量分析报告中。

关键词：碳平衡　监测　数据分析　建模　水库温室气体净通量　多用途水库

执行概要

本导则目标是，辨识开展水库温室气体净通量定量分析的最优实践，以帮助用户获得可参考的理论框架与技术路径。基于此，用户可以开展充足的分析和研究，掌握影响已建水库或待建水库温室气体源汇变化的过程。

本导则所涵盖的知识，来自于业界实践、科学家和水电专家的经验积累。

当前，在发电水库温室气体排放的研究前沿，依然存在众多的不确定性和不同立场，并使发电水库通常被排除在相关能源政策与法律法规范围以外。为此，国际能源署水电技术合作计划(IEA-Hydro)启动了"淡水水库碳平衡管理"工作项目。其目的在于通过全面工作规划以增进对水库温室气体源汇变化科学知识的积累，对水库碳平衡研究提供最优实践导则，对水库温室气体通量评估提供标准化的科学方法。

本导则对水库碳平衡研究提供了最优实践方法，以帮助用户对各种用途的水库开展监测、进行数据分析并建立水库温室气体净通量模型。第Ⅰ卷介绍监测方案设计和数据分析，第Ⅱ卷为建模。

第1章 引　言

1.1　概　述

当前，世界各国及其司法管辖区均通过推进可持续的能源政策、优化能源项目立法与行政审批许可，以应对减少温室气体排放、提高能源服务水平的新挑战。作为一种技术成熟且符合社会需求的可再生能源技术，水力发电是应对上述挑战的明智选择。

相比其他发电形式，水力发电拥有许多显著优势，包括已被充分证实的高可靠性、高效率[①]、低运行和低维护费用，以及具有容易调节荷载变化的能力。同时，因众多水电站同水库合建，它们可以提供多种社会效益，包括供水、灌溉、防洪、航运、旅游等。此外，水力发电的污废物排放量低，且不产生区域性空气污染或酸雨等问题。

但水电开发也将带来一些负面效应，主要是在天然河道上建坝所带来的环境与社会影响，以及水库形成后淹没上游部分河谷区域所带来的相关问题[②]。在人类活动中，水力发电产生温室气体并释放的可能性不应忽略。这已在一些关于发电水库温室气体释放监测结果的文件报道中有所述及（Rosa and Schaeffer，1994）。部分研究认为发电水库是潜在的温室气体释放源（Rudd et al.，1993；St-Louis et al.，2000）。20世纪90年代末期，世界大坝委员会（World Commission on Dams，WCD）在关于大型水坝开发有效性的全面述评中，便包括了大坝对促进温室效应贡献的相关主题。Rosa和Santos（2000）为WCD撰写的研究报告中的相关结论，被收录到WCD的最终报告中，并使该问题在全球范围内备受

[①] 政府间气候变化专门委员会（以下简称"IPCC"）的《可再生能源和气候变化减缓特别报告》（2011）指出，在所有能源形式中水电具有最优的能源转化效率和最高的能源回报率。该报告同时提到，电网中水电的灵活性和较短的响应时间，将促使火力发电厂在最优的稳态水平下持续运行并削减燃料消耗和污染排放。拥有水库的水电站还可用以作为电网中间歇性可再生能源（风能、太阳能、潮汐能）的备份或调节器。——作者

[②] 本导则中，水库通常指在自然河道（水道）上通过建坝形成的人工水体。一些水电工程项目，利用位于较高海拔的天然湖泊，通过管道或涵洞将其连接，使其具有调蓄水资源的功能。这类情况并不涵盖在本导则中。——作者

争议。

目前，水库二氧化碳释放当量（CO_2-equivalent）定量分析结果依然存在许多不确定性。在估算人类活动对温室气体源汇影响的国家清单中，特别是在评价淹没陆地导致的 CO_2、CH_4 排放中，国际上普遍认可的方法学描述（IPCC，2006）仅包括了对未来方法开发的基础性说明，反映出该议题目前仅有的十分有限的科学信息。IPCC 国家温室气体清单计划工作组在 2009 年圣保罗会议上的相关报告中指出，水库（作为湿地的一种）导致温室气体源汇变化这一特性，尚存疑问。因为水库不仅影响毗邻陆域的土地利用，也受到毗邻陆域土地利用的影响。进一步地，年际间气象条件的变化，将给估算筑坝蓄水的温室气体源汇造成更多困难。近期，美国橡树岭国家实验室就该议题的文献综述（EPRI 2010），认为从目前的数据中可明确监测到的水库温室气体源汇通量并不为零，即便如此，由于目前对水库温室气体源汇的监测与估算有限，以及水库修建之前温室气体源汇评估的相关研究极少，水库温室气体是否对大气产生了净释放这一问题仍存质疑。甚至在最近，有研究报道了水库可能呈现碳汇的格局（Chanudet et al.，2011；Ometto et al.，2010；Skiar et al.，2009）。

在确定发电水库是否有资格纳入清洁发展机制（CDM）时，UNFCCC 相关协议的执行理事会意识到：发电水库项目的温室气体源汇依然存在科学层面上的不确定性，且上述不确定性不可能在短期内解决。故采用以 W/m^2 为单位的能量密度指标衡量发电水库项目的清洁属性，并认为，水电项目能量密度不超过 $4W/m^2$，则不能从 CDM 中获益；对能量密度超过 $10\ W/m^2$ 的水电项目，则认为其温室气体释放可以忽略；而能量密度为 $4\sim10W/m^2$ 的水电站项目，其温室气体排放因子被判定为 $90gCO_{2eq}/kW\cdot h$（UNFCCC/CCNUCC，2006）[①]。此外，UNFCCC 的清洁发展机制执行理事会还特别指出，上述指导性意见并不妨碍在同水库相关的项目活动中向 CDM 方法委员会[②]提交审议新的方法学。

当前，在发电水库温室气体源汇的研究前沿，依然存在众多的不确定性和不同立场，并使发电水库通常被排除在相关能源政策与法律法规范围以外。为此，国际能源署水电技术合作计划（IEA-Hydro）启动了"淡水水库碳平衡管理"工作

[①] 2011 年 IPCC 的《可再生能源与气候变化减缓特别报告》中提出，水电装机容量、水库面积和水库众多生物地球化学过程之间几乎没有关联性。假定两个具有相同库容、相同水域面积的发电水库项目，根据其能量密度，将产生相同的排放量，而同气候带或淹没区域植被数量与碳通量无关。故根据能量密度划定标准，因在同时可能支持具有更低社会效益的项目，则将潜在地阻碍水电项目社会效益的发挥。——作者
[②] 方法学委员会（Methodologies Panel；英文简写为"Meth Panel"）是 UNFCCC 清洁发展机制执行理事会的下设机构，旨在开发基线调查与监测方案的方法学指南建议，以及对拟提交基线调查与监测方法学指南的申请提出审议建议。——作者

项目。其目的在于通过全面工作规划以增进对水库温室气体源汇变化科学知识的积累，对水库碳平衡研究提供最优实践导则，对水库温室气体通量评估提供标准化的科学方法。

本导则中，定义为"最优实践方法"的各种技术指南，同水库温室气体净通量的监测估算工作密切相关，包括以下几个方面：

（1）在考虑各种可用资源情形下，以最权宜的方式提供对每项特定活动（监测、建模等）的期望产出。

（2）满足项目合作各方的相关要求，如技术质量、财务支出、安全与风险暴露、环境和法规要求等。

此外，本导则中，"工业实践"是指在具体水电项目研究中涉及的实践工作经验。本导则将通过搜集获取最优工业实践，并在此基础上整合作者的专业判别和知识贡献以确定"最优实践"。

1.2　导则的目标

本导则的首要目标是：

（1）提供对水库温室气体净通量开展定量分析的参考框架。水库温室气体净通量被定义为：蓄水后水库温室气体总通量，与其他人类活动对水库温室气体通量的贡献量（UAS）和蓄水前温室气体通量的差值。

（2）制定发电水库温室气体通量的监测流程与技术协议。

（3）提升对发电水库温室气体源汇变化过程的科学认知，并纳入政府能源政策制定、立法与行政审批许可中。

本导则提供的一系列建议与推荐程序，将被特地开发为研究工具，以便更好地服务于全球范围内对水电项目温室气体净通量的科学认知。这将进一步依托IEA 水电实施协议 ANNEX XII（水电与环境）工作组的各种活动，促进本导则在寒带、热带、半干旱和温带等发电水库的实际应用，以实现上述目标。同时，必须明确的是，本导则并不仅局限于对已建或待建水库的常规评估与监测。

1.3　导则编制的工作范围

本导则共包括两卷。第 I 卷：监测与数据分析。该卷提供开展水库温室气体监测活动和数据分析的建议与推荐流程，以获得在监测方案实施周期内关于水库温室气体净通量的估算值及其不确定度。第Ⅱ卷：建模。该卷提供关于水库温室气体净通量模型的数学方程构建、参数验证、模型校正和使用的建议与推荐流程，以获得在长时间范围内水库温室气体净通量。

第Ⅰ卷编制过程中也包含了一些其他内容或工作，以实现导则的编制目标（见1.2节）。主要包括：①对该议题的前期研究工作进行文献综述；②回顾巴西、挪威、芬兰、日本、美国、加拿大、澳大利亚和法国等国相关研究机构的工作，以及IPCC、国际水电协会（International Hydropower Association，IHA）等组织关于该议题开展的工作；③查询并结合工业界已有实践、科学家和学术界的经验开展交流；④掌握本导则编者和其他贡献者相关背景；⑤成立独立的专家评审小组进行同行评议。

1.4　内容设置

本卷提供关于开展水库温室气体监测活动与数据分析最优实践的基本框架，以获得多用途水库温室气体净通量的估算值及其不确定度。

本卷的内容设置如下。

第1章：引言。阐释本卷编制工作的需求、概念、目标和工作范围。读者将了解本卷内容、是否满足用户需求以及如何使用本导则等信息。

第2章：水库温室气体净通量的定量分析。本章涵盖估算水库温室气体净通量的理论框架、计算水库温室气体净通量的基本原则，以及评估它们不确定度的方法。同时也提供在环境与技术方面描述水库特征的指标清单，以便检索或者用于水库温室气体净通量的定量分析报告编制。

第3章：蓄水前温室气体源汇的定量分析。为获得已建或待建水库蓄水前温室气体通量的估算值及其不确定度，本章涵盖相关监测方案规划、执行和文献查阅的建议与推荐流程。

第4章：蓄水后水库温室气体源汇的定量分析。为获得已建水库蓄水后温室气体通量估算值及其不确定度，并在其中扣除其他人类活动的贡献量，本章涵盖针对已建水库的监测方案规划、执行建议和推荐程序。

附录：包括对影响①水库温室气体通量与永久性碳埋藏通量生物地球化学过

___

① 原文中此处所用英文单词为"govern"，带有"支配、控制"的含义。译文中为使表述更符合中文习惯，调整为"影响"或"调控"。下文同。——译者

程的既有知识描述，以及监测技术的详细内容。

1.5　导则使用方法

本卷包括了一般性指导，可以帮助读者有效地甄别开展监测活动和数据分析的最优实践，以获得各种用途水库的温室气体源汇通量的估算值及其不确定度。本卷并非规范性文件，在决策制定和项目实施中仍需考虑具体的环境条件。因此，读者需结合自身项目情况检查本卷各部分之间的关联性，并考虑如何将本导则应用到具体项目中。

第2章　水库温室气体净通量的定量分析

2.1　引　　言

任何水库的建设和运营都将产生淹没区，并使该区域的物质传输与储存呈现出与蓄水前普遍情况迥异的情势。特别地，当开展水库温室气体净通量的定量分析时，水库蓄水前和蓄水后的情势存在两个显著的区别：①水库表面与大气间温室气体交换通量的差别[①]；②永久性碳埋藏通量的差别。其中，对水库温室气体通量而言，通常关注 CO_2、CH_4 和 N_2O 三种温室气体。因此，本导则主要关注影响碳、氮迁移与储存的生物地球化学过程。

在水库碳收支平衡中，基本的生物地球化学过程是自养生物（植物、蓝藻等）的光合与呼吸作用，以及异养生物（动物、真菌、细菌和古菌等）对有机碎屑的分解以释放 CO_2 和 CH_4。在这个意义上，因可能影响初级生产力和有机质分解效率，所以磷同样是必须要考虑的一个重要元素。影响水库氮收支的生物地球化学过程包括：生物固氮、氨化、硝化和反硝化等。而后面两个生物地球化学过程（硝化、反硝化）将可能导致 N_2O 的生成和释放。所涉及的物理过程包括相关化学物质的随流输移、湍流扩散和气泡释放；而所涉及的地球化学过程则包括有机质的化学腐烂降解或氧化。附录 I-1 对不同景观单元内影响 CO_2、CH_4 和 N_2O 等温室气体通量和碳埋藏通量的既有科学知识进行了综述。

---

① 通量（flux），定义为物质通过某一界面的速率。通常情况下，若物质从所关注对象的物质储存库中传输出去，则通量通常被赋以正号，例如从水库向大气释放。通量值为正被称为"排放"。在大气变化的背景下，所谓的"排放"是指某种温室气体在大气中的浓度（或混合比例，也称为"分压"）因诸如土地利用变化等情况变化而导致的增加。相反，当从大气中摄取则称为"吸收"（原文为"removal"，此处按中文习惯翻译）。若在特定的时间和空间范围内，某一区域表面排放和吸收相互平衡、抵消的结果为正值，则该区域被认为是"源"；若为负值，则该区域被认为是"汇"。对特定区域源、汇的界定，应对区域排放和吸收的平衡关系在超过一个完整周年的时间跨度下进行评价，才具有科学意义。——作者

2.2 概念性模型

2.2.1 导则内容

本导则中,在水库温室气体净通量定量分析的总体框架下,蓄水前温室气体释放与吸收相互抵消的结果,被称为蓄水前温室气体通量。蓄水后水库温室气体释放与吸收相互抵消的结果,则被称为蓄水后水库温室气体通量。蓄水后的温室气体通量,可能部分来自同筑坝蓄水无关的其他人类活动的贡献(UAS)。因此,水库温室气体净通量,是蓄水后水库温室气体通量同蓄水前温室气体通量的差值。对特定水库而言,可根据以 EPRI(2010)模型为基础的概念性模型,获得蓄水前后水库温室气体通量和水库温室气体净通量的估算。在该概念性模型中,整个系统被划分为 5 个部分:水库淹没区域、水库、水库上游流域、过坝下泄设施、下游受影响河段。

2.2.2 最优实践指南

1. 该概念性模型应被用来作为定量分析水库温室气体净通量的基础

水库温室气体通量的评估模型,需考虑在水库运行过程中所有产生温室气体通量的途径[①],关注重点是在水库表面温室气体的扩散释放和气泡释放,此外也包括水体流经较低泄水口时可能产生的温室气体消气释放。在大坝下游一定河段范围内(大坝尾水)的温室气体通量也可能受到改变(增加或减少)。其中,下游河段温室气体释放强度增加,主要是因为库首深层水体中含有大量的温室气体;而下游河段温室气体释放强度减少的主要原因可能是水库泥沙淤积。

在水库温室气体源汇现状的分析评估中,需要考虑水库温室气体源汇改变的3 个途径:①水库表面的温室气体通量(扩散释放和气泡释放);②经由泄洪孔洞或水轮机组过坝下泄的温室气体消气释放;③大坝下游特定河段范围内(直至下游河段温室气体通量强度恢复到未建坝之前周围河段的水平),大坝尾水的温室

---

① 本导则并不考虑在水电项目建设阶段产生的温室气体排放。——作者

气体通量。

水库温室气体净通量评估的概念性模型，还涵盖了水库修建以前和水库运行期间生态系统的温室气体通量。水库温室气体净通量的概念性模型，是本导则2.3节中图 2-1～图 2-3 的理论基础。

2. 在该概念性模型中，整个系统被划分为 5 个部分：水库淹没区域、水库、水库上游流域、过坝下泄设施、下游受影响河段

1) 水库淹没区域

蓄水前，因局地环境条件存在差异，水库淹没区域内的不同部分将呈现不同的陆表与大气的温室气体通量特征和不同的永久性碳埋藏通量。为分析水库温室气体净通量，蓄水前水库淹没区域可大致地划分为 3 个不同部分（不同景观单元）：水体、河滩地和近岸高地[①]。其中，水体部分包括水库淹没区域中常年被淹没的部分，如天然河道、溪流、湖泊等；河滩地部分包括土壤被部分淹没或者仅汛期受浸没的区域；近岸高地部分包含水库淹没区中的其他陆域。上述三个部分的任一部分，可划分为更细的部分以更好地反映水库淹没区域内土地利用空间的异质性特征。例如，当水库淹没区的水体部分含有湖泊且占较大比重，该部分便应进一步细分为河流（或溪流）和湖泊两个子部分。

蓄水前，水库淹没区域内各部分碳、氮的迁移转化、输运储存特征均呈现各自的规律性。在近岸高地部分，植被生物量、表层土壤和泥炭层将呈现为 CO_2 的汇。河滩地可能是一个重要的 CH_4 源，但其永久性碳埋藏亦呈现显著较高的通量。在水体部分，从上游流域河道中汇集而来的水体和泥沙，并会同来自上游流域和水库淹没区域河滩地的水体和泥沙，一起通过河段和溪流向下游输送。同时，随着河流流动，微生物活动将促使河流温室气体持续释放。大体上，蓄水前水库淹没区域中的水体部分已被证实是 CO_2、CH_4、N_2O 的源，但其中的湖泊被普遍认为具有显著较高的永久性碳埋藏通量。

对于水库淹没区域，应估算陆表与大气间的温室气体通量和永久性碳埋藏通量，以计算蓄水前温室气体通量。对此，第 3 章提供了针对特定水库的推荐方法[②]。

蓄水后，水库淹没区域的环境条件被水库替代，形成了新的碳、氮的迁移转化、输运、储存特征。该特征受到被淹没生物量和储存于淹没区域有机质总量的

---

① 原文为 "water bodies，floodplain，and upland"。——译者
② 本导则认为推荐方法应确保估计值同真值的大致水平不发生系统性的高估或低估，且应向着目标真值水平的方向尽可能减少不确定性。——作者

影响，且该影响自蓄水开始后持续数年。准确监测受淹生物量和有机质总量对科学认识蓄水后水库的温室气体通量和永久性碳埋藏通量、开展模型参数校正与预测等具有十分重要的意义。本导则第Ⅱ卷(建模)中提供了预测受淹生物量和有机质总量的推荐方法和技术指南。

2)水库

蓄水后，水库表面同大气间的温室气体通量和水库淹没区域的永久性碳埋藏通量将呈现新的特征。

水库水－气界面间温室气体的交换，包括扩散交换和气泡释放两种途径。气泡释放通量(主要是 CH_4)大多数时候出现在水库浅水区域。此外，在水库淤积区域将形成新的水库永久性碳埋藏通量特征。为分析蓄水后水库温室气体通量，可根据水动力与水质特征将水库大致划分为若干区域。例如，为分析水库水－气界面扩散通量，通常可将水库划分为水库上游、水库中游、库湾、坝前水域等不同区段。

为计算蓄水后水库温室气体通量，需要估算蓄水后水库水－气界面温室气体所有交换途径和水库永久性碳埋藏通量等。对此，第 4 章提供了针对特定水库的推荐方法和技术指南。

3)水库上游流域

各种碳、氮化合物将通过水库上游流域河流水系汇集并经由河道输送入库。水库中微生物活动将最终使它们转化成温室气体。监测上述碳、氮化合物的入库总量，对科学认识蓄水后水库温室气体通量、开展模型参数校正与预测等具有十分重要的意义。本导则第Ⅱ卷提供了获得上游流域入库碳、氮负荷总量的推荐方法和技术指南。

4)过坝下泄设施

水体通过大坝出水口向下游下泄的过程中将因为静水压力的瞬间改变(消气作用)而形成温室气体释放。这是水库温室气体释放的重要途径，故必须在计算蓄水后水库温室气体通量中予以考虑。第 4 章提供了预测水库过坝下泄消气过程中温室气体通量的推荐方法和技术指南。

5)下游受影响河段

水库下游受影响河段的水－气界面温室气体通量，将可能因水库运行调度实践而改变下游河段溶解性气体含量。该部分温室气体通量需包含在蓄水前、后温室气体通量的预测计算中。第 3 章提供了计算蓄水前下游河段水－气界面温室气体通量的技术指南和推荐方法。第 4 章则提供了蓄水后相应通量的技术指南和推荐方法。

　　此外，监测通过下游河道随流出库的碳、氮化合物数量对科学认识蓄水后水库温室气体通量、开展模型参数校正与预测等也具有十分重要的意义。本导则第Ⅱ卷提供了估算碳、氮化合物随流出库数量的技术指南和推荐方法。

2.3　定量分析水库温室气体净通量的基本流程

2.3.1　导则内容

　　定量分析水库温室气体净通量的基本流程可以分为以下三个部分。
　　(1)时间范围、监测活动和建模。
　　(2)计算预测值的一般规则。
　　(3)评估不确定度的一般规则。

2.3.2　最优实践指南

　　1.　水库温室气体净通量估算值，应根据研究目的设定特定时间跨度

　　在以通过信息收集而增进科学认知为目的的研究实践中，相对短的时间跨度可以提供有价值的信息。但为了考察季节变化(年内变化)对水库温室气体通量产生的影响，至少需要一周年的时间。评估分析多年气候波动和淹没植被降解过程，则可考虑采用多年的时间跨度开展研究。对上述短时间跨度的研究实践，细致的时间、空间监测点位分布和良好的监测活动组织，可提供研究区域有价值的基础数据。上述数据，连同对时间、空间插值的简单模型假设，便可实现对蓄水前、后水库温室气体通量和野外监测期间水库永久性碳埋藏通量的估算。

　　若研究的目标是开展水电项目全生命周期评估(Life Cycle Assessment)，选择的时间范围应为 100 年(ISO，2006；Guinee，2002)，同时应从水库蓄水开始开展生命周期评估工作。在这些研究实践中，水库未来的温室气体通量和永久性碳埋藏通量(对已建水库应同时考虑过去的碳埋藏通量)，可以通过模型的应用予以预测。其中，模型参数和常量，可通过对水库监测点位开展特定的监测活动、文献查阅，或通过对水库相关监测数据与预测结果间的参数调校等获得。上述估算结果通常被称为"预测值"。本导则第Ⅱ卷中提供了数学建模方程、参数校正和模型使用的推荐方法。

2. 计算水库温室气体净通量的估算值，应遵守一系列预设的基本规则

1)计算估算值的一般性规则

(1)应针对各种温室气体分别进行蓄水前、蓄水后温室气体通量的计算。

(2)估算永久性碳埋藏通量，需一并考虑 CO_2 的通量变化[①]。

(3)蓄水前来自各种碳途径的特定温室气体通量估算值之和反映了蓄水前该温室气体的源汇情况。

(4)蓄水后来自各种碳途径的特定温室气体通量估算值之和反映了蓄水后该温室气体的源汇情况。

(5)对特定的温室气体源汇估算值，可能受到其他人类活动贡献的影响（UAS）。该部分贡献量应从蓄水后该温室气体通量中扣除。

(6)蓄水后水库温室气体通量扣除蓄水前温室气体通量，即为水库温室气体净通量的估计值。

图 2-1 中以 CO_2 为例描述了应用 2.2 节中的概念性模型和上述一般性规则计算水库温室气体净通量的流程。图 2-1 上部表示蓄水前 CO_2 通量的估计值（简写为"CPRE"），计算公式为

$$CPRE = C1 + C2 + C3 + C4 + C5 - (44/12) \cdot (C6 + C7) \tag{2-1}$$

式中，C1——水库淹没区中近岸高地部分的 CO_2 通量；

C2——水库淹没区中河滩地部分的 CO_2 通量；

C3——水库淹没区中湖泊子部分的 CO_2 通量；

C4——水库淹没区中河流子部分的 CO_2 通量；

C5——坝址下游区域的 CO_2 通量；

C6——河滩地部分永久性碳埋藏通量；

C7——湖泊部分的永久性碳埋藏通量。

图 2-1 中部表示未扣除其他人类活动贡献量之前，水库蓄水后 CO_2 通量的估算结果（简写为"CPOSTBE"），计算公式为

$$CPOSTBE = C8 + C9 + C10 - (44/12) \cdot C11 \tag{2-2}$$

---

①　蓄水前，水库淹没区域湖泊和河滩地沉积物中埋藏的所有碳可认为是从大气中吸收摄取而产生的。故可认为蓄水前碳埋藏通量是水库淹没区域同大气 CO_2 交换中产生汇的部分（即从大气中吸收 CO_2）。蓄水后，水库因碳路径发生改变，其碳埋藏通量显著增加。尽管对水库碳循环模式存在不同认识，本导则采用同前述蓄水前情形一致的模式进行相关描述。——作者

式中，C8——水库水-气界面的 CO_2 通量；

　　　C9——CO_2 过坝下泄消气的释放通量；

　　　C10——水库下游河段的 CO_2 通量；

　　　C11——水库泥沙淤积区的永久碳埋藏通量估算。

图 2-1 下部表示其他人类活动对蓄水后水库 CO_2 通量贡献量的估算（简写为"CUAS"），计算公式为

$$CUAS=C12+C13+C14 \tag{2-3}$$

式中，C12——水-气界面的 CO_2 通量中因其他人类活动导致的贡献量；

　　　C13——过坝下泄的 CO_2 消气释放通量中因其他人类活动导致的贡献量；

　　　C14——水库下游河段的 CO_2 通量中因其他人类活动导致的贡献量。

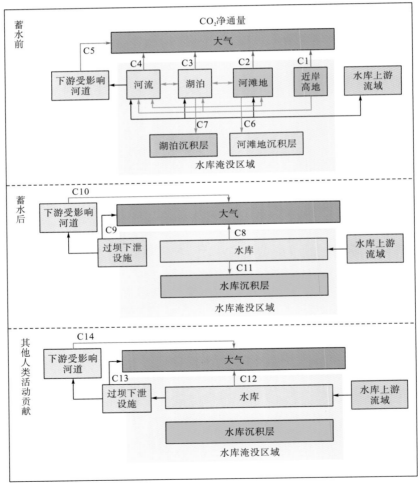

图 2-1　水库 CO_2 净通量计算规则的应用

应特别注意的是，在表示所有温室气体通量时，向大气释放温室气体使用正值，从大气中吸收或去除温室气体使用负值。

综上，蓄水后水库 CO_2 通量(简写为"CPOST")的估算值为

$$CPOST=CPOSTBE-CUAS \tag{2-4}$$

或

$$CPOST=[C8+C9+C10-(44/12)\cdot C11]-[C12+C13+C14] \tag{2-5}$$

水库 CO_2 净通量(简写为"CNET")的估算值为

$$CNET=CPOST-CPRE \tag{2-6}$$

或

$$CNET=C8+C9+C10-(44/12)\cdot C11-C12-C13-C14-C1-C2-$$
$$C3-C4-C5+(44/12)\cdot(C6+C7) \tag{2-7}$$

图 2-2 描述了应用上述一般性规则计算水库 CH_4 净通量的流程。图 2-2 上部表示蓄水前 CH_4 通量的估算值(简写为"MPRE")，计算公式为

$$MPRE=M1+M2+M3+M4+M5 \tag{2-8}$$

式中，M1——水库淹没区近岸高地部分的 CH_4 通量；

M2——水库淹没区河滩地部分的 CH_4 通量；

M3——水库淹没区中湖泊子部分的 CH_4 通量；

M4——水库淹没区中河流子部分的 CH_4 通量；

M5——在坝址下游区域的 CH_4 通量。

图 2-2 中部表示未扣除其他人类活动贡献量之前蓄水后水库 CH_4 通量的预测结果(简写为"MPOSTBE")，计算公式为

$$MPOSTBE=M6+M7+M8 \tag{2-9}$$

式中，M6——水库水-气界面的 CH_4 通量；

M7——CH_4 过坝下泄消气的释放通量；

M8——水库下游河段的 CH_4 通量。

图 2-2 下部表示其他人类活动对蓄水后水库 CH_4 通量贡献量的估算(简写为"MUAS")，计算公式为

$$MUAS=M9+M10+M11 \tag{2-10}$$

式中，M9——水-气界面的 CH_4 通量中因其他人类活动导致的贡献量；

M10——过坝下泄的 CH_4 消气释放通量中因其他人类活动导致的贡献量；

M11——水库下游河段 CH_4 通量中因其他人类活动导致的贡献量。

综上，蓄水后水库 CH_4 通量(简写为"MPOST")的预测值为

$$MPOST = MPOSTBE - MUAS \tag{2-11}$$

或

$$MPOST = (M6 + M7 + M8) - (M9 + M10 + M11) \tag{2-12}$$

水库 CH_4 净通量（简写为 "MNET"）的估算值为

$$MNET = MPOST - MPRE \tag{2-13}$$

或

$$MNET = M6 + M7 + M8 - M9 - M10 - M11 - M1 - M2 - M3 - M4 - M5 \tag{2-14}$$

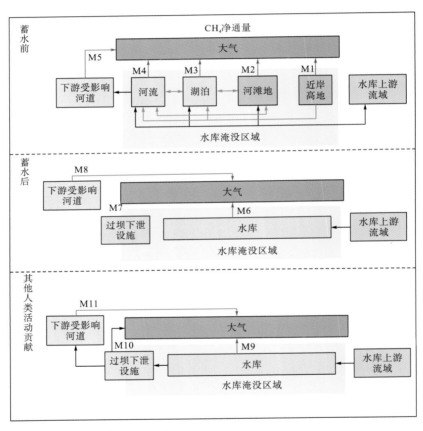

图 2-2 水库 CH_4 净通量计算规则的应用

图 2-3 描述了应用上述一般性规则计算水库 N_2O 净通量的流程。图 2-3 上部表示蓄水前 N_2O 通量的估算值（简写为 "NPRE"），计算公式为

$$NPRE = N1 + N2 + N3 + N4 + N5 \tag{2-16}$$

式中，N1——水库淹没区近岸高地部分的 N_2O 通量；

N2——水库淹没区河滩地部分的 N_2O 通量；

N3——水库淹没区中湖泊子部分的 N_2O 通量；

N4——在水库淹没区中河流子部分的 N_2O 通量；

N5——在坝址下游区域的 N_2O 通量。

图 2-3 中部表示未扣除其他人类活动贡献量之前蓄水后水库 N_2O 通量的预测结果（简写为"NPOSTBE"），计算公式为

$$NPOSTBE = N6 + N7 + N8 \tag{2-17}$$

式中，N6——水库水−气界面的 N_2O 通量；

N7——N_2O 过坝下泄消气的释放通量；

N8——水库下游河段的 N_2O 通量。

图 2-3 下部表示其他人类活动对蓄水后水库 N_2O 通量贡献量的估算（简写为"NUAS"），计算公式为

$$NUAS = N9 + N10 + N11 \tag{2-18}$$

式中，N9——水−气界面的 N_2O 通量中因其他人类活动导致的贡献量；

N10——过坝下泄的 N_2O 消气释放通量中因其他人类活动导致的贡献量；

N11——水库下游河段的 N_2O 通量中因其他人类活动导致的贡献量。

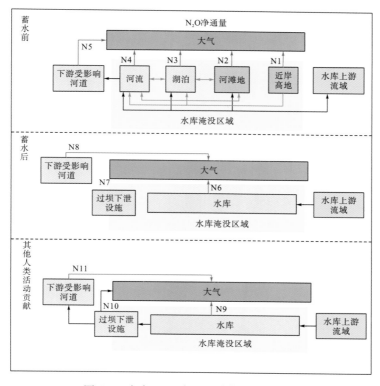

图 2-3　水库 N_2O 净通量计算规则的应用

综上，蓄水后水库 N_2O 通量（简写为"NPOST"）的估算值为

$$NPSOT = NPSOTBE - NUAS \tag{2-19}$$

或

$$NPOST = (N6 + N7 + N8) - (N9 + N10 + N11) \tag{2-20}$$

水库 N_2O 净通量（简写为"NNET"）的估算值为

$$NNET = NPOST - NPRE \tag{2-21}$$

或

$$NNET = N6 + N7 + N8 - N9 - N10 - N11 - N1 - N2 - N3 - N4 - N5 \tag{2-22}$$

2）水库温室气体净通量 CO_2 当量的估算

每种温室气体的净通量估算值通常采用它们的 CO_2 参考值进行叠加，并形成水库温室气体净通量的 CO_2 当量值。上述 CO_2 当量值通过将每种温室气体的净通量乘以相应的系数进行叠加，计算公式为

$$CO_{2eq}NET = CNET + \lambda_M \cdot MNET + \lambda_N \cdot NNET \tag{2-23}$$

式中，系数 $\lambda(\lambda_M、\lambda_N)$ 反映了 CH_4 和 N_2O 释放在一定时间范围内相对于 CO_2 对气候变化的相对贡献量。确定该系数的选择方案之一是使用《京都议定书》中采用的全球增温潜势（Global Warming Potentials，GWP）作为参考指标进行换算。该指标的计算方式是：在特定时间范围内，相对于 $1kgCO_2$，$1kg$ 某温室气体瞬时释放后全球平均辐射作用量随时间的积分。另一种方案是全球温度变化潜势（Global Temperature Potential，GTP）。该指标的度量方式关注在特定时间范围结束时，全球平均气温的变化量。如 IPCC（2007）提到的，"相较于 GWP，GTP 提供了在所选择时间范围内的气候变化相应当量，但却弱化了大气中存在时间较短的气体（如 CH_4）对近期气候波动产生的贡献"。

3. 水库温室气体净通量估算值，应为 95% 置信区间内的中位值

建议方法是模型估算结果误差（估算值同真实值之间的差值），认为是以 0 为均值的随机变量（即认为无系统误差）且方差有限，采用标准流程报告测量的不确定度（JCGM，2008）。在该方法中，模型估算值的不确定度可以通过以下两种数值结果进行评估。

（1）标准不确定度，表征在真实值附近预测值的分布情况，公式为

$$u(\hat{x}) = \sqrt{\int_{-\infty}^{\infty} (v-x)^2 f_{(\hat{x}-x)}(v-x)\mathrm{d}v} \tag{2-24}$$

式中，$\hat{x}$——真值 x 的估值；

v——变量 x 的实测值；

$u(\hat{x})$——该估值的标准不确定度；

$f_{(\hat{x}-x)}(v-x)$——该估算误差的概率密度函数。

（2）自由度，表征在标准不确定度估计中的不确定性。自由度等于在标准不确定度中，标准比例不确定度倒数平方根的一半。

$$v_{\hat{x}} = \frac{1}{2}\left(\frac{u(u(\hat{x}))}{u(\hat{x})}\right)^{-2} \tag{2-25}$$

计算该估计值近似 95% 的对称置信区间，使用以下公式：

$$\hat{x} \pm t_{97.5\%, u\hat{x}} u(\hat{x}) \tag{2-26}$$

式中，$t_{97.5\%, u\hat{x}} u(\hat{x})$ 表示在 $u(\hat{x})$ 自由度下 Student$t$ 分布的 97.5% 分位数。

公式（2-27）提供的区间可理解为包含真值 x 的 95% 置信区间。

$$P\big[\hat{x} - t_{97.5\%, u\hat{x}} U(\hat{x}) \leqslant x \leqslant \hat{x} - t_{97.5\%, u\hat{x}} U(\hat{x})\big] = 95\% \tag{2-27}$$

不确定度的传递可以仅考虑一阶导数（JGGM，2008）。例如，参考式（2-22）来计算水库 N_2O 净通量的 95% 置信区间时，是分别将未校核蓄水前、蓄水后水库 N_2O 通量估算值的标准不确定度和自由度相结合确定的（Satterthwaite，1946；Welch，1947），即

$$u(NNET) = \sqrt{u^2(NPOST) + u^2(NPRE)} \tag{2-28}$$

$$v_{NNET} = \frac{u^4(NNET)}{\dfrac{u^4(NPOST)}{v_{NPOST}} + \dfrac{u^4(NPRE)}{v_{NPRE}}} \tag{2-29}$$

NNET 的 95% 置信区间可计算为

$$NNET \pm t_{97.5\%, v_{N_2ONET}} u(NNET) \tag{2-30}$$

4. 水库温室气体净通量定量分析实践，需考虑本导则决策树 1、2 和 3

为实现对水库温室气体净通量的定量化分析，应考虑本导则的决策树 1、2 和 3（图 2-4～图 2-6）。

决策树 1（图 2-4）主要涉及蓄水前、后不同条件下确定水库温室气体净通量定量分析所需变量的基本流程。该决策树旨在提供信息收集过程中的合理工作流程，并指出在特定关键条件下应作出的决策。它还包括了进一步开展其他人类活动对水库温室气体通量影响评估（决策树 2 和决策树 3）的逻辑接口。故决策树 1基本上总结了本导则中开展水库温室气体净通量评估的流程。同时，它也有助于辨识其他人类活动源对水库温室气体净通量的贡献风险。

决策树2(图2-5)将帮助辨识其他人类活动源可能增加蓄水后温室气体释放通量的情况。

决策树3(图2-6)进一步阐释了辨识UAS的详细过程,以及UAS并不显著故在估算中可不予以考虑的情况等。在任何情况下,均需采用科学透明的方法以评估其他人类活动对水库温室气体通量的贡献量。

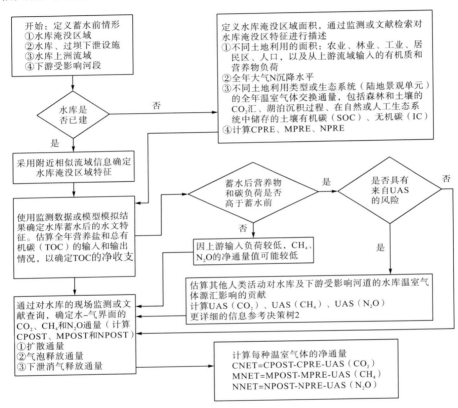

图 2-4　决策树 1

1)决策树 1

对于已建水库,在决策树1中大多数关于水库的所需数据可以通过水库日常运行管理中的常规监测获得,故可采用已有的监测结果予以表征。但蓄水前的水库淹没区域特征则必须通过土地利用历史或邻近流域的近似情况获得。对于待建水库,在规划期间水库淹没区的数据通常可以直接获得,而水库建成后的数据则通常通过模拟获得。

决策树1中的流程,最开始便根据水库已建或待建分为2个分支。对于待建水库,水库淹没区域的清单包括:植被和土壤中的碳储存量、土地利用情况和每种土地的利用类型或自然生态系统典型年的温室气体源汇。对水库淹没区域 CO_2、CH_4 和 N_2O 直接交换通量的监测结果，可提供该区域上述温室气体通量预测值的均值情况。上述通量可以为正值（即向大气释放），或负值（即从大气中吸收或去除）。水库蓄水过程将通过影响陆表的生物地球化学过程，使陆地生态系统对大气中温室气体的吸收和去除功能消失，并最终促使向大气释放温室气体。而水库中有机物质的沉积过程至少可从另一方面消纳或弥补上述过程造成的释放。含有有机质的沉积物来自上游有机污染负荷，或来自水库自身生产的生物有机体。但是，水库含有有机质的沉积物降解，可能会增加温室气体的含量，一些有机质也可能从水库中输出至下游河段并导致温室气体释放。

在水库淹没区上游的人类活动（农业、乳品制造、林业、工业、生活污废水等）可能会对水库温室气体释放有所贡献。

从上述任一人类活动中排放的营养物或有机物负荷均可能形成其他人类活动对水库温室气体通量的贡献量。这些人类活动的清单提供了如何辨识蓄水后上述输入负荷是否高于蓄水前情况的方法。必须注意到，蓄水前，水库淹没区及其上游并没有相关的人类活动，可被认为是自然状态。在这样的情形下，蓄水后营养物或有机物的输入负荷显著高于蓄水前的自然本底情况，便可能产生其他人类活动对水库温室气体通量的贡献量。该部分贡献量在水库温室气体净通量中便值得考虑。决策树 2 中提供了关于确定其他人类活动促进水库温室气体释放风险的更多细节。

蓄水后水库的 CO_2 释放强度，取决于蓄水前水库淹没区域的碳负荷情况。蓄水前的碳负荷包括：上游流域石灰岩区域产生的溶解性无机碳（DIC）输入、上游流域森林土壤溶出的溶解性有机碳（DOC）输入等。同时，水库可能会创造条件使有机物质降解产生低氧区（hypoxia）并释放 CH_4，而非在有氧环境中产生的 CO_2。大量的碳和营养物负荷将导致水库营养水平提高，产生富营养化，促进低氧区形成，影响 CH_4 释放和在一些情况下的 N_2O 释放。

2）决策树 2

决策树 2 的目的是帮助辨识其他人类活动是否对水库蓄水后温室气体源汇产生实质性贡献。该贡献量取决于水库水体的好氧情况。根据水库及其所在流域的特征，可以辨识水库形成低氧区的可能性。在低氧条件下将可能出现 CH_4 和 N_2O 的释放。若通过已建水库监测数据或待建水库的模拟预测结果排除水库存在低氧区的风险，则水库将很可能具有相对较低的 CH_4 和 N_2O 释放风险。相应地，其他人类活动对水库 CH_4 和 N_2O 释放的贡献量将会比较小。在这样的情况下水库

将产生较高的 CO_2 释放通量。

若水库受纳了来自上游流域相对较高的碳和营养物输入负荷，并超过了蓄水前的负荷情况，其他人类活动将可能对水库温室气体源汇产生显著较高的贡献量。反之，若上述输入负荷并不存在，其他人类活动对水库温室气体通量的贡献量可能并不显著，在水库温室气体净通量定量分析中可以忽略。另外，其他人类活动对水库 CH_4 和 N_2O 释放贡献的风险，可以通过分析水库水动力条件和其他支撑低氧区形成的特征加以识别。在水库温室气体净通量定量分析中，分析上述风险存在的可能因素是必需的。

若水库不存在低氧区，其他人类活动也将可能增加水库 CO_2 释放通量或水库沉积过程产生的碳埋藏通量。当水库低氧区随季节变化出现，将可能形成较高的季节性 CH_4 和 N_2O 释放。值得注意的是，决策树2仅考虑了水库存在较高其他人类活动排放负荷的情况。水库蓄水后产生的过量温室气体释放，或可归因于其他人类活动导致的额外贡献，或仅来自于水库修建本身。若成库前水库淹没区无天然湖泊，或者水库淹没区域已经处于富营养状态，那么前述推断中的后者（仅来自于水库修建本身）将是正确的。决策树3中提供了从水库温室气体通量中分辨其他人类活动产生的温室气体净通量贡献量的更多内容。

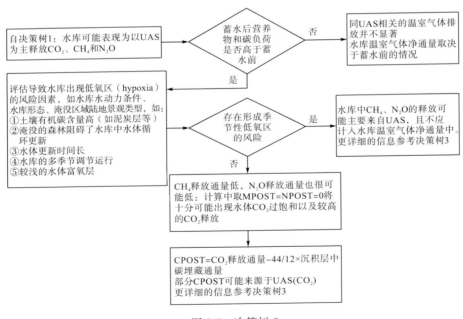

图 2-5　决策树 2

3)决策树 3

决策树 3 只有当其他人类活动对温室气体释放贡献(来自水库上游流域的碳或营养输入负荷)的风险在决策树 2 中被确认存在时才予以考虑。决策树 2 与决策树 3 存在两个可选择的逻辑接口。第一个接口是存在季节性低氧区出现风险并可能导致 CH_4 和 N_2O 的释放。第二个接口是考虑水库存在永久性好氧条件导致 CO_2 的释放。故决策树 3 的目的是判别其他人类活动对水库温室气体净通量的贡献量是否足够强,以便在水库温室气体净通量定量分析中进行评估。若其他人类活动对水库温室气体净通量的贡献量被认为是较弱,故在水库温室气体净通量定量分析中,认为该贡献量为零是比较明智的选择。

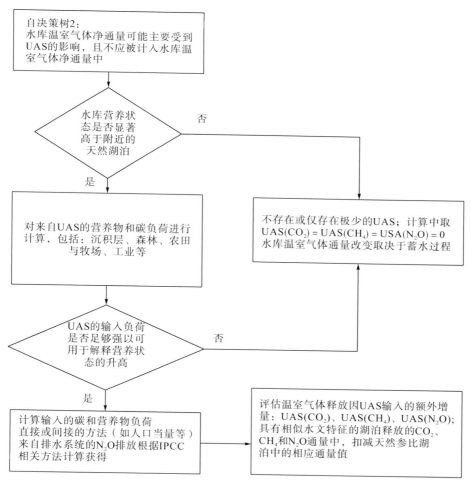

图 2-6　决策树 3

其他人类活动对水库温室气体通量的贡献有以下一些潜在来源，但清单并不完整：村镇、小型或大型城市居民区、运行中的污废水处理厂、农业耕作区域、毗邻水域的牧场、具有生物可降解性物质排放的工矿企业（可能最终排放入库）。工业园区、交通压力较大的城市或化石燃料电厂等区域还可能形成大气氮沉降并导致水库富营养化。道路、房屋建筑等透水性较弱的区域可能造成较高的地表径流使得地表污染物输入水库。森林径流形成或泥炭沼泽区的浸出可能导致有机物质和溶解性腐殖酸受侵蚀作用而输入水库。

对其他人类活动导致水库温室气体净通量的贡献量进行定量化的一种方案是将水库营养状态（贫营养、中营养、富营养、超营养）同邻近湖泊的营养状态相比较。若水库营养状态显著高于邻近湖泊，对上述贡献量的定量化分析则需要更加细致谨慎。为了评估其他人类活动对水库温室气体净通量的贡献量是否足够强，以阐释水库较毗邻湖泊具有更高的营养状态，必须通过对入库的碳和营养物负荷进行实地监测和计算（直接途径），或采用诸如人口当量排放量等其他近似指标进行间接估算（间接途径）。

2.4　水库的环境与技术指标

2.4.1　导则内容

水库温室气体净通量的过程及其频次和强度，取决于水库淹没区、水库、水库上游流域、过坝下泄设施和下游受影响河段的一系列特征。为此，本导则选择了一系列环境与技术变量以综合描述上述特征。在条件具备下，这些变量应被检索、囊括入水库温室气体净通量评估分析报告中。

本导则分为五个区域分别选择环境与技术变量，即：水库淹没区域、水库、水库上游流域、过坝下泄设施、下游受影响河段。这些变量可以被用于划分不同水库类型，并据此比较水库温室气体释放的监测结果。

2.4.2　最优实践指南

应选择一系列环境与技术变量综合描述各部分特征，且在条件具备下，它们应被检索、囊括到水库温室气体净通量的评估分析报告中。

1）水库淹没区域

土地覆盖：水库淹没区域在蓄水开始前的土地覆盖地图，以及每种土地利用类型的信息表，包括土地利用的描述、面积所占的比重，以及碳、氮含量的最佳估计值。

2）水库

（1）地点：水库的经度、纬度和正常运行时的最高水位。

（2）库龄：水库开始运行的日期。

（3）水库地形条件：水库地形图。

（4）水库运行水位：正常运行时的最高和最低水位。不同季节预计的水位变化范围。

（5）高深曲线和库容曲线：基于地形图表绘制的水库水域面积与高程、库容与高程的多项式或表格。该地形图的比例尺不应大于 1：10000，并采用 5m 等距的等高线。

（6）平均深度：水库库容和水面面积的比值。应获得正常运行状态下最高水位和最低水位的平均深度值。

（7）最大深度：获取自水库正常运行时的最高水位。

（8）水库近岸区域比例：在水库正常运行时的最高水位下使用高深曲线进行计算。考虑深度小于 4.572m 的近岸区域。

（9）水库尺寸范围：水库总的淹没面积。

（10）水库尺寸范围：水库总的淹没面积、水库上下游边界范围内的河道主槽长度，以及水库岸线长度。根据水库正常运行时的最高、最低水位状态进行计算。

（11）水库形状：库岸发育系数（Shorline Development Index，SDI）为水库岸线长度（P）与水库水域面积（A）与 4π 乘积平方根的比值。

$$SDI = \frac{P}{\sqrt{4\pi \times A}} \tag{2-31}$$

（12）宏观水体滞留时间：假定水库中水体混合均匀，宏观水体滞留时间等于长期平均入库流量同水库长期平均库容的比值。进一步细化该信息可通过水库水动条件研究模拟不同水文和气象条件获得水体停留时间的空间分布地图和图表。

（13）气候条件：水库所在地区不同季节的平均气温值、日最高气温和最低气温、日照时间、不同季节的降水量、不同季节的蒸发量、风速、相对湿度、大气压等。

（14）水质：在水库库首、库中等不同区段，通过实地监测或调校后模型模拟，获得的逐月溶解氧、水温、pH、各种营养物、叶绿素等剖面分布。

3）水库上游流域

（1）地貌特征：建议采用以下指标描述水库上游流域的地貌特征（Gallagher，1999）：①流域面积；②流域长度：从河口①到距离干流源头最近河道的直线距离；③流域地形起伏：流域内海拔最高点和海拔最低点的垂直高差；④流域地形起伏度：流域地形起伏和流域长度的比值；⑤河段总长度：流域内所有多年河段长度之和；⑥河网密度：河流总长度同流域面积的比值；⑦河网形状指数：流域面积同河流总长度平方根的比值；⑧干流主槽坡降：自源头开始，在干流85%长度与10%长度的高程差，同3/4干流长度的比值；⑨流域地表水存储量：流域内覆盖有静水水体和蓄水水体（包括湿地）的面积比值；⑩流域出口的 Strahler 河流级数。

（2）土地覆盖情况：描述不同土地覆盖类型的地貌分布图，包括每种土地覆盖类型、情况说明、面积比例的表格清单。

（3）生物群系和生态分区：确定流域内生物群系和生态分区的位置。若流域内不止一种生物群系或生态分区，应提供它们在流域中的地理分布图及其所占流域面积的比值。

（4）气候条件：根据 Koeppen 分类系统，对水库上游流域气候条件进行分区并确定其位置。若水库上游流域不止一个气候分区，应提供它们在流域中的地理分布图及其所占流域面积的比值。同时，还应收集流域内各气象站点不同季节平均气温、日最高/最低气温、日照时间、不同季节降水量、多年降雪量、不同季节蒸发量、风速与风向、相对湿度、大气压等信息，并基于全流域尺度或气象条件相同的分区求取上述参数的区域平均值，并提供流域中上述参数的区域分布图，或者提供上述参数在流域内的等值线分布图。

（5）水文条件：预计每月入库流量（如多年平均值）及其变化情况（如标准差），多年日均流量历时曲线，以及多年最大日流量（峰值流量）频率曲线。

（6）水质：水库入流中相关水质监测指标的逐月或每个季节的中位数和四分位数范围，包括：温度、溶解氧、pH、碱度、硬度、总溶解性固体、营养盐浓度等。

---

① 原文为"mouth"，按原文应翻译为"河口"，但因本部分描述的是水库上游流域，故"河口"应该为大坝下坝址。——译者

（7）泥沙输移：水库多年平均入库泥沙含量以及年际间变化情况（如：四分位数范围或标准差）

4）过坝下泄设施

（1）大坝出流下泄能力：分别列出水电站和每种下泄设施的出流能力。在水库正常运行时每个季节每种下泄设施的平均出流量。

（2）引流水位：分别列出水电站和每种下泄设施的引流水位。

5）下游受影响河段

（1）运行水位：水库正常运行时的最大、最小尾水水位变化。预测每个季节的尾水水位变化范围。

（2）水文条件：预计每月入库流量（如多年平均值）及其变化情况（如标准差），多年日均流量历时曲线，以及多年最大日流量（峰值流量）频率曲线。

（3）水质：下游受影响河段中相关水质监测指标的逐月或每个季节的中位数和四分位数范围，包括温度、溶解氧、pH、碱度、硬度、总溶解性固体、营养盐浓度等。

第3章　蓄水前温室气体源汇的定量分析

3.1　引　　言

计算蓄水前温室气体通量，需要考虑水库待建和水库已建两种情况。

(1)如果水库处于待建状态，可规划现场监测方案以评估水库淹没区域的温室气体通量和永久性碳埋藏通量。

(2)如果水库已建成，蓄水前温室气体通量和永久性碳埋藏通量需要确定水库未修建之前的基线条件。

3.2节和3.3节将分别介绍上述两种情况下，蓄水前温室气体通量估算的推荐方法。

3.2　待建水库蓄水前温室气体源汇的定量分析

3.2.1　导则内容

待建水库蓄水前温室气体通量预测值，可基于以下方案进行准确计算：①在水库淹没区域和下游受影响河段，设置空间分布的监测点位，对三种温室气体（CO_2、CH_4和N_2O)在陆表和大气间的交换通量展开监测；②在河滩地和湖泊子部分，设置空间分布的监测点位，监测永久性碳埋藏通量。

3.2.2　最优实践指南

1. 待建水库蓄水前温室气体通量的估算，应基于一系列计算流程

估算待建水库蓄水前温室气体通量，需遵循以下计算流程。

(1)在水库淹没区域监测点位的空间分布，需要考虑2.2节中述及的水库淹没区域不同部分及其子部分的划分。每个子部分需在地图上标注清晰并确定其面

积。在此基础上准备水库淹没区域每个子部分面积的汇总表格。同时，也要确定下游受影响河段的面积。

(2)在水库淹没区域的每个子部分和下游受影响河段设置监测点位，其空间分布可随机确定。

(3)目前有不同的技术可以用于监测特定监测点位陆表和大气间的温室气体通量和永久性碳埋藏通量。在水库淹没区域水体部分和下游受影响河段，水−气界面扩散通量可以采用浮箱法进行监测。在近岸高地部分，扩散通量可以采用土壤培养法、箱法、涡度相关通量塔等方式进行监测。气体通量监测技术的描述可以参考Tremblay 等(2005)、IHA(2010)的文献资料。监测结果以 $mg \cdot m^{-2} \cdot d^{-1}$ 为单位，并同时提供不确定度和自由度。

(4)通常持续性的监测并不可行。间断性采样方案的设置应考虑光照强度、土壤湿度、水温、土温和气温。一周年的监测可以划分为不同监测时段，规划的监测时间应尽量靠近上述不同监测时段的中间。一些气候带季节变化明显，四季分明；而仅在热带或亚热带区域，可较好地区分旱季和雨季。在温带和寒带，湖泊被冰覆盖可长达半年，而融雪时期也通常发生春汛。

(5)在水库淹没区的每个子部分(或在下游受影响河段)，通过对每种气体通量的估算，可同时获得其不确定度评价结果。不确定度评价假定测量值同通量平均值之间的偏差由两个方面独立随机因素的加和造成：即在各子部分和下游受影响河段内的空间随机变化，以及随机测量误差。在水库淹没区域中河滩地和湖泊的永久性碳埋藏通量监测分析中，亦可做上述相似假设。

(6)若监测活动实施过程中条件理想，即采样点位足够多；在同一个水库淹没区域的同一个子部分(或下游受影响河段)内水−气界面温室气体通量和永久性碳埋藏通量的变化均各自在一个固定值附近变化、方差一致，并且没有出现显著的时间或空间共变结构；各采样点位的测量值均具有大致均一的测量误差，则对平均温室气体通量、平均永久性碳埋藏通量的估算可以简单地采用算数平均值。然而实际情况通常很难满足上述理想条件，测量值的中位数通常可以更好地用于估算平均温室气体通量，或者平均永久性碳埋藏通量。中位数是一个比较健全的估算方法，可以防止出现异常值和存在不同测试精度的情况。

(7)若算数平均值作为估计值，标准不确定度则等于实测值标准偏差除以测量次数的平方根。相关的自由度则是测量次数减一。如果采用中位数，估算值的标准不确定度和自由度则采用 Efron 和 Tibshirani(1993)提出的 bootstrap 方法进行计算。

（8）水库淹没区域每个子部分的平均温室气体通量乘以其面积的加和，便获得了整个水库淹没区域温室气体通量的估算值。对整个水库淹没区域永久性碳埋藏通量的估算值，也相应地分别将河滩地和湖泊监测获得的永久性碳埋藏通量乘以它们各自的面积。将下游受影响河段的温室气体通量平均值同该区域面积相乘，亦可获得下游受影响河段温室气体通量的估算值。上述估算值的单位为 $mg \cdot d^{-1}$。

（9）评价温室气体通量和永久性碳埋藏通量的不确定度，应考虑它们的各相关参量的不确定度。在上述评价中，通常采用一阶导数的不确定度传递准则，且测量误差通常被认为不相关（JCGM，2008）。

（10）在以 $mg \cdot d^{-1}$ 为单位的年平均温室气体通量的估算中，应考虑每个监测时段的持续时间，并对每个监测时段的温室气体通量监测值进行平均。

（11）永久性碳埋藏通量是基于多年平均水平进行估算的，以 $mg \cdot d^{-1}$ 为单位。

（12）多年估算值的不确定度应通过季节估算值和季节持续时间的不确定度进行评估。季节估算值和季节持续时间的不确定度，可以假设所有的误差不相关，并采用一阶导数的不确定度传递准则进行估算。

以下提供一个简单示例。该示例将水库淹没区域划分为三个部分（近岸高地、河段和河滩地）。在该示例中，通过对上述三个部分的实际监测计算水库淹没区 CO_2 释放总通量：

$$\hat{F}_{CO_2} = A(\text{up})\hat{f}_{CO_2}(\text{up}) + A(\text{river})\hat{f}_{CO_2}(\text{river}) +$$
$$A(\text{flood})\left[\hat{f}_{CO_2}(\text{flood}) - \left(\frac{44}{12}\right)\hat{b}_c(\text{flood})\right] \qquad (3\text{-}1)$$

式中，$\hat{F}_{CO_2}$——水库淹没区域 CO_2 释放总通量估计值；

　　　　$A(\text{up})$——水库淹没区域中近岸高地部分的面积；

　　　　$A(\text{river})$——水库淹没区域中河段部分的面积；

　　　　$A(\text{flood})$——水库淹没区域中河滩地部分的面积；

　　　　$\hat{f}_{CO_2}(\text{up})$——近岸高地部分 CO_2 通量的平均值；

　　　　$\hat{f}_{CO_2}(\text{river})$——河段部分 CO_2 通量的平均值；

　　　　$\hat{f}_{CO_2}(\text{flood})$——河滩地部分 CO_2 通量的平均值；

　　　　$\hat{b}_c(\text{flood})$——河滩地部分永久性碳埋藏通量的平均值。

在示例中，一周年中，旱季持续 4 个月，雨季持续 8 个月，全年 CO_2 释放总通量估计值的计算公式为

$$\hat{F}_{CO_2}(\text{annual}) = \frac{1}{3}\hat{F}_{CO_2}(\text{dry}) + \frac{2}{3}\hat{F}_{CO_2}(\text{wet}) \qquad (3\text{-}2)$$

2. 待建水库蓄水前温室气体通量的估算，应考虑多年变化情况

通常，任一陆表温室气体释放均受气象条件影响。持续开展多年的监测活动，可获得年际间温室气体通量变化的信息，能更好地对蓄水前温室气体通量的长期年平均值进行估算。统计学上，应至少开展三年的观测以反映年际间的变化特点。开展更多年份的监测将更好地预测年际间变化。若监测活动所提供的估计值具有大致均一的精度范围，则可使用全年估计值的平均值以反映长期年估计值。反之，长期条件下的全年估计值应通过对标准不确定度平方的倒数进行加权计算。在长期年估计值的不确定度评价中，可近似考虑年估计值之间不相关。

3.3　已建水库蓄水前温室气体源汇的定量分析

3.3.1　导则内容

对已建水库，且蓄水前水库淹没区和下游受影响河段的陆表与大气间温室气体通量以及永久性碳埋藏通量已根据 3.2 节所述开展相关监测，可获得蓄水前温室气体释放的长期多年估值及其不确定度。若并未开展蓄水前的相关监测活动，蓄水前温室气体通量可以通过相关文献研究报道，或根据环境和生物分布特征，在水库淹没区域的毗邻点位开展监测获得近似的温室气体通量和永久性碳埋藏通量。

3.3.2　最优实践指南

1. 对未开展蓄水前相关监测工作的已建水库，蓄水前温室气体通量估计应遵循一系列流程

（1）需对水库淹没区域和下游受影响河段建立水库未修建之前的基线状态。尽管在水库附近区域的实际土地利用情况可以用来建立基线状态，但在蓄水开始时水库淹没区域和下游受影响河段的状态是最为接近自然本底的基线状态。可进一步根据 2.2 节中述及的划分子区域的方式建立基线。应确定每个子区域的面积并列表描述。

（2）对蓄水前陆表和大气间交换的三种温室气体（CO_2、CH_4 和 N_2O）以及永久性碳埋藏通量开展监测活动，应在水库淹没区的毗邻区域选择同水库淹没区及其各子部分和下游受影响河段基线状态相似的采样点位进行监测。同 3.2 节类似，一周年的监测可以划分为若干季节，规划的监测活动应尽可能地在上述季节的中段开展。

（3）对陆表和大气间交换的每种温室气体通量以及永久性碳埋藏通量的估算值，以 mg·d^{-1} 为单位，并可根据 3.2 节所述相同流程，获得全部水库淹没区域和下游受影响河段中每个子部分的标准不确定度和自由度。

（4）通过文献检索也可以获得在水库淹没区域各子部分和下游受影响河段陆表和大气间交换的每种温室气体通量估计值和水库淹没区域中河滩地、湖泊的永久性碳埋藏通量估计值，以及它们的标准不确定度和自由度。上述估计值以 mg·d^{-1} 为单位。上述信息可直接用于替代通过监测活动而获得的温室气体平均通量估值和永久性碳埋藏通量估值。但在将文献中的不确定度信息转移至上述数值的标准不确定度时，应谨慎对待。因标准不确定度是以最优估值为中心的 67% 概率范围，并认为其包含真值。但通常情况下，文献提供的范围包括了所有估计结果。标准不确定度可以被认为是在上述文献提供范围中的 1/4～1/3。同样，通常文献也未能提供自由度的信息，但在本导则中需根据标准不确定度和式(2-29)的比例确定自由度。

2. 已建水库蓄水前温室气体通量的估计应考虑多年间的变化情况

如同 3.2 节中相似情况的描述，在水库毗邻点位开展多年的监测活动，通量的年内变化将提供更多信息，将更好地预测长期平均的年温室气体通量值。

第4章 蓄水后水库温室气体源汇的定量分析

4.1 引 言

本章为对蓄水后温室气体通量进行估计的指导。本章仅考虑水库已经投入运行的情况。关于待建水库的温室气体通量,可通过模型进行估计,该部分将在本导则第Ⅱ卷中述及。

若对水库及其下游河段陆表和大气间每种交换途径的温室气体通量和永久性碳埋藏通量开展了监测,那么对已建水库温室气体总通量的估计将更为准确。因此,本章分别对每种交换途径的温室气体通量和永久性谈埋藏通量提供推荐的估算流程。

4.2 扩 散 通 量

4.2.1 导则内容

在估算水库及其下游受影响河段的温室气体通量时,应包括三种温室气体(CO_2、CH_4 和 N_2O)。应在上述两个区域中设置一系列空间分布的采样点位并通过监测活动获得上述通量的估计值。

4.2.2 最优实践指南

在估算水库及其下游受影响河段陆表和大气间的三种温室气体(CO_2、CH_4 和 N_2O)的扩散通量时,应遵循一系列流程。

(1)应在水库和下游受影响河段空间分布的一系列点位开展监测活动以获得温室气体通量估计值。

(2)水库中监测点位的空间分布应考虑水库表面的空间分段。通常可将水库划分为：水库上游、水库中游、库湾、坝前水域等区段。

（3）需绘制上述每个区段的地图，确定其面积，并提供列表。

（4）在下游受影响河段和水库每个空间区段内监测点位的空间分布应是随机确定的。

（5）在采样点位，对水-气界面温室气体扩散通量开展监测，浮箱法是最为常用的监测技术。关于该技术的描述见附录Ⅰ-2以及 FURNAS（2008）、Tremblay 等（2005）、IHA（2010）的相关文献等。监测结果以 mg·m^{-2}·d^{-1} 为单位，并提供其标准不确定度和自由度。

（6）通常持续性的监测不易实现。间断性采样方案的设置应考虑光照强度、土壤湿度、水温、土温和气温。一个完整周年的监测可以划分为不同监测时段，规划的监测时间应尽量靠近上述不同监测时段的中间。监测时段的划分应同时考虑一些特殊的情况。在寒冷气候带，当水体温度分层结构出现翻转时，温室气体释放容易出现间歇性极值。当冬季，水库被冰面覆盖时，温室气体将在水体中积累，尤其是在水体滞留时间较长和底泥中有机质含量较丰富的水库，上述现象可能更为显著。春季融雪和水体温度结构翻转将导致存储于水库中的 CO_2 和 CH_4 释放。水面冰封融化诱使 CH_4 集中释放，这在新建水库和含有大量有机质的小型水库中表现得尤为突出。但水面冰封融化诱使 CH_4 集中释放的周期通常很短，故需要开展特殊的监测工作。此外，当水库在夏季形成的温度分层结构在秋季被破坏时，水库温室气体通量通常也会出现峰值。

（7）通过对水库每个区段和下游受影响河段的监测获得每种温室气体通量的估计值，应同时包含对其不确定度的评价结果。该不确定度假定，测量值与通量平均值之间的偏差是由监测点的空间随机变化和随机测量误差造成的。另外，测量值的中位数通常可作为平均扩散通量的估计量，它可防止出现异常值和存在不同测试精度的情况。

（8）若采用温室气体扩散通量测量值的中位数，相应的标准不确定度和自由度可通过自助法获得。若采用算数平均值，标准不确定度则可以通过温室气体扩散通量测量值的标准差除以测量次数的平方根进行计算，而自由度则等于测量次数减一。

（9）整个水库的温室气体扩散通量估计值应将每个划分区段温室气体扩散通量平均值同其相应面积的乘积进行计算，单位是 mg·d^{-1}。水库下游受影响河段温室气体扩散总通量，应将下游受影响河段温室气体扩散通量的平均值同相应河段面积的乘积进行计算，单位是 mg·d^{-1}。

（10）整个水库和下游受影响河段温室气体扩散通量估计值的不确定度，应考虑温室气体扩散通量平均值的不确定度。在不确定度评价中，应遵循一阶导数不确定度传递准则，且所有误差应被视为是不相关的(JCGM，2008)。

（11）全年每个时段的温室气体扩散通量估计值，应考虑每个时段的持续时间，并在此基础上进行均化处理以获得全年的估计值。

（12）一个完整周年整个水库及下游受影响河段温室气体扩散通量的不确定度，应考虑每个季节扩散通量估计值的不确定度和每个季节的持续时间。对此，可以假定所有的误差不相关，且采用一阶导数不确定度传递准则。

4.3 气泡释放通量

4.3.1 导则内容

应通过对水库 CO_2 和 CH_4 两种温室气体气泡释放通量的计算，以获得水库温室气体气泡释放通量估计值。在水库内可能产生气泡的区域(气泡释放区)应对空间分布点位开展监测，以获得气泡释放通量的估计值。这些区域的水深通常小于 20m。

4.3.2 最优实践指南

水库温室气体气泡释放通量的估计值，应遵循一系列流程，在水库内可能产生气泡的区域，对 CO_2 和 CH_4 两种温室气体气泡释放通量进行计算。

（1）应对水库中可能产生气泡释放的区域进行估计，并绘制其分布图，测量可能产生气泡的区域面积。

（2）在气泡产生区域内监测点位的空间分布应是随机确定的。

（3）目前，对气泡释放通量进行监测最为常用的技术是倒置漏斗法。附录 I-2 或 IHA(2010)的文献提供了该方法的描述。气泡释放通量的监测值以 $mg \cdot m^{-2} \cdot d^{-1}$ 为单位，同时应提供其相应的标准不确定度和自由度。

（4）通常持续性的监测并不可行。间断性采样方案的设置应考虑光照强度、土壤湿度、水温、土温和气温。一个完整周年的监测可以划分为不同监测时段(如季节)，规划的监测时间应尽量靠近上述不同监测时段(如季节)的中间。

（5）气泡释放通量的估计应同时包含对其不确定度的评价结果。该不确定度假定，测量值与通量平均值之间的偏差是由监测点的空间随机变化和随机测量误差造成的。另外，测量值的中位数通常可作为平均扩散通量的估计量，它可防止出现异常值和存在不同测试精度的情况。

（6）若采用温室气体气泡释放测量值的中位数，相应的标准不确定度和自由度可通过 bootstrap 法获得。若采用算数平均值，标准不确定度则可以通过温室气体扩散通量测量值的标准差除以测量次数的平方根进行计算，而自由度则等于测量次数减一。

（7）全水库温室气体气泡释放通量估计值，应将气泡释放通量监测平均值同其气泡释放区面积相乘，获得全水库温室气体气泡释放通量估计值，以 mg·d^{-1} 为单位。

（8）气泡释放通量估计值的不确定度评价，应考虑气泡释放通量平均值的不确定度。在不确定度评价中，应遵循一阶导数不确定度传递准则，且所有误差应被视为是不相关的（JCGM，2008）。

（9）为获得全年气泡释放通量估计值，应考虑全年每个监测时段的持续时间，并在此基础上对每个时段温室气体气泡释放通量的监测结果进行均化处理。

（10）一个完整周年内水库温室气体气泡释放通量的不确定度，应考虑每个季节气泡释放通量估计值的不确定度和每个季节的持续时间。对此，可以假定所有的误差不相关，且采用一阶导数不确定度传递准则。

4.4　温室气体过坝下泄的消气释放

4.4.1　导则内容

过坝下泄消气释放估计值的计算，应考虑三种温室气体（CO_2、CH_4 和 N_2O）。的估计值，应等于水库过坝下泄设施入口处水中温室气体浓度值监测结果，与下游受影响河段内水中温室气体浓度值监测结果的差值，再乘以下泄流量。下游受影响河段的监测点位应尽可能与过坝下泄设施靠近。

4.4.2　最优实践指南

在估算三种温室气体（CO_2、CH_4 和 N_2O）过坝下泄时的释放通量时，应遵循一系列流程。

（1）应在所有可能产生下泄消气释放的大坝下泄构筑物处设置对三种温室气体（CO_2、CH_4 和 N_2O）的过坝下泄消气释放监测点。在发电水库中，过坝下泄设施上游入口处采样点应设置在水轮机房内。

（2）监测技术的相关描述见 FURNAS（2008）的文献。监测值以 $mg \cdot d^{-1}$ 为单位，并应提供其标准不确定度和自由度。

（3）通常持续性的监测并不可行。间断性采样方案的设置应考虑光照强度、土壤湿度、水温、土温和气温。一个完整周年的监测可以划分为不同监测时段（如季节），规划的监测时间应尽量靠近上述不同监测时段（如季节）的中间。

（4）每种温室气体过坝下泄消气释放量的估计，应同时包含对其不确定度的评价。该不确定度计算的假定为，从每个构筑物下泄消气的测试值与相应的下泄消气真实值之间的偏差是由测量的随机误差造成。将每个构筑物过坝下泄消气释放量进行加和可以获得整个水库过坝下泄消气释放通量的最优估计值，单位为 $mg \cdot d^{-1}$。

（5）整个水库过坝下泄消气释放估计值的不确定度，应考虑每个下泄构筑物消气释放量的不确定度。在该不确定度评价中，应遵循一阶导数不确定度传递准则，且所有误差应被视为是不相关的（JCGM，2008）。

（6）应考虑每个监测时段的持续时间，在此基础上对每个监测时期的下泄消气释放量的监测结果进行均化处理。

（7）全年水库下泄消气释放量估计值的不确定度，应考虑每个监测时段（季节）下泄消气释放量和监测时段（季节）的持续时间，对此，可假定所有的误差不相关，且遵循一阶导数不确定度传递准则。

4.5　永久性碳埋藏通量

4.5.1　导则内容

应通过在水库淤积区域设置空间分布的点位并开展监测，获得蓄水后水库永久性碳埋藏通量估计值。

4.5.2　最优实践指南

（1）应调查、估计并绘制水库淤积区域分布图，测量其面积。对水库淤积区面积的估计应评估其标准不确定度和自由度。

（2）在水库淤积区域开展监测的空间点位分布应随机确定。对永久性碳埋藏通量开展监测的最为常用技术是对水库沉积物岩心的^{210}Pb浓度开展监测。尽管如此，该技术仅适合于对已有数十年水库淤积情况的监测。应开发其他替代性方法以估计短时间范围内（如日间隔）的碳埋藏通量。附录I-2提供了使用Si作为示踪物测量永久性碳埋藏通量的方法。通常因为表层沉积物会受到横向对流或泥沙疏浚等扰动，导致碳埋藏通量的监测、估计失败。若难以开展永久性碳埋藏通量的监测、估计，在水库温室气体净通量定量分析中则可将该值设置为无效或缺失。该值监测结果以 mg·m^{-2}·d^{-1}为单位，并应提供相应的标准不确定度和自由度。

（3）水库永久性碳埋藏通量估计，应同时包含对其不确定度的评价结果。该不确定度假定，测量值与永久碳埋藏通量平均值之间的偏差是由监测点的空间随机变化和随机测量误差造成的。另外，测量值的中位数通常可作为永久性碳埋藏通量的估计量，可防止出现异常值和存在不同测试精度的情况。

（4）若采用永久性谈埋藏通量测量值的中位数，相应的标准不确定度和自由度可通过自助法获得。若采用算数平均值，则标准不确定度可以通过永久性谈埋藏通量测量值的标准差除以测量次数的平方根进行计算，而自由度则等于测量次数减一。

（5）通过永久性碳埋藏通量估计值的平均值同水库淤积区域面积的乘积，可以获得全水库永久性碳埋藏通量的估值。

（6）整个水库永久新碳埋藏通量估计值的不确定度，应分别考虑永久性谈埋藏通量平均值和水库淤积区域面积的不确定度。在不确定度评价中，应遵循一阶导数不确定度传递准则，且所有误差应视为是不相关的（JCGM，2008）。

4.6　其他人类活动对温室气体通量的贡献量

4.6.1　导则内容

根据2.3节中的基本流程，对因其他人类活动导致的特定温室气体通量估计值，应从该温室气体在蓄水后的通量中扣除。

在水库上游流域的一些人类活动会对水库温室气体通量产生贡献。例如，居民区（村庄、城市）、污废水处理厂（或没有处理直接入库）、毗邻水库岸线和上游河道的农业和畜牧业，以及将可生物降解有机物排放入库的工业企业。工业园区、交通压力较大的城市或化石燃料电厂等区域还可能形成大气氮沉降并导致水库富营养化。道路、房屋建筑等透水性较弱的区域可能造成较高地表径流使得地表污染物输入水库。森林径流形成或泥炭沼泽区的浸出将可能导致有机物质和溶解性腐殖酸受侵蚀作用而输入水库。在水库上游流域的上述人类活动清单，为辨识影响水库温室气体通量情势的相关碳和营养物负荷提供了重要手段。若该负荷被确认较小，则其他人类活动对水库温室气体通量的贡献量被认为是不显著的，可以忽略。

4.6.2　最优实践指南

精确地确定某一特定人类活动对水库温室气体净通量产生的贡献量，只能借助于模型模拟分析。

精确地确定某一特定人类活动对水库温室气体净通量产生的贡献量只能在两个相同水库开展受控试验下实现，试验中，某一水库受到特定人类活动的影响。实际上，上述情况并不可能实现。故应采用计算机模拟的途径，定量推演水库温室气体通量的测量值，以确定其与一定人类活动下水库温室气体通量的模型模拟值一致，而与没有人类活动下水库温室气体通量的模型模拟值并不一致。本导则第 II 卷中提供了实现上述目标的推荐方法。

4.7　多年的变化特征

4.7.1　导则内容

通常情况下，水库温室气体通量随着气候气象条件的变化而变化。对于库龄超过 20 年的水库，可以认为已经达到了稳态，且多年的监测活动可以提供水库温室气体通量的年内变化信息，并能更好地服务于长期条件下水库温室气体总通量年均值的估算。

4.7.2　最优实践指南

水库温室气体总通量的估算应考虑其多年变化特征。若多年监测结果的精确度近似相同，多年估计值的均值可作为水库长期运行下温室气体通量年均值的最优估值。反之，长期条件下的全年估计值应通过对标准不确定度平方的倒数进行加权计算。对于新建水库，库龄是另一个重要因素，且并不能认为其已经达到稳态条件。在这样的条件下，在长期估计中使用全年估计值的平均值并没有任何意义。此外，水库温室气体总通量的年内变化是有一定相关性的。

参 考 文 献

Chanudet V，Descloux S，Harby A，et al，2011. Gross CO_2 and CH_4 emissions from the Nam Ngum and Nam Leuk sub-tropical reservoirs in Lao PDR. Science of the Total Environment，409(24)：5382-91.

Cushing C E，1999. Aquatic habitat assessment: common methods. Journal of the North American Benthological Society, 19(2)：364-365.

Demarty M，Bastien J，Tremblay A，2011. Annual follow-up of gross diffusive carbon dioxide and methane emissions from a boreal reservoir and two nearby lakes in Québec, Canada. Biogeosciences，8(1)：41-53.

DeGroot M H，Schervish M J，2002. Probability and Statistics. 3rd edition. Addison-Wesley. Boston：MA, USA.

Efron B B，Tibshirani R J，1993. An Introduction to the Bootstrap. New York：Chapman &·Hall.

EPRI，2010. The Role of Hydropower Reservoirs in Greenhouse Gas Emissions. [TR 2010. 1017971]. Electric Power Research Institute，Palo Alto，CA.

FURNAS，2008. Projeto de P&D ANEEL Balanço de Carbono nos Reservatórios de FURNAS Centrais Elétricas S. A.，Relatório Final. Furnas Centrais Elétricas S. A.，Rio de Janeiro.

Gallagher A S，1999. Drainage Basins in Aquatic Habitat Assessment: Common Methods. In：Bain.

Guinee J B，2002. Handbook on life cycle assessment operational guide to the ISO standards. International Journal of Life Cycle Assessment，7(5)：311-313.

IHA，2010. GHG Measurement Guidelines for Freshwater Reservoirs. London：The International Hydropower Association (IHA).

IPCC，2011. IPCC Special Report on Renewable Energy Sources and Climate Change Mitigation. Cambridge：Cambridge University Press.

IPCC，2010. Revisiting the Use of Managed Land as a Proxy for Estimating National Anthropogenic Emissions and Removals：Meeting Report，5-7 May 2009，INPE，São José dos Campos，Brazil. Institute for Global Environmental Strategies (IGES)，Hayama，Japan.

IPCC，2007. Changes in Atmospheric Constituents and in Radiative Forcing // Climate Change 2007：The physical science basis：Contribution of Working Group I to the Fourth Assessment Report of the Intergovernmental Panel on Climate Change Climate Change. Cambridge：Cambridge University Press.

IPCC，2006. Possible Approach for Estimating CO2 Emissions from Lands Converted to Permanently Flooded Land：Basis for Future Methodological Development // 2006 IPCC Guidelines for National Greenhouse Gas Inventories：Volume 4 Agriculture，Forestry and Other Land Use，Appendix 2. Institute for Global

Environmental Strategies (IGES), Hayama, Japan.

IPCC, 2006. CH4 Emissions from Flooded Land: Basis for Future Methodological Development//2006 IPCC Guidelines for National Greenhouse Gas Inventories: Volume 4 Agriculture, Forestry and Other Land Use, Appendix 3. Institute for Global Environmental Strategies (IGES), Hayama, Japan.

IPCC, 1994. Climate Change 1994: Radiative Forcing of Climate Change and an Evaluation of the IPCC IS92 Emission Scenarios. Cambridge: Cambridge University Press.

ISO, 2006. ISO14040: 2006 Environmental management -Life cycle assessment -Principles and framework. International Organization for Standardization (ISO), Geneva.

JCGM, 2008. JCGM 100: 2008 Guide to Expression of Uncertainty in Measurement. Joint Committee for Guides in Metrology.

Juutinen S, Rantakari M, Kortelainen P, et al, 2009. Methane dynamics in different boreal ewline lake types. Biogeosciences Discussions, 6(2): 209-223.

Kirkup L, Frenkel R B, 2006. An Introduction to Uncertainty in Measurements: Using the GUM (Guide to the Expression of Uncertainty in Measurements). Cambridge : Cambridge University Press.

Kortelainen P, Rantakari M, Huttunen J T, et al, 2006. Sediment respiration and lake trophic state are important predictors of large CO_2 evasion from small boreal lakes. Global Change Biology, 12 (8): 1554-1567.

Migon H S, Gameraman D, 1999. Statistical Inference: an integral approach. London: Arnold.

Ometto J P, Pacheco F S, Cimbleris A C P, et al, 2011. Carbon dynamic and emissions in brazilian hydro-power reservoirs//Energy Resources: Development, Distribution and Exploitation.

Schaeffer R, 1994. Greenhouse Gas Emissions from Hydroelectric Reservoirs. AMBIO-A Journal of the Human Environment, 23(2): 164-165.

Rosa L P, Santos M A, 2000. Certainty and uncertainty in the science of greenhouse gas emissions from power dams: A report on the state of the art for the World Commission on Dams. World Commission on Dams (WCD), March 2000, [Final Report].

Rudd J W M, Hecky R E, 1993. Are hydroelectric reservoirs significant sources of greenhouse gases?. Ambio, 22(4): 246-248.

Satterthwaite F E, 1946. An Approximate Distribution of Estimates of Variance Components. Biometrics, 2 (6): 110-114.

St-Louis V, Kelly C A, Duchemin E, et al, 2000. Reservoir surfaces as sources of greenhouse gases to the atmosphere: a global estimate. BioScience, 50: 766-775.

Sikar E, Matvienko B, Santos M A, et al, 2009. Tropical reservoirs are bigger carbon sinks than soils. Verh. Internat. Verein, 30, (6): 838-840.

Tremblay A, Varfalvy L, Roehm C, et al, 2005. Greenhouse Gas Emissions-Fluxes and Processes: Hydroelectric Reservoirs and Natural Environments. [Environmental Science and Engineering/ Environmental Science]. Springer, Berlin.

UNFCCC/CCNUCC, 2006. Thresholds and Criteria For The Elegibility of Hydroelectric Power Plants With

Reservoirs As CDM Project Activities. [EB 23 Report, Annex 5]. UNFCC, Bonn.

WCD, 2000a. Dams and development-A new framework for decision making: The report of The World Commission on Dams. Routledge, Oxford, UK.

Welch B L, 1947. The generalisation of student's problems when several different population variances are involved. Biometrika, 34(1-2): 28-35.

附录 I-1 影响水库温室气体通量与 永久性碳埋藏通量的过程

1. 引　言

　　调节陆域表面任一温室气体通量、永久性碳埋藏通量的过程可划分为生物、物理、化学三大类。

　　碳的生物地球化学过程基本包括：自养生物(植物、蓝细菌)光合作用与呼吸作用的净交换、异养生物(动物、真菌、细菌、古菌)对有机质的降解释放 CO_2 和 CH_4。对氮平衡而言，相关的生物地球化学过程包括：生物固氮、氨化、硝化和反硝化。其中，后两个过程可导致 N_2O 的释放。主要的物理过程包括有机物的随流输移与扩散，而主要的化学过程则是燃烧。

　　在自然的或受高强度人类干扰的环境条件下，一些局地的环境特征控制了碳、氮的迁移与储存。因此，温室气体释放和永久性碳储存变化，反映了上述环境特征的时空分布。以下着重就影响环境中土壤有机质与土壤含水率变化的关键过程进行讨论。

2. CO_2 和 N_2O 循环

　　自养植物和微型生物(藻类和蓝细菌)的光合作用能调节大气中 CO_2 的含量，但它们亦同时通过呼吸作用向大气释放 CO_2。

　　在光合过程中，大气中的 CO_2 被光能合成为有机质：

$$H_2O + CO_2 + 能量 \rightarrow (CH_2O)_n + O_2$$

　　生物有机体的好氧呼吸过程，使有机质被消耗，并产生 CO_2：

$$(CH_2O)_n + O_2 \rightarrow H_2O + CO_2 + 能量$$

　　大气中的氮气通过植物根系的固氮过程合成铵(NH_4^+)和硝态氮(NO_3^-)。同化合成产物，主要用于初级生产过程，合成生物有机质用于生长和增殖。细菌活动将氨氮转化为硝态氮(硝化过程)，并将硝态氮转化为氮气(反硝化过程)，完成整个氮循环过程。

3. 土壤有机质和土壤水分含量

约有一半的土壤有机质干重是由碳组成的。由于多年生植物可在它们体内存储有机质数年，故在数十年内森林可作为重要的碳储库。年际的植物循环通过更新它们的地上部分和地下部分，形成有机残渣(碎屑)。有机残渣(碎屑)成为生态系统碳流动的重要组成部分。

土壤有机质是诸如细菌、真菌等异养微生物重要的生长基质。绝大多数的有机残渣(碎屑)为细菌、真菌等异养微生物提供了能源，而在有机残渣中的许多碳则转化为土壤中的 CO_2 或溶解性有机碳(DOC)。当土壤有机质在好氧条件下被降解，仅有十分有限的有机质可以在土壤中长时间储存。但若土壤在一年中部分被淹，则异养微生物将很快地消耗有限的氧气，土壤将迅速变为低氧状态或完全厌氧状态。在这样的条件下，高效的好氧降解过程受到阻滞，有机质降解速率显著下降。因厌氧降解过程存在，有机质降解过程依然可在较低的降解速率下持续进行。产甲烷古菌是上述过程中产生的主要厌氧菌种，它以 CO_2 和 H^+ 或者有机分解链的产物——乙酸作为基质生产 CH_4。一些 CH_4 可在土壤表层相对好氧的环境下被嗜甲烷细菌消耗，并转化为 CO_2。因此，出现 CH_4 的净释放(即 CH_4 产生和其消耗过程相抵消)取决于土壤中水的饱和程度。不仅如此，相对干燥土壤中的嗜甲烷细菌也可以吸收消耗空气中的甲烷。当土壤气孔中的 CH_4 浓度比大气中浓度(1.8ppm)更低时能够检测到该现象。故河道近岸高地的土壤通常为 CH_4 的汇。随着土壤含水率增加，越湿润的土壤，有机质含量越多，CH_4 的净释放量就可能越大。该现象可发生在水分饱和的近岸高地土壤，也可发生在水分永久饱和的泥炭地和湖泊沉积层中。因此，在流域尺度下，CO_2 和 CH_4 的平衡取决于流域内土壤有机物质的含量和水文条件的空间分布。

土壤中 N_2O 释放到大气的强度，通常与土壤孔隙水中的氨氮或硝态氮的可利用性密切相关。N_2O 可伴随微生物的硝化过程或反硝化过程释放入大气(Maag and Vinthe，1996)。硝化过程是 N_2O 从肥料中释放的主要机制。植物通过根系利用大部分生物可利用的 NO_3^-。故在有足够基质的情况下，N_2O 可能会间歇性地通过反硝化过程释放入大气。在寒带流域春汛期间通常易出现上述情况的 N_2O 释放。在泥炭地、河滩地和近岸生态系统的低氧条件下，反硝化过程主导的上述 N_2O 释放过程也容易发生。决定 N_2O 释放机制的首要条件，是以适当化学形式存在的氮化合物和作为能源供给的碳源。

4. 淹没与渍水

随着淹水程度增加并形成完整的渍水①，土壤有机质沉积层将会变厚，并埋藏数千年。富含有机质的湿土，例如泥炭土和淤泥，称之为"有机土"。湿地通常形成于流域的低洼地带，由水体渗透率较低的土壤组成。泥炭是完全意义上的有机土，具有十分低的矿物含量。泥炭，或形成于初次沼泽沉积作用中，由于持续淹水，或频繁渍水，或水生植被的大量生长，使得有机质聚集于矿物土壤顶部形成有机土层；或者在森林的二次沼泽沉积过程中形成。泥炭通常由苔草、莎草或苔藓植物残渣并在其适宜生长的湿地条件下形成。热带地区，泥炭可以在死亡的树木残骸基础上形成。此外，在蒸发量低于降水量的海洋性气候条件下覆盖于山顶的沼泽也可能形成泥炭。

在湿地中，土壤中水分的饱和度，是调控土壤质地发育和各种适生动植物出现的主导因素。在潮湿和缺氧的湿地土壤中，细菌降解植物残骸并生成 CH_4。反之，将可能促进 N_2O 的形成。尽管湿地中的细菌可生成 N_2O，但淹没的条件趋向于支持细菌利用 N_2O 并生成氮气(N_2)。因此，湿地释放 N_2O 通常可以被忽略，湿地甚至可能是 N_2O 的弱汇(EPA，2010)。在一般情况下，从湿地中向大气净释放的 CH_4 和 N_2O 是在湿地土壤中生成和消耗的大量 CH_4 和 N_2O 的极小部分。湿地中生成和消耗的 CH_4、N_2O 的细菌种类，受到不同环境因素的影响，如温度、水位、有机质供给及其生物可利用性等。因此，环境条件的细微改变，将可能导致 CH_4、N_2O 等气体生成和消耗的平衡状态产生较大变化，并最终影响它们向大气的交换通量(Itoh et al.，2007)。

生态系统组成、土地利用和气候条件的周年变化，将决定一年内流域温室气体源汇的平衡特点。降雨和干旱调节了土壤中好氧和缺氧条件，温度控制了植物的生长速率和细菌在降解有机物中的活性。土地利用改变也将影响上述过程。基于上述原因，流域温室气体源汇平衡，将受到自然和人类活动因素的影响而呈现较显著的长期年际变化特点。

---

① 原文表述为"complete waterlogging"，并批注为"土壤中的水分达到饱和"。——译者

5. 水库蓄水

水库修建后，导致水位升高，将改变淹没区及其毗邻区域的水文条件。水库蓄水，将淹没赋存于土壤和植被中的有机质、营养物。从上游流域输入的有机质也将积存于水库中（Rosa et al.，2004）。故调节水库温室气体源汇平衡十分重要的因素是有机质、营养盐，尤其是氧的可利用性。水库中营养盐和有机质的增加，将导致初级生产力和沉降速率的提高。富含有机质的沉降物将为产甲烷菌创造适宜其生存的缺氧条件。CH_4 的净释放将在沉积物－水界面和水柱中受溶解氧调节的产甲烷菌和甲烷氧化菌活性的相互平衡（Rosa et al.，2004；Iwata，2010；Morishita and Hatano，1999）。水体中季节性缺氧区形成将加速 CH_4 的扩散释放，而在沉积物中更为强烈的产甲烷过程将导致水体出现强烈的阵发性气泡释放过程。因水环境中同时存在适宜产甲烷菌的高温环境和低温环境，故在高温或低温不同气候条件下的水库均可能维持较高的产甲烷能力。此外，CH_4 释放入大气的通量还取决于水深。若 CH_4 从沉积层中释放进入水体出现在水库的深水区域，绝大多数 CH_4 可能会在水体中转化为 CO_2。若 CH_4 产生于较浅水域，CH_4 向大气释放的通量则可能会增加。

在永久缺氧的沉积层中，陆生植物并不能够利用它们的根系维持生长。在此条件下，水生植物利用通气组织，即从气孔到根尖端形成的相互贯通的通气系统，为其根系提供足够的氧气以使植物适应上述环境。氧气通过通气组织进入根系和根围环境中，而在沉积层中靠近植物根系周围形成的气体也可以通过通气组织进入大气。具有上述通气特征的典型植物包括芦苇、莎草以及相似植物等。

在沉积层好氧的上覆水体中存在甲烷氧化菌，其消耗水体中的 CH_4 并导致水体中 CH_4 向大气的扩散速率相对减缓。相较于此，湿地的通气组织为沉积层中 CH_4 的"逃逸释放"提供了重要路径。因此，湖泊和河流近岸湿地植被对 CH_4 的释放具有重要影响（Juutinen et al.，2003）。同样地，水库近岸周围形成的大量湿地植被将导致该区域 CH_4 释放量的增加。

水库（特别是依托大坝形成的水库）其温室气体释放途径是通过下池构筑物过坝下泄消气释放，这也是它相较于天然湖泊和池塘的独特的地方。溶解于水体中的温室气体，主要是 CO_2 和 CH_4，因在深层水体高压环境下具有更高的浓度。过坝下泄构筑物，如过水轮机、引水渠道入口设备处，将导致流经的水体水压迅速下降，并最终导致溶解于过坝下泄水体中的温室气体迅速释放进入温室气体分压相对较低的大气环境中(Morishita and Hatano，1999)。

参 考 文 献

EPA，2010. Methae and nitrous oxide emissions from natural sources. United States Environmental Protection Agency. http：//www. epa. gov/methane/source. html.

Masayuki I，Nobuhito O，Keisuke K，et al，2007. Hydrologic effects on methane dynamics in riparian wetlands in a temperate forest catchment. Journal of Geophysical Research Atmospheres，112 (G1)：545-559.

Iwata T，2010. "Generation and recycle process of GHG in dam lake". In：Ecosystem and management of dam lake and river. Tanita, T&.Murakami, T. (eds.). Nagova University Publication, Nagoya, Japan. 21-42.

Juutinen S，Alm J，Larmola T，et al，2003. Major implication of the littoral zone for methane release from boreal lakes. Global Biogeochemical Cycles，17(4)：351-362.

Maag M，Vinther F P，1996. Nitrous oxide emission by nitrification and denitrification in different soil types and at different soil moisture contents and temperatures. Applied Soil Ecology，4(1)：5-14.

Morishita T，Hatano R，1999. Methane Emission from Dam-Lake and Methane Uptake by Forest Soil Surrounding the Lake. Journal of the Science of Soil & Manure Japan，70：791-798.

Rosa L P，Santos M A D，Matvienko B，et al，2004. Greenhouse Gas Emissions from Hydroelectric Reservoirs in Tropical Regions. Climatic Change，66(1)：9-21.

附录 I-2　监测技术

（作者：**M. A. dos Santos**，巴西）

本附录对陆地和水体表面同大气间的温室气体交换通量和水库永久性碳埋藏通量的监测技术进行描述。关于监测技术与分析方法的更详尽信息，可以参考 Tremblay 等（2005）、IHA（2010）的文献，以及相关引用文献。

1.　采用倒置漏斗监测温室气体气泡通量

1）气泡采样

定量描述水下气泡释放，需要捕获水下自然发生的气泡。为此，在水下大约 30cm 处固定倒置漏斗，悬挂于水面浮标下方（图 I-2-1、图 I-2-2）。

每个漏斗覆盖面积（投影面积）约为 0.75m²，其顶端连接采样瓶，瓶内预先装满水。

采样瓶中的水体将逐渐被倒置漏斗中收集的气泡顶出瓶外。在一定的采样周期（通常是 24h）内确定采样瓶中的气体体积。气体的浓度则在实验室采用气相色谱法进行分析。

图 I-2-1　倒置漏斗收集气泡的装置设置

图Ⅰ-2-2 倒置漏斗安装在大坝前的现场照片

2)河流中气泡释放速率的采样

对河流中气泡释放通量进行采样,需注意到通常河流的全部水域并不产生气泡释放。特别是在河流水体持续流动的区域,并没有足够的沉积物在河床中积累以产生气泡。河流中的气泡通常出现在近岸或河湾等水流相对平缓或静止的水域,细颗粒泥沙将在该区域沉积并可能产生气泡。根据该特点,倒置漏斗应布设在河流近岸或河湾等水流相对平缓或静止的水域(图Ⅰ-2-3)。

图Ⅰ-2-3 在河流近岸水域设置的倒置漏斗

倒置漏斗通常应设置在离河岸 2m 的水域范围内。根据倒置漏斗和河岸之间的最大间距范围，应设置缓冲区（即产生气泡释放的区域），对应于倒置漏斗同河岸之间的最大距离。计算该缓冲区域的面积，应基于以下几个方面的数据：

(1)所考察的河段的实际水域面积，单位为 km^2。

(2)缓冲区域面积，单位为 km^2。

(3)不产生气泡释放的区域面积，单位为 km^2。

2. 使用通量箱法在水生和陆生环境中监测温室气体扩散通量

1)水−气界面温室气体扩散通量监测

水−气界面 CO_2、CH_4 或者 N_2O 的扩散释放（或散发），是溶解于水体中的气体通过水−气界面向大气释放的过程，反之亦然。该过程通常通过扩散通量箱进行监测。

通量箱可视为是一个倒扣于水面的容器杯[①]，容器杯含有已知体积的空气，并持续接受来自水体中扩散释放的气体。气体容积的增量即为扩散通量。

以 CH_4 为例，若上述容器杯中的 CH_4 起始浓度已知，且经过数分钟后可获得容器杯中新的 CH_4 浓度水平，故在水−气界面扩散释放的 CH_4 物质的量，可以通过容器杯倒扣于水面的面积、采样时间长度（通常为数分钟）等信息获得（图Ⅰ-2-4、图Ⅰ-2-5）。

图Ⅰ-2-4　水−气界面扩散通量箱(1L)

①　原文为"inverted glass"，为尊重原文语义，译者根据实际使用情况将其翻译为"倒扣于水面的容器杯"。——译者

图Ⅰ-2-5 水-气界面通量箱现场设置情况(1L)

但上述方法存在饱和效应,即在数分钟(甚至更短)的采样周期中扩散速率不能保持一致,因为从水体中逃逸散发的气体也可能再次溶解于水中。

通量箱中所收集的气体浓度在采样当天采用气相色谱法进行分析。CH_4、CO_2的浓度通过使用 Porapack-Q 色谱柱以及 FID 检测器或 TCD 检测器进行分析。N_2O 的浓度则通过使用 Porapack-Q 色谱柱及 ECD 检测器进行分析。

根据气相色谱法测试获得的气体浓度,对不同时间节点的气体浓度监测结果进行线性拟合,以通量箱体内气体的浓度变化表征扩散通量值。通量箱内气体浓度增加表示正向的释放通量,减少表示负向的吸收通量。在一些情况下,非线性拟合可能更为合适,例如对于小型的静态箱。但根据 UNESCO/IHA 监测导则,对通量箱内的线性概化,是估计温室气体扩散通量的标准流程。图Ⅰ-2-6 展示了1L 的通量箱中(覆盖面积 $0.049m^2$)在 0min、2min、4min、8min 时获得的气体浓度变化和线性拟合情况。

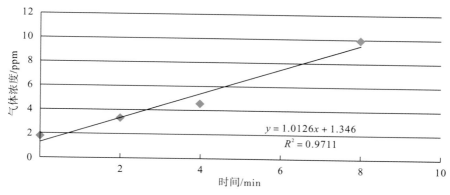

图Ⅰ-2-6 水-气界面气体扩散通量箱内的气体浓度变化与线性拟合

　　根据上述结果，后续步骤则是辨识监测结果是否可以接受或拒绝。根据 UNESCO/IHA 监测技术导则[①]要求，当线性拟合优度（R^2）高于 0.85 且显著性检验中 $P<0.002$，所监测的通量结果可被接受。但仅使用 R^2 值作为判别标准，在通量水平较低的情况下可能并不适用。基于此，可在 $R^2<0.85$ 的情况下，进一步设定线性拟合结果的残余标准误差除以平均浓度的商低于某一特定临界值（或使用专家评估方法），对线性拟合结果进行判断。

　　拒绝所获扩散通量拟合结果的另一因素是，通量箱中气体浓度样品被气泡释放的 CH_4 等气体所干扰。如前所述，该现象在监测过程的某一个时间点发生，则应剔除该时间点及其以后获得的气体浓度值，而仅采用最初的 3 个时间点所获得的气体浓度值进行线性拟合。若气泡干扰的现象出现在最后一个气体浓度采样时间点之前，则可以将最后一个时间点获得的气体浓度值剔除后进行线性拟合。

　　若在气相色谱分析中出现一些技术性问题导致气体样品的损失，则剔除该点位的气体浓度值，并将最后剩余的 3 个时间点位获得的气体浓度值进行线性拟合以获得气体扩散通量。

　　根据上述数据质量筛查过程，气体扩散通量值则在线性拟合结果基础上采用以下计算公式进行计算。

$$\text{Flux} = \frac{\text{Rate} \times P \times F_1 \times F_2 \times V}{SP \times R \times T \times A} \qquad (\text{I}\text{-}2\text{-}1)$$

式中，Rate——气体浓度随时间变化速率，即线性拟合的直线斜率，$ppm \cdot s^{-1}$；

　　　P——分析时实验室内的大气压，kPa；

　　　F_1——气体摩尔质量，CO_2 为 44，N_2O 为 44，CH_4 为 16；

　　　F_2——从秒到天的转换因子，为 86400s/d；

　　　V——通量箱中空气部分的体积，m^3；

　　　SP——海平面的平均标准大气压，为 101.33 kPa；

　　　R——气体常数，为 $0.0827L \cdot atm \cdot mol^{-1} \cdot K^{-1}$；

　　　A——与水相接触的通量箱底部面积，m^2；

　　　T——气体分析时实验室内的空气温度，K；

　　　Flux——水－气界面扩散通量值，$mg \cdot m^{-2} \cdot d^{-1}$。

　　① Goldenfum, Joel A. 2009. Determination of the fluxes and acceptances/rejection procedure. In UNESCO/IHA Greenhouse Gas（GHG）Research Project: the UNESCO/IHA Measurement Specification Guidelines for Evaluating the GHG Status of Man－made Freshwater Reservoirs. ［IHA/GHG－WG/5］. P－39. Available at UNESDOC: http: // unesdoc. unesco. org/images/0018/001831/183167e. pdf. ——作者

2）土壤－大气间温室气体扩散通量监测

一般情况下，土壤中CO_2的释放，产生于土壤中生物有机体的呼吸作用，主要是细菌、微型真菌和植物根系。

土壤中生物有机体的呼吸速率，随土壤温度的升高而升高。但在土壤水分含量低于10％时，可能受到限制性影响。

土壤中的CH_4则由生活在湿地或沼泽中的厌氧细菌产生。但在正常湿度条件下其他一些细菌则可能吸收（氧化）CH_4。在非常干燥的土壤中，这一过程也可能被限制或影响。

土壤中的N_2O伴随氮元素的生物地球化学过程而产生，且在湿地或潮湿土壤中可能产生较大的释放通量。

监测采样点位选择应反映环境条件，包括主要的植物覆盖、河道近岸森林、农业耕作用地、牧场或种植园。

土－气界面间的温室气体扩散通量，可以采用静态通量箱方法（Maddock and dos Santos，1997；Livingston and Hutchinson 1995）进行监测。静态通量箱为PVC材质，环形，直径为30cm，高度为12cm，顶盖设有毛细管状平衡器和可使用针筒进行抽气的采样孔（图Ⅰ-2-7、图Ⅰ-2-8）。

图Ⅰ-2-7 在土壤中设置静态通量箱

图 I -2-8　土壤样地中温室气体样品取样

采样时，静态通量箱插入土中 2～20cm 以确保气密性。使用 60mL 的塑料注射器或已抽真空的样品管从箱体中抽取 30mL 气体样品。

对 CH_4、CO_2 气体样品，取样时间间隔为 5min、10min、15min、20min。对 N_2O 气体样品，取样时间间隔为 10min、20min、30min、40min。

通量箱中所收集的气体浓度在采样当天采用气相色谱法进行分析。CH_4、CO_2 浓度通过使用 Porapack-Q 色谱柱以及 FID 检测器或 TCD 检测器进行分析。N_2O 浓度则通过使用 Porapack-Q 色谱柱及 ECD 检测器进行分析。对不同的气体，气相色谱仪器应设置不同的使用条件和操作规程。

温室气体通量则根据静态通量箱内气体浓度随时间的变化，采用前述方法进行计算。

3. 过坝下泄的温室气体消气释放通量监测

1) 样品采集

在过坝下泄消气通量监测中，水样应在每个运行中的发电单元前、后（水轮机前、后）进行监测。

样品应在水轮机房的进水吸入管道中采集，可直接从螺旋套管（水轮机前）的出流管道中取样（图 I -2-9）。这些水样，准确反映了吸入水轮机时的状态。每台水轮机的采样频次为每日 2 次。

图 I -2-9　过坝下泄消气的水样采集点

过水轮机后的气体浓度监测，应在船只的协助下，在大坝下游数十米的距离内，或尽可能在靠近水轮机房出流口、出流水体上涌至水面的位置，使用采水桶采集水样（图 I -2-10）。对每个水轮机组出口处应至少采集 1 个水样。

图 I -2-10　大坝下游水样采集以用于顶空分析

对泄洪口，水样应在坝上水库靠近泄洪构筑物入口处（确保一定安全距离）采集不同水层深度的样品。泄洪口下游采样点应设置在消力区后。

所采集水样应滴加氯化汞（HgCl）保存以抑制生物活性。水样应尽快送至实验室，通过顶空平衡法检测溶解于水体中的 CO_2、CH_4 等温室气体浓度。

2）从水样中提取溶解性气体——顶空技术

从水轮机房中抽取含有水样的注射器，应放空至一半体积；放空的部分由惰性气体填充。应根据所检测气体的化学成分选择惰性气体，通常使用氮气或氩气。

在形成顶空之后，必须摇动注射器 2min，以形成水样中溶解性气体和顶空气体之间的平衡。此后，迅速将气体样品从顶空区域转移至更小的注射器中，并通过气相色谱法检测其中温室气体的浓度。在获得已知的气体浓度值基础上，水体中溶解性气体的浓度可根据以下公式计算：

$$C = Q \times P \qquad (Ⅰ\text{-}2\text{-}2)$$

式中，P——分析气体的大气压分压；$P = p \times 10^{-9} Z/760 (\text{atm})$；

Q——萃取系数，$Q = v/(VRT) + 54.85\exp(A + B/T + C\ln T + DT + T^2)$；

v——顶部空间体积，L；

V——水样品体积，L；

R——-0.082，$L \cdot atm \cdot K^{-1} \cdot mol^{-1}$；

T——水温，K；

p——顶空部分提取的气体分压，ppm；

Z——实验室内的环境压强，mm Hg。

Sandler 经验常数见表Ⅰ-2-1。

表Ⅰ-2-1　Sandler 经验常数

	CO_2	CH_4
A	-4957.82	-416.159289
B	105288.4	15557.5631
C	933.17	65.2552591
D	-2.85489	-0.061697573
E	1.480857×10^{-3}	0

3）消气释放通量计算

在消气释放通量计算中，对每个水轮机房前采集的水样测试后的气体浓度取平均值，同大坝下游的样品检测结果平均值进行比较（图Ⅰ-2-11）。

水轮机前水体样品中溶解性气体浓度，同过坝下泄后水体样品中溶解性气体浓度的差值，乘以经过水轮机的流量，便等于过坝下泄消气释放通量。公式为

$$\text{Degassing}=(\ [\text{gas}]_{\text{pre-turbine}}-[\text{gas}]_{\text{post-turbine}})\times\text{flow} \qquad (\text{I}\text{-}2\text{-}3)$$

例如，计算过坝下泄 CH_4 消气释放通量，应根据流经水轮机的流量乘以水轮机组水体中 CH_4 的平均浓度和下游水体中 CH_4 的平均浓度的差值。

过坝下泄消气通常被认为发生在水轮机房，是因为静水压力的瞬间改变和过水轮机时叶片产生的气蚀空化效应，在流经过水轮机后水体中溶解性气体浓度终将回归平衡，达到无消气的水平。

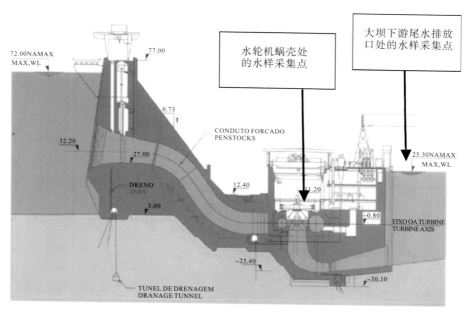

图 I -2-11　过坝下泄消气水样取样位置示意

4. 永久性碳埋藏通量

为获取永久性碳埋藏通量（单位为 $mgC \cdot m^{-2} \cdot d^{-1}$），需以硅（Si）为指示性元素，开展三个关键指标的监测工作：Si 埋藏通量（单位为 $mgSi \cdot m^{-2} \cdot d^{-1}$）、Si 相对丰度（单位为‰Si）和 C 在沉积物剖面中的相对丰度（单位为‰C）。通过使用 Si 沉积物捕获方法获得永久沉积层中的 Si 埋藏通量 T，并获取 C 同 Si 的相对丰度比值 R，则永久性碳埋藏通量 $P = T \times R$。

另一种可选择的监测方法称为"新碳（C_f）的每日沉降速率"，定义为在水库库底以上 1m 处水层获得的碳沉降速率。该区域是水体中碳降解或成岩的关键场所。由于永久性碳埋藏通量低于新碳（C_f）的每日沉降速率，使用沉降物捕集技术，上述监测结果可以与前述 Si 示踪监测结果具有较好的一致性。

1)硅(Si)的沉降速率

对 Si 沉降速率开展监测的沉降物捕集器，由 PVC 管组成，长度 l 约 40cm，直径 d 约 7.1cm，底部密封。长度与直径的比值(l/d)为 5.6，以减少沉降物捕集中表层水体的干扰。

当沉降物捕集器放置于水体中，水体底部用锚固定，并通过较短绳索(约 0.5m)连接至沉降物捕集器底部。沉降物捕集器顶部用 2～3m 长的绳索连接聚对苯二甲酸乙二醇酯材质的浮筒(如塑料瓶)。图 I -2-12 是上述装置固定的示意图。底部锚的重量应足够固定整套沉降物捕集器和浮筒，并确保沉降物捕集器垂直布设于水柱中。在沉降物捕集器顶部，应再设置一个指示性浮标，漂浮于水面，以确定沉降物捕集器的具体位置以便回收。沉降物捕集器设置位置的水深应超过 10m。全套装置设置结果为：锚固定于底部，沉降物捕集器受浮筒的作用而垂直悬浮于水柱中，沉降物捕集器的入口处位于水底顶部约 1m。在沉降物捕集器还未布设于水下之前，沉降物捕集器中应灌满冰水，并使其溢出捕集器，且无悬浮颗粒物。当沉降物捕集器逐渐下沉并布设于水下时，冰水将避免初始阶段的环境水体干扰以及一些颗粒杂质进入捕集器中。故初始状态下沉降物捕集器中的水温不应超过 14℃，而大坝坝前底部的水温通常为 20～27℃。

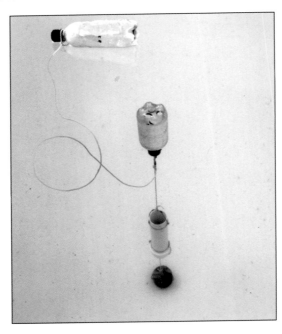

图 I -2-12 沉降物捕集器及相关附属装置

在每个采样区域，设置 1～3 套沉降物捕集装置，捕集时间约为 24h。根据相关文献报道(Leite et al.，2000；Leite，2002)，上述捕集时间是较为合适的，因为在该时间范围内所捕获的沉降物足以开展分析测试工作。在捕集期间，水柱中沉降至水库库底的沉降物进入沉降物捕集器中，并停留至此。当捕集结束后，沉降物捕集器被拖拽上岸，并将其捕获的沉降物转移至样品烧瓶中。转移过程中应注意将积沉于捕集器底部的沉降物再次悬浮洗净，以获得全部捕集的沉降物。

实验室内，将收集到的全部沉降物用 0.45μm 的滤膜过滤。可在过滤中使用多张滤纸，避免过滤过程中滤纸可能被沉降物阻塞而使滤速下降。滤纸需截留进入沉降物捕集器的全部颗粒。过滤后，分别对滤纸和滤液使用碱液熔融硅酸盐颗粒，使其以溶解性硅(硅酸钠)的形式存在。具体过程为：折叠滤纸(可以是湿润的或在室温下干燥)，并用剪刀剪成碎片后放入 65mL 的镍坩埚中，然后添加 20mL 1mol·L^{-1} 的 NaOH 溶液，置于 12cm、600W 的加热板上消化并蒸干，时间一般为 30min。后转移镍坩埚于 800～900℃ 的马弗炉中加热 40～60min。另外，再加热 10～15min 使其完全融化。上述方法常被用于溶解和分析冶炼过程中的碱性残渣，以在沉降物样品前处理中获得硅酸盐溶液(与下面描述的 Si 溶液相似)。

2)获得沉积物柱芯

应在水库底部使用 Niederreiter 柱芯采样器获得沉积物柱芯。该采样器由钻孔管和位于底部的锁扣装置组成。但必须注意，蓄水前在旱地上进行的沉积物柱芯采样，通常因包含植物根系或枝叶等杂质而使碳含量的检测结果出现异常值。

柱芯应根据沉积物岩性与质地沿水平方向切割成 1～3cm 的切片，保存至塑料袋中并取回实验室，使用岛津碳分析仪(SSM-5000A)开展 C、Si 含量测试。

3)沉积物的碱熔融与硅含量分析

以下所述方法，是在 Jackson(1958)和 Mackereth 等(1978)基础上改进完善的，具体操作如下：

根据沉积物样品(预先在 110℃ 下干燥处理，研磨)，取 50mg 于体积为 35mL 的铂坩埚中，并混合四倍于样品质量的 Na$_2$CO$_3$(200mg)，后置铂坩埚于带有铝圈的三脚架上，喷灯加热，直至发出红光(800～900℃)，至少加热 1min。冷却后，使用 100mL 蒸馏水溶解熔融后残渣，润洗坩埚。溶液和润洗残液转入塑料杯，用滤纸过滤后，使用 1mol·L^{-1} 的 HCl 溶液调节滤液 pH 至 7.0，并定容至 150mL。该溶液称为 S 溶液。

S 溶液中的硅含量采用黄色硅钼酸方法测定：取 S 溶液 20mL，置于塑料烧杯，加入预先准备好的 0.1mol·L^{-1} 钼酸铵 2mL，摇匀。静置 15min 后，添加

$1：1H_2SO_4$溶液 15mL，再静置 $10\sim15min$。

　　在波长为 410nm 下(空白参比透光率和样品透光率比值，以 10 为底取对数，获得吸光度值 A)，吸光度值与空白值进行比较，然后与标准硅溶液的吸光度值进行比较，制定校准曲线。注意，上述方法中应使用 1cm 比色皿。吸光度 A 和标准溶液硅浓度 SC(单位为 $gSi \cdot L^{-1}$)之间吸光度值的线性关系为

$$SC = 0.000534 + 0.1347 \cdot A$$

若吸光度值 A 不超过 0.15，则估计误差低于 5%。

参 考 文 献

IHA, 2010. GHG Measurement Guidelines for Freshwater Reservoirs. The International Hydropower Association(IHA), London, United Kingdom.

Jackson M L, 1958. Soil Chemical Analysis. Prentice Hall, Inc., Englewood Cliffs, NJ.

Leite M A, 2002. Analise do aporte, da taxa de sedimentacao e da concentracao de metais na agua, plankton e sediment do reservatorio de Salto Grande, Americana-SP [Analysis of the input, sedimentation rater and metal concentration in the water, plankton and sediment of Salito Grande reservoir, Americana, SP]. Ph. D. Thesis. University of Sao Paulo, Brazil.

Leite M A, Espindola E L G, Calijuri M C, 2000. Tripton sedimentation rates in the Salto Grande Reservoir (Americana, SP, Brazil): a methodological evaluation. Acta Limnol Bras, 12: 63-68.

Livingston G P, Hutchinson G L, 1995. Enclosure-based measurement of trace gas exchange: applications and source of error//Biogenic Trace Gases: Measyring Emissions From Soil and Water. Matson, P. A. &. Harriss, R. C. (eds.). Blackwell, Oxford, 14-51.

Mackereth F J H, Heron J, Talling J F, 1978. Water analysis : some revised methods for limnologists. Freshwater Biological Association.

Maddock J E L, Santos M B S, 1997. Measurements of small fluxes of Greenhouse Gase Gases to and from the Earth's Surface, using a Static Chamber. An. Acad. Bras, Ciencias, 68, Sup. 1.

Rosa F, Bloesch J, Rathke D E, 1994. Sampling settling and suspended particulate matter". In: Mudroch, A. &. MacKnight, S. D. (eds). Handbook of Techniques for Aquatic Sediments Sampling. Lewis Publishers, Boca Raton, FLA: 97-129.

Tremblay A, Varfalvy L, Roehm C, et al, 2005. Greenhuse Gas Emissions-Fluxes and Processes: Hydroelectric Reservoirs and Natural Environments. Environmental Science and Engineering/Environmental Science. Berlin: Springer.

第二部分 建 模

摘 要 当前，在发电水库温室气体排放的研究前沿，依然存在众多的不确定性和不同观点，并使发电水库通常被排除在相关能源政策与法律法规范围以外。为此，国际能源署水电技术合作计划（IEA-Hydro）启动了"淡水水库碳平衡管理"工作项目。其目的在于通过全面的工作规划以增进对水库温室气体源汇变化科学知识的积累，为水库碳平衡研究提供最优实践导则，对水库温室气体通量评估提供标准化的科学方法。

《水库温室气体净通量定量分析技术导则》将为水库温室气体净通量的定量分析提供可参考的科学框架，对水库温室气体原位监测、数据分析和建模提供建议和推荐的操作流程。导则分为两卷：第Ⅰ卷为监测与数据分析，第Ⅱ卷为建模。第Ⅱ卷包含一篇执行概要、四个章节和一份附录。

第5章为引言，描述问题需求、目标和工作范围。同时，还为水电业界提供一份被更广泛社会团体所接受的路线图。第6章专门探讨筛查水库温室气体通量的重要性，涵盖第一阶段的决策制定过程、可预测的筛查工具以认识水库温室气体净通量存在高风险的可能性。重要的是，若水库并不存在高的温室气体净通量，则并不需要开展额外的调查、监测与研究。第7章关注建模工作，为构建数学方程、参数验证、模型校正，以及使用模型获得水库温室气体净通量的预测值，提供一般性的推荐方法。这些方法涵盖通过筛查过程确定具有较高温室气体净通量风险的水库，也涵盖温室气体净通量未知或不明确的水库。第8章涉及如何汇报水库温室气体净通量，涵盖通过数据输入、方法和结果的综合文件材料梳理，为筛查结果或任一建模过程结果提供编制报告的途径。附录中邀请导则用户提供他们的相关工作结果并上传至 IEA-Hydro 网站。这将提供关于建模者如何确定温室气体通量的估计值以及在上述过程中遇到及克服挑战的一系列经验做法。

本导则以发电水库，或涵盖有发电功能的多用途水库为对象进行编写，但导则中所涉及的相关过程通常也可被用于其他任一类型水库，也将影响水资源和能源服务相关政策的制定。

关键词：碳平衡 建模 温室气体净通量 多用途水库

执行概要

《水库温室气体净通量定量分析技术导则》定义了建立水库温室气体净通量模型的流程和最优实践指南。它为用户提供了可参考的科学框架以开展水库温室气体净通量和碳储存变化的定量分析。据此，能够完整实现对已建或待建水库温室气体源汇过程的充分研究与分析。

本导则包含了一系列来自工程人员、科学家和学术界以及水电工业界专家对模型和建模方法的建议和要求，并提供了对建模结果进行科学描述的路线图，以促进建模结果既能被水电业界使用，又能被更广泛的学术界和工业界接受

本导则的一项首要目标是从更宏观的视角提供合适的方法以能够对一个水库或一系列水库开展温室气体建模工作。全球范围内仍有诸多不同类型的水库，尽管只有非常小的一部分被开发用以发电或具有发电设施，但发电水库含有诸多不同的规模，在水库表面积、深度、库龄等方面亦存在数量级上的差异。它们可能是具有多年储存库容的巨大水体，也可能是低水头的径流式小水电站。相较于蓄水前水库淹没区陆地的景观单元，一些水库可能呈显著的高温室气体释放潜势，特别是在它们成库运行之初的若干年内。其他一些发电水库温室气体源汇变化同自然湖泊的温室气体源汇情势基本持平，甚至呈现净的碳汇格局。本导则的路线图，对每种类型的发电水库的温室气体建模方法进行了辨识，明确了对所有类型水库综合运用单一的排放因子并不正确，因为它们的特征可能导致温室气体释放风险特征存在巨大差异。更为重要的是，对温室气体净释放强度被确认为存在低风险的水库，开展额外的调研、监测和分析研究可能并不必要。基于此，最初的数据筛查分析方法运用了直接但科学可靠的流程以预测水库温室气体净通量的强度。

第5章 引 言

5.1 概 要

当前，在发电水库温室气体排放的研究前沿，依然存在众多的不确定性和不同观点，并使发电水库通常被排除在相关能源政策与法律法规范围以外。为此，国际能源署水电技术合作计划（IEA-Hydro）启动了"淡水水库碳平衡管理"工作项目。其目的在于通过全面的工作规划以增进对水库温室气体源汇变化科学知识的积累，为水库碳平衡研究提供最优实践导则，对水库温室气体通量评估提供标准化的科学方法。

本导则提供了最优实践指南以帮助读者对多用途水库温室气体净通量开展监测、分析数据和建模。本导则分为两卷：

第Ⅰ卷：监测与数据分析。本卷提供开展水库温室气体监测活动和数据分析的建议与推荐流程，以获得在监测方案实施周期内关于水库温室气体净通量的预测值及其不确定度（IEA-Hydro，2012）。

第Ⅱ卷：建模。本卷为用户提供了一个对水库温室气体净通量和碳储存变化开展定量分析和建模的基本框架。基于该框架，用户可以开展足够的分析和研究以掌握已建或待建水库在长时间尺度下的温室气体通量。

值得注意的是，第Ⅰ卷提供了关于水库温室气体通量的一般性引言。同时需进一步指出，水库温室气体通量并不局限于服务水电生产，而是涵盖了一个水库可以提供的所有服务，本卷将对水库温室气体通量进行一般意义上的描述。

5.2 导则的目标与工作范围

本导则的目的是开发具有科学前沿性的方法以定量估计水库温室气体净通量。这将为用户提供开展水库温室气体净通量定量分析的参考性框架。基于该框架，用户可以开展足够的分析和研究以掌握已建或待建水库的温室气体源汇过程。本导则的首要目标包括：

（1）基于最优实践，提供开展水库温室气体净通量定量分析的参考性框架。

（2）提供路线图以选择适合某一水库或一系列水库的温室气体建模方法。对此，导则提供的整体性解决方案涵盖了从数据筛查分析到项目规划及优化等阶段，并使该导则中建模过程的影响和产出可以指导待建或已建水库的设计改进、运行策略或管理实践等。

（3）指导科学界的建模过程以应对水库温室气体源汇的相关研究议题。

（4）推荐一系列建立模型的要求，建模实践应满足上述要求，以足够精确地描述水库温室气体源汇变化的相关过程。

（5）提供指导以确保建模过程的产出与终端用户的要求相匹配。

（6）促进对模型结果的交流以保证建模过程能够被更广泛的采纳和接受。

本导则将依托 IEA 水电实施协议 ANNEX XII（水电与环境）工作组的各种活动，通过在寒带、热带、半干旱和温带等一系列发电水库实际应用本导则，以促进上述目标的确立和传播。

本导则目标的制定也通过一些综合性、协调性的方式，它们包括：

（1）对水库温室气体建模的前期工作进行文献综述。

（2）对巴西、澳大利亚、加拿大、中国、芬兰、日本、挪威、美国以及通过 IHA/UNESCO 相关项目开展的已有建模工作和扩展研究工作进行综述。

（3）本工作组成员和其他参与方在巴西里约热内卢、美国诺克斯维尔、芬兰罗瓦涅米、英国伦敦召开的一系列工作会议，讨论或编写本导则。

（4）在更广泛的知识范围内，筛选并与相当数量的科学家、学者和精通于工业实践的工程师开展交流活动。

（5）来自本导则作者和其他参与者的知识汇总。

（6）来自独立外部专家团队的同行评议活动。

本导则以发电水库，或涵盖有发电功能的多用途水库为对象进行编写，但导则中所涉及的相关过程通常也可用于其他任一类型水库，也将影响水资源和能源服务相关政策的制定。

5.3　导则的内容设置与使用方法

本卷提供了为开展水库温室气体净通量建模而辨识最优实践的框架。本卷内容设置如下。

第 5 章引言：包含本卷的问题需求、概念、目标和工作范围。此外，还为水电业界提供一份被更广泛社会团体所接受的路线图。本章将为用户提供本导则关于建模所包含的内容及其在何处应用以满足用户需求等相关认识。

第 6 章筛查温室气体源汇过程的重要性：本章涵盖第一阶段的决策制定过程、可预测的筛查工具，以认识水库温室气体净通量存在高风险的可能性。重要的是，若水库并不存在高的温室气体净通量，则并不需要开展额外的调查、监测与研究。

第 7 章水库温室气体净通量建模：包含为构建数学方程、参数验证、模型校正以及使用模型以获得水库温室气体净通量的预测值，提供一般性的推荐方法。这些方法包括通过筛查具有较高温室气体净通量风险的水库，也包括温室气体净通量未知或不明确的水库。

第 8 章水库温室气体净通量模拟评估报告：包括通过数据输入、方法和结果的综合文件材料梳理，为筛查结果或任一建模过程结果提供编制报告的途径。

附录Ⅱ-1 水库温室气体净通量建模示例：邀请导则用户提供他们的相关工作结果并上传至 IEA-Hydro 网站。这将提供关于建模者如何确定温室气体通量估计值以及在上述过程中遇到及克服挑战的一系列经验做法。

5.4　水库温室气体净通量评估的路线图

本导则就水库温室气体净通量建模为用户有效地辨识最优实践提供帮助。进一步地，本导则还提供了一幅"全景图"，以针对单一水库或一系列水库温室气体的源汇变化，展示并帮助用户选择合适的建模方法。相较于水库蓄水前区域温室气体通量水平，一些水库蓄水后可能会出现较高的温室气体释放通量，特别是在水库投入运行初期的若干年内。对此，本路线图将辨识并提供同上述相关的各种情形的建模过程。一些水库可能具有较低的或不显著的温室气体释放通量，一些水库甚至是碳汇或温室气体的汇。在这样的情况下，水库温室气体净通量建模将首先从筛查工具（第 6 章）开始。因此，用户根据自身特定情况，仔细考虑与导则各部分的相关性，并考虑如何使导则内容更好地指导实践。

尽管全球范围内大部分水库的温室气体通量相对较低或并不显著，但是辨识特定水库温室气体净释放通量是否具有显著性，其方式应简单，且应具有可靠的科学基础。这些方式包含了数据获取过程、识别风险因子（或确认没有风险因子）的有效方式等。因此，筛查温室气体通量的重要性是存在的，但需要针对个案使用成本较高的专家服务。故绘制本路线图的意图是采用被广泛认可接受的"温室气体筛查流程"，以满足在科学性和可用性方面开展定性判别的需要。

评估待建水库和已建水库温室气体净释放通量风险的流程见图 5-1。该方法适用于评估待建新项目的温室气体净通量和评估已建水库未知的温室气体源汇平衡状态。如图 5-1 所示，设置温室气体评价路径的目标，是为环境影响评价（以下简称"环评"）或相类似的管理目标（如持续的授权许可等）提供足够的信息。若水库不具有高温室气体释放通量的可能性，风险等级可直接通过可靠的筛查流程予以确定。反之，可以通过综合的评估流程予以确定，包括综合监测、测试和建模等工作。理想情况下，上述筛查过程将服务于水库修建规划的改进，或在变化环境下开展水库管理和适应性调整。

因水库温室气体净通量评估是在本导则第Ⅰ卷（IEA-Hydro，2012）的基础上进行的，故在开展净通量评价前需获得关于水库的一些特定信息。

计算水库温室气体净通量，应基于蓄水前和蓄水后水库的温室气体源汇，以及估计的其他人类活动对水库温室气体通量的贡献量（UAS）等三个方面进行计算。后者实际上是蓄水后水库温室气体净通量的一部分，但正如 IPCC 特别报告所指出的，其他人类活动对水库温室气体通量的贡献量（UAS）应予以扣减。本导则第 7.4 节提供了其他人类活动对水库温室气体通量的贡献量（UAS）的建模导则。

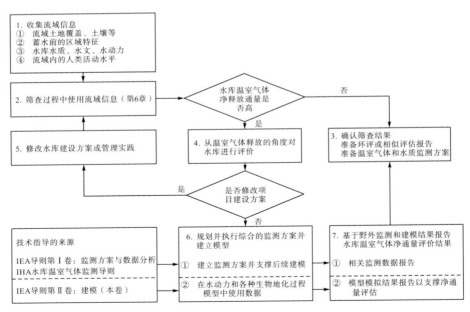

图 5-1　为环评或相似用途准备的水库温室气体净通量评估流程

可针对已建水库或待建水库收集获取估计其他人类活动对水库温室气体通量的贡献量所需的信息。这些信息的绝大部分，涉及土地覆盖、土地利用活动、人口密度、流域中工业情况等。对于待建水库，水库上游流域的土地覆盖和土地利用情况，可以通过卫星遥感技术获取。这将包括上游流域、蓄水前水库淹没区域的土地覆盖，可能造成营养物和有机质排放进入上游河道的各种人类活动。对于已建水库，上述信息可采用技术规划等方式获得。

图 5-1 中对水库温室气体净通量评估流程、前述的决策制定路线图等提供了更为详细的信息。图中的编号与下列内容的编号相对应。

1. 为筛查过程和温室气体释放影响评价收集信息

(1)流域特征：对水库温室气体源汇产生影响的因素，与影响水库入库营养物和有机质的因素密切相关，包括土地覆盖(森林、草地/灌木丛、湿地、开放性区域等)、土地利用(农田、牧场、居民区、城市建成区、开矿活动；特别是当上述土地利用活动向水库释放营养物或有机质时，将对水库温室气体源汇产生显著影响)和土壤类型等。对待建水库或已建水库，应仔细掌握流域的自然地理特征和其他相关信息。

(2)蓄水前水库淹没区域特征：应通过历史文献资料，包括历史地图、卫星图片等获取待淹区域或已淹没区域的土地覆盖、水域面积(河流、湖泊)和土壤类型等信息。若缺乏上述数据，则可在与淹没区域的土地覆盖、土地利用具有高度相似性的区域获得上述信息。当表征待建水库的相关信息时，应包含水库平均深度、水体滞留时间、形状等的估值。

(3)流域内人类活动的排污负荷：来自人类和工业活动的点源、非点源污染负荷，将影响河道营养物和有机质的浓度，应对上述污染负荷进行估计。

2. 应用信息以开展筛查过程(参考第 6 章)

使用合适的时空边界或运行标准，以确定是否存在高的水库温室气体净通量。

对待建水库或已建水库，若筛查过程表明高的温室气体净通量的存在风险很低，则使用1(①、②、③)中所包含的信息和筛查过程(2)的所得结果以准备环评或相似文件，或者用于规划水库温室气体排放和(或)水质变化(3)的监测方案。

若筛查过程表明存在高的水库温室气体净释放通量的风险，则引导到(4)。

3. 确定筛查结果

根据需要准备环评或监测工作协议。IEA-Hydro 导则第 I 卷提供了对水库温室气体净通量评价的基本描述。使用本导则内容、已收集的待建水库相关信息和本筛查过程的结果(包括测量数据、模型应用等),以及立法主体设置的相关框架等四个方面,对水库温室气体净通量的评价结果进行系统阐述。第 8 章提供了编制相关报告的导则。

4. 评估待建或已建水库的温室气体通量

使用筛查结果,根据是否具有高的水库温室气体净释放通量,制定决策以改进水库修建规划过程或水库运行方式。若上述调整改进的措施有效,则再次根据更新的数据使用筛查过程(5)。若并不存在符合条件的改进方案,包括撤销水库修建项目,则系统开展水库温室气体的监测和建模工作,以确定其温室气体净通量水平(6)。

5. 对待建或已建水库建设改进方案或管理实践

依据数据对水库流域、水库淹没区域和人类活动等方面提出改进方案。还可同时包括改进水库的设计、运行等特征。在此基础上,再次开展筛查工作(2)。

6. 对温室气体通量开展测量和建模

(1)IEA-Hydro 导则第 I 卷提供了支撑开展水库温室气体净通量计算的综合性监测方案建立指导。IHA(2010)手册则提供了对水库温室气体监测技术和监测过程的细节信息。

(2)IEA-Hydro 导则第 II 卷提供了预测待建水库或已建水库温室气体净通量的技术导则。水库温室气体净通量的计算,基于全新开发或已有的水动力模型和生物地球化学模型而实现。

7. 对待建或已建水库应用水库温室气体净通量评价结果

(1)报告水库温室气体综合监测方案的结果,以准备环境影响评价或其他相似目的(3)。

(2)如本导则中描述的,在一维、二维或三维模型中运用测量数据,报告水库温室气体模型运行结果,以服务环境影响评价或其他相似用途(3)。

5.5　定义与假设

表 5-1　本卷导则中使用的术语及其定义

名称	定义	说明和假设
模型应用	全部水库：已建、在建和规划待建	其应用范围覆盖全部水库，不局限于发电水库
通量	单位时间单位面积，某一类型温室气体，通过某一界面（如水体和大气交界面）的物质的量	出流量、入流量取决于通量的方向。通量速率可能出现日变化或季节变化。对所关注的过程而言，相应的时间尺度可从数秒到数年之间变化
所考虑的气体类型	CO_2、CH_4、N_2O	本导则第 I 卷确定了开展水库温室气体净通量计算所考虑的气体类型
总通量	某一水库总的温室气体通量	可根据水库的各种条件或状态，通过测量、计算或推测获得总通量；该名称也被称为蓄水后通量
水电	利用水体流动产生能量的一种可再生能源形式	水电可以分为过水型、水库型、抽水蓄能型
建模结果输出	净通量以 $CO_{2eq} \cdot m^{-2} \cdot a^{-1}$ 为单位表达	此处考虑了最有用的方法以比较不同水库情况，或与相关限值或运行标准进行比对
净通量	因水库形成导致温室气体通量的变化量	水库形成对大气环境温室气体的贡献量，是在蓄水后水库温室气体总通量和碳通量中，扣除其他人类活动对水库温室气体通量的贡献量，与蓄水前温室气体总通量和碳通量的差值
蓄水前温室气体通量	水库形成以前的温室气体通量	可根据蓄水前自然条件下河流流域情况，通过测量、计算或推测获得
水库	依托用于储水或调水的大坝而形成的人造湖泊、储水池或蓄水池	水库可以利用其储水、调水库容及其调节能力提供多种用途
空间覆盖	水库足迹区域，以及受到影响的上游流域和下游河段	筛查过程，仅涵盖水库足迹区域
存储	某一特定对象（如沉积物）单位体积的物质存储	沉积物、森林和土壤中的碳存储对蓄水后的温室气体通量具有重要性
温室气体通量和碳收支改变的时间跨度	时间跨度为 100 年，是基于自然或人类活动影响没有显著改变的假设	该假设可能并不现实，但却能够用于对蓄水前、蓄水后的情况进行合适的比较，也能够用于对是否具有其他人类活动贡献的情况进行比较
与筑坝蓄水不相关的其他人类活动对水库温室气体通量的贡献量	因来自与水库形成不相关的人类活动而产生的营养物和碳输入导致的水库温室气体通量变化，如污废水、农业面源污染、林业废弃物等	辨识自然背景和人类活动的排放对水库温室气体净通量的研究十分重要

第6章 筛查温室气体源汇变化的重要性

6.1 引　　言

目前，全球范围内有多种类型的水库，但仅有一小部分被开发用于发电或含有发电功能。发电水库大小不一，可以是具有多年蓄水库容的大型水体，也可以是小型径流式电站的低水头储水池。每座水库在形状、尺寸等方面也具有差异明显的地貌特征。水库岸线和淹没区域在基岩到原始森林之间交替变换。不仅如此，水库流域也具有不同的土地利用方式，一些土地利用方式基于现状而发生改变；而另一些土地利用则会因为水库形成而受到深刻影响。

水库形成对温室气体的源汇变化具有潜在风险。但影响上述潜在风险的条件却极为宽泛。除了物理参量外，一些极端事件也会影响温室气体的源汇变化，如洪水，若足够显著，将携带大量的泥沙和有机碎屑进入水库。不同气候带、水库的不同位置和全年中的不同季节都将使得水库温室气体源汇产生显著改变。此外，水库温室气体源汇变化也会受到其他人类活动的影响，诸如农业废弃物、工业排放和城镇生活污废水等。

重要的是，对于已经确认温室气体净释放通量风险较低的水库，并没有必要开展额外的调研、监测和研究。因此，预测水库温室气体净通量的方法，通常从简单直接但科学可靠的数据筛查过程开始。

需要特别指出的是，任何筛查过程均包含了对每个特殊情形下各种变量的认识及其内在的限制（也包括使用筛查工具本身）。筛查过程应基于对所有重要变量的评价，以及良好的工程、科学判断。

6.2　筛查过程与准则

6.2.1　导则内容

所有水库均可能存在温室气体释放的风险，尽管在很多情形下，例如具有短的水体滞留时间，该风险可以被认为低或极低。当有需要或有意愿对某一水库项目开展温室气体净释放风险评估时，需要谨慎区分是否有高风险的可能。重要的是，对于已经确认温室气体净释放通量风险较低的水库，并没有必要开展额外的调研、监测和研究。

因此，筛查过程将特别有利于提供合适的方法以确定水库的温室气体净通量是否具有高风险。图 5-1 展示了该决策的制定过程。某一筛查过程基础的必要条件是使用户能够针对某一温室气体净通量具有高风险可能性制定决策，其本身将为立法机构、财团和有信心的开发商提供指导方向，或帮助指导其开展具有可持续性的实践。

6.2.2　最优实践指南

1.　对水库筛查应确定水库温室气体净通量的风险

筛查工作的首要目的是确定水库温室气体净通量的风险，以及确定该风险等级是否有必要进一步开展调研和分析工作。其他目的包括：

(1)满足更好地认识水库温室气体净通量的需求。

(2)作为初始步骤，对新建或已建水库的温室气体净通量水平开展评估。

(3)具备对水库温室气体净通量开展快速评估的能力。

(4)对多用途大坝，提供权衡后的方法，以将温室气体净通量分配到水库可提供的一系列能源和水资源服务。

2.　对水库的筛查应基于风险评估过程

筛查过程应基于风险评估途径，包括预示将出现中等或高温室气体净释放通量的各类环境事件的前置条件，以及确定它们的方法学。同时，应突出强调和辨识那些将增加水库温室气体净通量风险的因素。该过程将使评估工作针对中/高温室气体净释放通量风险，或低风险的相应标准而开展。

筛查方法学的开发，应基于风险评估过程，满足筛查过程需要。前述开发和使用的相关风险标准包括以下内容：

(1)基于不需要开展野外作业的一些参量，建立简单的方法学，以确定温室气体净通量。

(2)筛查过程简单易用，对潜在贡献因素开展现场监测的要求较低。

（3）对所有地理分区的水库可提供强大、独立、可验证的结果。

（4）水库温室气体净通量，为蓄水后水库温室气体通量扣除蓄水前温室气体通量，并减去其他人类活动对水库温室气体通量贡献量的估计值。

（5）水库所在流域和水库自身特性的数据集。

（6）评估温室气体通量风险的限值或执行标准。

（7）辨识温室气体净释放通量具有高风险的，应在此基础上开展更细致的建模、监测或缓解措施。

水库温室气体净通量不能被直接发现或监测。作为筛查过程的基础，它们需要采用基于风险的方法进行估计，主要包括以下几个部分：

（1）蓄水前温室气体通量：基于水库形成之前其流域的各种温室气体通量来源，包括各种土地利用形式、已有的水体和其他相关活动。

（2）蓄水后温室气体通量：基于水库的温室气体通量，通常也称为"总通量"，包含水库及其下游受影响河段的温室气体通量。

（3）其他人类活动对水库温室气体通量的贡献量：在总通量中超出了水库自身控制范围的各种过程所导致的温室气体通量变化，包括增加上游河道营养物入库负荷并导致温室气体源汇改变等。

同时，需要考虑将水库温室气体净通量分配或指派到水库提供的各种服务。这些服务包括：水力发电、灌溉、防洪、供水、航运、娱乐等。

3. 筛查过程均适用于已建水库和待建水库

筛查过程应足够灵活使得可以对已建或待建水库的温室气体净通量的潜在风险开展评估。这将为立法机构、财团和有信心的开发商提供指导。对于已建水库，在水力发电许可证重新审核时期十分适宜开展上述筛查过程。对于待建水库，筛查过程也将为项目提供合适的设计参考。

筛查过程应涵盖具有多种用途的水库。该过程见图 5-1。

4. 筛查结果应包括确定水库温室气体净通量风险等级的标准

筛查过程应基于分级标准提供对水库温室气体净释放通量风险的清晰指导。这些标准应以水库区域为基础，单位使用 $CO_{2eq}g \cdot m^{-2} \cdot a^{-1}$ 和 $CO_{2eq}t \cdot a^{-1}$。

筛查过程和风险等级，应被确定成特定置信水平，足够使决策过程能够将水库温室气体净通量情形分为以下两类：

（1）项目高温室气体净释放通量的风险很低。

(2)项目存在高温室气体净释放通量的风险，或该风险未知或不明确。

对于上述第(2)类项目，对水库设计或运行进行符合条件的改进或许并不可行，包括撤回项目，应开始规划进一步的研究方案，包括对水库温室气体的监测和建模工作，以获得预期的水库温室气体净通量。第 7 章将涵盖这部分内容。

5. 当对某一水库的筛查结果显示其具有高风险时，应开展进一步的评价和分析工作

筛查过程的结果可进一步分为 3 个部分：

(1)水库温室气体净释放通量高的风险值，可以很清晰地被认为是低的[①]。则并不需要对这类水库的温室气体净通量做更进一步的分析。

(2)水库温室气体净释放通量存在高风险。该类别包含了水库温室气体净释放通量已被确认或被强烈地预测为存在高风险。对该类别水库，应制定包括数据收集、监测等在内的综合研究方案，并结合水库水动力学和生物地球化学过程进行建模。在任何可能的情况下，筛查过程应同时辨识导致存在高风险的条件和特征。

(3)水库温室气体净通量的潜在风险未知或并不明确。该类别包含了没有足够数据以开展筛查过程的一类水库。在这样的情况下，应实施有限的数据收集方案以确定风险等级。

筛查过程如图 5-1 所示。研究方案的设置规模取决于以下参量：

(1)估计的水库温室气体净通量和在筛查过程中确定的风险因素。

(2)水库大小和复杂性，包括水深分布、岸线形态等。

(3)洪水和极端事件的影响预期。

(4)水质，关注水库入流中的营养盐和有机物浓度(这些参量是引起缺氧条件下甲烷产生的诱因)。

(5)与同区域其他水库进行比较的数据集。

所获得的数据将用于模型输入，以研究水库水动力学和生物地球化学过程。为确保筛查过程功能的一致性和透明度，其使用的基础和方法学应被涵盖到易获取且通俗易懂的用户手册中。该用户手册应具有综合性、信息来源的透明性、清晰无歧义、结构化且适用于终端用户。

---

① 即水库温室气体净释放通量较低，并不存在高的风险。——译者

6. 筛查过程应被水库业主、立法者和利益攸关方所接受

筛查过程应基于水库温室气体净通量的潜在风险，并提供一个简单明确的路径以估算某一温室气体净通量的风险。这将允许对温室气体净释放通量具有高风险进行识别，并就该类型水库进一步开展细致的测试、研究、建模、监测和缓解措施分析。此外，通过使用更新的研究成果和可用数据，在升级筛查过程增加更多相关变量时，应尽可能提升数据质量。

第7章 水库温室气体净通量的建模

7.1 温室气体建模的基本概念

7.1.1 引言

    流域内水库修建或蓄水，将使得部分河谷地带的陆生环境变为水库淹没区域，并最终形成新的温室气体通量格局。这包括水库表面和大气间交换的温室气体通量，以及因永久性碳埋藏通量变化而发生的通量改变。新的温室气体通量格局包括：水库水-气界面间通过扩散交换和气泡释放的温室气体通量；在水库淤积区域新形成的永久性碳埋藏通量；因瞬时静水压力发生改变，当水流过坝下泄时产生温室气体释放("消气")；下游受影响河段因水库下泄导致水体中溶解性气体浓度发生变化而导致水-气界面温室气体通量变化。

    在水库蓄水后，新形成的温室气体通量和永久性碳埋藏通量的特征，受水库淹没区域生物量和有机质在蓄水后降解的影响。该影响持续存在，直到上述物质降解后依然显著。新的特征将同时取决于水库上游流域发生的各种过程。在水库上游流域，含有碳、氮的化合物通过河网水系汇集，通过河流转运并进入新建水库。在新建水库中，微生物活动最终将它们转化成温室气体。通常，水库上游流域的任何人类活动，都将对进入水库的碳、氮化合物浓度产生贡献，并在一定程度上决定了水库温室气体通量的强度。

    为了增强对水库修建后温室气体通量和永久性碳埋藏通量变化的预测能力，对蓄水前后由物理、化学、生物过程组成的复杂系统，可通过模型的简化方式予以反映。模型中仅包含与温室气体通量和永久性碳埋藏通量变化相关的特征或过程。本章涵盖了对数学方程、参数验证、模型校正和使用模型获得水库温室气体净通量预测值的一般性推荐方法。

7.1.2　建模基本流程

1. 导则内容

建模过程并非直截了当。任何情形下，在各种建模所需要考虑的因素中，所采用的建模方法，强烈地取决于分析的目标和数据可用性。此外，当选择最合适的建模方法评价水库温室气体通量状态时，应采用具有普适性的建模流程。

2. 最优实践指南

1）所采用的建模过程，应同开展的分析类型相适配

在河流流域中修建水库，将使河谷中不同位置的各种化学物质（包括碳、氮化合物）形成有别于蓄水前的转化、迁移和储存情势。这些变化将导致陆表和大气间的温室气体交换以及永久性碳埋藏通量呈现新的特征。在蓄水前，河流流域中没有水库存在，温室气体源汇关系取决于陆生植被演替的阶段，近岸高地植被可以呈现净的 CO_2 汇或者源。表层覆盖的土壤或沼泽层可能在不同时间或空间上出现净的 CO_2 汇。河滩地则通常为 CH_4 源并呈现永久性碳埋藏。湖泊中将发生显著的永久性碳埋藏。河段、溪流、输送水体和泥沙，因微生物活动将持续向大气释放温室气体。

水库管理者可能已使用水动力模型以服务特定情形和技术。此外，在水资源管理流程中，一些水动力模型也用于最重要的水质改善措施，如水体中的溶解氧饱和度和营养盐浓度等。但一些非常简单的水动力模型，并不能与生物地球化学过程模拟的模块相耦合。

为发现存在高的温室气体净释放潜势的情形，利用最为简单的回归模型可以指示水库中缺氧条件是否形成或出现。CH_4 被认为是水库温室气体中最重要的形态，其在严格的缺氧条件下生成。CH_4 释放与水体中 P、N 的浓度可能存在正相关关系。相似地，DOC 含量和水体中过饱和 CO_2，以及水库 CO_2 净通量（净的异养状态）可能具有相关性。在水库的一些特定区域，较长的水体滞留时间，将可能导致局部溶解氧缺乏和潜在的 CH_4 释放。

作为初步筛查工具，针对导致显著温室气体净释放通量的关键生物地球化学过程，开发零维或一维模型将十分有用。该模型可以使用不同的参量，以辨识是否出现因氧缺乏条件导致温室气体释放的各种情况。该筛查模型也可基于预先收

集的温室气体通量观测数据库、环境条件、地理位置和其他水库相关特征而开发。而二维模型可设置为垂向-纵向(2DV)方案或横向-纵向(2DH)方案。

　　水库中观测到或预计出现的温度分层情况，需要在建模方法选择中予以考虑。具有温度分层的水库，可能需要 2DV 模型。不同复杂程度的模型，可用于解决不同任务。在静态条件下使用简单的确定性模型，增加模型的维度将提高模型对不同变化环境的描述能力。尽管现在的技术可以允许运行复杂的三维模型，如用于气象气候预测的大气环流模型。模型的选择应基于待求解问题的尺度，基础的水库温室气体通量模型，大多数并不需要采用复杂的模型。

　　更为复杂的模型可以用来描述水库的富营养化过程。水体中溶解氧可通过化学或生物途径消耗。一些化学条件，存在硫酸盐作为替代性的电子受体，可以抑制产甲烷菌的活性(Thauer, 2011)。富营养化将可能导致低氧区的出现次数增加和 CH_4 释放，但同时发现 H_2S 和 CH_4 可在水库库底缺氧环境中共存。水库富营养状态的维持，初期需要有机碳和营养物的过量输入。最终，当富营养化过程超过某一临界点，则可以形成营养物的内循环。在这些情况下，活跃的异养耗氧过程将导致出现低氧区，磷沉积于碎屑富集的缺氧区，并出现磷酸盐(PO_4^{3-})的释放。其结果将导致水华现象发生，并最终导致更多有机质的沉降和氧的匮乏。

　　2)蓄水后水库温室气体通量的预测，可通过机理模型进行模拟；蓄水前温室气体通量的预测，则可通过使用排放因子的方式获得

　　采用合适的建模过程，运用数学机理模型可对蓄水后温室气体通量进行可靠预测。通用的建模过程将在本章后续小节中描述。其中，7.3 节将对该类型模型构建提供更细致的推荐程序。

　　尽管已有一些研究拓展了水动力-水质过程耦合的机理模型以模拟水库温室气体同大气间的交换，但当前主流的以自然规律为基础的流域模型均没有对陆表-大气间温室气体交换的尝试。获得水库蓄水后温室气体通量预测值的建模标准流程是使用间接估算方法，即绘制蓄水前水库淹没区土壤分布图，基于此使用温室气体排放因子而获得。7.3 节将提供获得蓄水后水库温室气体通量估算值的推荐方法。

7.1.3　水库温室气体净通量概念性模型

1. 导则内容

　　本导则第 I 卷定义了水库温室气体净通量，是蓄水后水库温室气体通量扣除

其他人类活动对水库温室气体通量的贡献量（UAS），并减去蓄水前温室气体通量的差值。为获得上述定义下的定量分析结果，水库温室气体净通量概念性模型的开发，应以构建水库温室气体源汇现状模型为起点。

2. 最优实践指南

水库温室气体净通量的概念性模型，应作为建立水库温室气体通量评价模型的基础。

导则第Ⅰ卷提供的概念性模型，关注于水库修建之前及其运行期间水库及其毗邻区域的温室气体通量变化，主要包括以下几方面：

(1)水库温室气体源汇变化。

(2)水库温室气体源汇变化后各种化学物质改变。

(3)水库永久性碳埋藏通量变化。

(4)过坝下泄的消气释放。

(5)特定区间内大坝下游水库（尾水）温室气体源汇变化。

大体上，第Ⅰ卷罗列了不同部分陆表和大气间 CO_2、CH_4 和 N_2O 的交换通量，以及永久性碳埋藏通量变化（图 2-1～图 2-3）。上述各种通量及速率，应作为因变量包含在数学方程组中，以获得水库温室气体净通量的估计值。各种数学方程组反映了水库温室气体的源汇情况，它们应包括蓄水前和蓄水后的情形，同时蓄水后的情形中应反映与水库修建不相关的其他人类活动的影响，该部分在通量计算中应予以扣除。建模工作应考虑第Ⅰ卷中所述及的各种方程组。

7.1.4　预测不确定性

1. 导则内容

模型应可用于提供河谷中陆表与大气间的温室气体通量和永久性碳埋藏通量的长期预测值，应包含有水库和没有水库的情况，故可实现对水库温室气体净通量的预测。但因存在不可预测的自然驱动函数（如风、降雨、温度等）对系统长期变化存在影响，大多数模型预测结果依然具有不确定性。不确定性同时也来自物理和生物地球化学过程进行数学描述的假设和概化，包括参数设置的不确定性、不精确的边界条件描述，以及计算方法的数值求解误差等。此外，在模型开发阶段，通过辨识模型预测最重要的影响因素，以及相关努力以提升预测精确性，对预测不确定性分析而言将是富有成效的。

2. 最优实践指南

1)对多用途水库温室气体通量进行预测的建模研究应包含预测不确定性分析

应用模型进行预测，其结果具有不同的不确定度。部分不确定性反映了模型验证、校正中的数据不精确性，以及模型假设和简化的有效性。特别是在模型验证与校正范围以外的情形下，即便是模型验证、校正数据满足了精度要求，且涵盖的各种模型使用情况范围较广，模型预测的不确定性也可能来自在未考虑进行建模的其他因素，如同在经验回归模型中一样。在数学机理模型的应用中，不确定性同样存在于模型验证时作为输入数据的自然驱动函数（如入流、风等）中。这些自然驱动函数通常包含大量的随机性，导致模型输出结果的不确定性。故为对多用途水库温室气体源汇情况开展合适的评价，其建模研究应包括预测不确定性的分析。

2)报告多用途水库温室气体通量的模型预测结果，应包括双侧95%的置信区间

当建模研究报告包含了不确定性的预测时，将更好地评估多用途水库温室气体通量的预测值。最优实践是在每个独立的预测结果基础上，提供反映温室气体通量真实值最大可能存在的双侧置信区间，使得预测值位于其下界和上界之间。选择置信区间，应反映温室气体通量真实值实际存在的上界和下界之间的似然程度。本导则建议选择95%作为置信水平。

双侧95%置信区间可以描述为(LB，UB)，其中，LB是下界，UB是上界。对称的双侧95%置信区间可以表示为

$$\hat{x} \pm 1.96 \cdot \mu \cdot (\hat{x}) \tag{7-1}$$

其中，$\hat{x}$——温室气体通量真实值 x 的预测结果；

μ——预测结果 $\hat{x}$ 的标准不确定度。

可基于模型预测值和数据之间的偏差，通过合适的流程对统计模型置信区间进行估计。上述偏差应用于检验模型假设和评估模型特性。

对机理模型置信区间的估计，通常通过改变驱动模型的输入数据值或参数，并多次运行模型而获得。敏感性分析将辨识对模型预测值影响最大的因素或因素的组合，而上述因素或因素的组合将被用于设置模型预测结果的下界和上界。

3)模型应用中，水库温室气体净通量预测结果的不确定性，应考虑蓄水前、蓄水后温室气体通量预测值的不确定性

根据定义，水库温室气体净通量，是蓄水后水库温室气体通量与蓄水前温室气体通量的差值，并扣除其他人类活动对水库温室气体通量的贡献量。计算模型预测值的不确定性，应考虑蓄水后水库温室气体通量的不确定性和蓄水前温室气体通量的不确定性。预测蓄水前、后的温室气体通量，应大致认为它们之间是不相关的，从而使得标准不确定度可以按照以下方式进行计算：

$$u(\widehat{NET}) = \sqrt{u(\widehat{POS})^2 + u(\widehat{PRE})^2} \tag{7-2}$$

式中，$u(\widehat{NET})$——净温室气体净通量预测值的标准不确定度；

$u(\widehat{POS})$——蓄水后温室气体通量预测值的标准不确定度；

$u(\widehat{PRE})$——蓄水前温室气体通量预测值的标准不确定度。

7.2 水库蓄水前温室气体通量的估计与建模

7.2.1 引言

土地淹没是水库形成的主要影响之一。水库形成后，淹没的土地包括湖泊、河流、森林、草地、灌木丛等自然生态系统，以及农耕地、居住区和其他土地利用类型。为计算水库形成后的温室气体净通量，建立合适的预测模型，应计算或估算上述自然生态系统和不同土地利用类型的温室气体通量（源、汇）加和结果。蓄水前的温室气体通量情况应通过测量或文献检索获得。本节中，提供了模拟或预测水库蓄水前温室气体通量的相关指导。

在全球尺度下，陆地表面呈现出不同碳源和碳汇"马赛克"式的景观斑块格局。淹没土地并形成水库将改变上述碳通量格局。在很多情形下，特别是未能掌握已建水库蓄水前土地利用分布或未能开展相关监测分析工作，计算或预测蓄水前温室气体交换将是十分困难的。通常情况下，河流上修建水库，将降低水流速度并增加沉积速率，包括有机质和碳的沉积速率。水库温室气体净通量，需要估算碳源，并跟踪水库修建前、后温室气体的源汇变化动态。在许多流域，碳源多来自上游流域的森林。在蓄水前，上游流域的碳源输入将导致下游河流中出现温室气体释放，而相同的温室气体释放则可能随着水库蓄水后土地受淹而发生在水库中。上述改变必须基于水库温室气体净通量的概念进行准确计算。

因蓄水过程会改变水库淹没区域碳、温室气体和土壤中营养物的迁移转化过程，蓄水后温室气体通量取决于被淹没的地表植被生物量和土壤中碳储存的情况，因此，在蓄水前温室气体通量建模中，需要考虑水库淹没区域的各种景观要素。水库淹没后储存于淹没区域陆表数十年甚至数个世纪的有机物质将可能降解并向水体中释放营养盐和温室气体。由于淹没植被和土壤导致的上述"营养状态上涌"现象，也被称为新建水库成库后早期数年内出现的"温室气体激增"。而生物降解性较差的有机物质，如大型树干等，将可能在水库成库后数个世纪甚至更长的时间逐渐降解。同天然湖泊的情形类似，水库降低了流速，增加了颗粒态物质和碳的沉积。

本导则补充了第Ⅰ卷中述及的开展蓄水前评价的基本内容，并拓展了对温室气体通量、碳储存变化和营养负荷进行建模的相关解释。该目的是为了能够涵盖收集信息的各种必要工作，以服务于水库温室气体净通量建模和计算水库修建对温室气体通量的实际影响。

7.2.2　系统边界及其蓄水前的温室气体通量

1. 导则内容

为评价水库温室气体净通量，首先需要估算已经或将要受水库淹没影响的不同陆生自然生态系统和水生生态系统以及被开发土地的所有温室气体通量的加和。水库温室气体源汇的净增减，是从蓄水后水库温室气体通量中减去蓄水前温室气体通量，再减去其他人类活动对水库温室气体通量的贡献量。基于此目的就需要掌握蓄水前下游受影响河段的温室气体源汇情况。在物质守恒计算中，生态系统向大气释放温室气体(如有机质降解后以 CO_2、CH_4 形式向大气释放)以正值表达，从大气中吸收或去除温室气体(如光合作用固定 CO_2)则以负值表达。根据第Ⅰ卷所述，需要考虑的温室气体是 CO_2、CH_4 和 N_2O。因此，建模中应主要考虑影响碳、氮运输和储存的过程。温室气体可能通过三个途径与大气交换，即：扩散、气泡释放和过坝下泄消气释放。在自然生态系统中，通常存在前面两种途径，且气泡释放通常只出现在一些特殊的水生生态系统中。

2. 最优实践指南

1) 陆地景观应被分为三个不同区域：水库上游流域、水库淹没区域和水库下游受影响区域

（1）水库上游流域。水库上游流域包含汇入已建或待建水库的上游流域，即大坝控制断面的上游流域（图 7-1），且应扣除水库淹没的最大区域范围。在水库蓄水的影响下，该区域的碳循环变化可以忽略不计。但来源于上游流域的碳和营养盐进入水库或下游河段将改变水库或下游河段的温室气体净通量。该方面将在7.4 节进一步讨论。此处假定在水库上游区域的陆生和水生生态系统的温室气体交换（包括同人类活动相关的部分），在水库蓄水前和蓄水后保持不变。因此，在蓄水前温室气体净通量的计算中，水库上游流域的温室气体源汇变化为零，而水库淹没区域的温室气体源汇变化应更加精确地估计。

（2）水库淹没区域。为评估水库温室气体净通量变化，水库淹没区域应按照第 2 章所述的概念模型分为三个单元：水体单元、河滩地和近岸高地。水体单元包括水库淹没区内在全年均保持水域状态的所有水生生态系统，如河流、溪流和湖泊等。河滩地是指仅在洪峰期间土壤受淹或渍水饱和的区域。近岸高地则指水库淹没区域的其他陆域（见第Ⅰ卷）。对上述三个单元进一步细分，将更好地反映水库淹没区域土地利用的异质性，如若水体单元中包含有湖泊，水体单元便可进一步细分为河流/溪流和湖泊子单元。

（3）水库下游受影响区域。水库下游受影响区域，是指在已建或待建水库下游碳循环受到影响的河段。第 4 章提供了对该区段开展监测的环境变量。

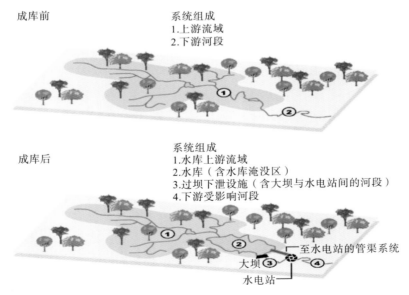

图 7-1　水库建设前后的流域概念图

2)应确定水库淹没区域陆生和水生生态系统温室气体源汇通量关系

（1）陆地生态系统部分。

陆地生态系统部分包含森林、草地、间歇性或永久湿地（如泥炭地）、荒地、村庄或城镇居民区、农业用地（如农田、草场）。土壤类型变化范围较广，从矿物质到有机土等。湿地可能是天然湿地，也可能是伴随农业、林业或其他土地利用而形成的湿地。

陆地生态系统温室气体平衡关系中主要的碳源是大气中的 CO_2。它们通过植物光合作用固定形成有机物。陆地生态系统中向大气释放的温室气体类型包括 CO_2、CH_4 和 N_2O。其中，全年参与光合作用的大部分 CO_2，通过自养生物呼吸作用、对死亡的生物有机体（有机残渣）的好氧或厌氧降解等过程释放返回大气。

CO_2 的交换通量，可表达为净生态系统碳交换量（NEE），即在一定的时间范围内通过光合作用固定的 CO_2 与整个生态系统呼吸作用释放的 CO_2 的差值。净生态系统生产力（NEP）则反映了在特定区域年度碳储量的该变量，并包含因 CH_4 释放、森林大火、病虫害爆发、以 DOC 形式输出等导致的碳损失量。以下将对陆地生态系统的若干重要单元进行简述。

①森林。森林通常是重要的碳汇。森林生物量的净增加意味着从大气中去除碳。因为植物死亡或更新它们在地下的根系部分，一些碳将最终以土壤有机碳形式埋藏，并维持一个长期稳定的森林碳埋藏通量。埋藏矿化的森林土壤并不释放 CH_4，它们甚至呈现弱的碳汇。在森林土壤中的碳积累是一个十分缓慢的过程。在研究中，若时间尺度仅为数十年，或与森林更新周期相当，在计算蓄水前温室气体源汇通量时森林土壤碳储存可认为恒定不变。

森林土壤的有机碳储存，与土地利用的分布也可能密切相关。富含有机质的土壤，例如泥炭，通常形成于潮湿的环境中，富集了在潮湿、低氧环境下生长的植物的残体。排干湿地系统中的水将使其土壤在大气中暴露并逐渐形成好氧降解的环境条件，使土壤-大气间的温室气体源汇平衡关系从原先的汇变成了源。但在干湿地的有机土壤中将出现强烈的 CH_4 氧化过程。

在森林中，通常排干沼泽（泥炭地）中的水将促进森林中树木的生长，但在某些特定情况下上述放水过程可能导致 N_2O 的释放。对湿地系统放水曝干同样也能促进土壤有机质的氧化，增加 CO_2 的释放；而 CH_4 释放则可能出现在湿地系统的放水沟渠中（IPCC，2013）。相似地，上述地表植被生物量和温室气体源汇变化应当考虑。在蓄水前温室气体通量计算中，应对国家或区域的森林温室气体清单予以评估。

②沼泽(泥炭地)。未排水的沼泽地是大气中 CH_4 的重要来源,同时也是永久性碳埋藏发生的重要场所。上述两个过程的通量强度在水库淹没区域蓄水前的温室气体通量计算中十分重要。沼泽地中的池塘同样是大气中 CO_2、CH_4 的重要来源。无论通过水-气界面扩散释放还是通过气泡释放,均应考虑并计算。未排水或已排水的沼泽地,其地下均储存有极高含量的土壤有机碳,对蓄水后温室气体的释放将产生重要贡献。对沼泽地放水曝干通常用于恢复森林或农田用地,该过程将导致永久的 CO_2 和 CH_4 释放。在 2013 年的 IPCC 湿地生态系统补充清单中(IPCC,2013),对自然未排水、反淹水或放水曝干等情况下沼泽(泥炭地)碳积累和 CH_4 释放的公开文献数据和排放因子进行了归纳。

③农田。由于使用了肥料,农田可能是大气中 N_2O 的重要来源,并在向流域下游输出碳和营养盐中扮演重要角色。与森林相似,农田通常被放水曝干以服务于农作物生长。放水曝干过程中农田中的有机土壤,也会向大气释放大量 CO_2、N_2O。对于富含土壤有机质的农田,其温室气体释放因子也可以从 2013 年的 IPCC 湿地生态系统补充清单(IPCC,2013)中获得。

④牧场。自然的草地或灌木丛通常被作为牧场以服务乳制品生产。牧场中反刍动物通过肠道内发酵或受药物影响而释放 CH_4,对该土地利用类型蓄水前的温室气体净通量具有一定的贡献。在牧场中,草地土壤温室气体源汇平衡接近于零,反刍动物的肠道发酵和对药物的厌氧降解将导致 CH_4 的释放。对不同种类反刍动物单位数量的 CH_4 释放情况,可在 2006 年的 IPCC 导则第十章中获得(IPCC,2006)。

(2)水生生态系统部分。

尽管河流、溪流水域面积通常在全流域尺度下仅占很小的比重,但在水生生态系统与大气的温室气体交换通量中,它们却占有相当大的比重(Teodoru et al.,2009;Cole et al.,2007)。相较于河流,湖泊拥有更长的水体滞留时间,为颗粒态碳和营养物的滞留、沉积提供了场所,应予以考虑(Ferland et al.,2011;Teodoru et al.,2011)。上述水生生态系统通常是大气中 CO_2 的源,并向大气释放 CH_4,或受到水体滞留时间、水生生态系统生产力水平和其他因素的影响,通过碳沉积形成碳汇。已有较多研究报道了湖泊(Bastviken et al.,2004;Sobek et al.2007;Therrien et al.,2005)、河流和溪流(Campeau et al.,2014;Weyhenmeyer et al.,2012;Bouillon et al.,2012;Teodoru et al.,2009;Guérin et al.,2006;Richey et al.,1988,2002;)等水生生态系统中 CO_2、CH_4 的通量数据。上述研究结果应作为水生生态系统温室气体通量监测的研究基础,用于对水库淹没区域蓄水前温室气体通量的计算。

7.2.3　估算蓄水前温室气体交换通量

1. 导则内容

陆生生态系统温室气体交换通量的信息来源，包括直接开展监测，或在无监测结果下使用文献报道数据、国家森林温室气体清单统计结果、全球不同气候条件下土地利用的温室气体排放因子(IPCC，2006，2013)等。高分辨率地图和卫星影像资料，可用于分析并估算不同的土地覆盖和土地利用类型面积。目前，已有关于农田、森林生态系统温室气体模型开发的相关报道(Colomb et al.，2012)，但仍没有模型能够完整地实现对各种土地覆盖和土地利用类型进行单独计算。对不同景观类型温室气体交换的建模，需应用多种工具，包含大量的参数和潜在的不确定性。由于建立不同景观类型的温室气体交换模型存在复杂性，简化的路径，对基础应用而言，推荐使用年化均值作为排放因子。

与陆地生态系统各景观元素相同，应同时对水库淹没区域水生生态系统部分温室气体交换的年度贡献量进行估算。复杂模型应包括水生生态系统中碳、营养盐和不同溶解性温室气体的迁移转化过程。但在温室气体净交换通量的基本计算中，河流、溪流和湖泊的温室气体交换通量强度可通过直接检测或从文献报道的数据中获取(Bastviken et al.，2004；Sobek et al.，2007；Therrien et al.，2005；Campeau et al.，2014；Weyhenmeyer et al.，2012；Bouillon et al.，2012)。简单的回归方程可以用于估算 CH_4 的释放通量(Bastviken et al.，2004)。近期在建模方面的研究进展指出，淡水湖泊或水库地球化学过程具有复杂性，其中也包括了碳的迁移转化过程(Hanson et al.，2011)。尽管当前在湖泊能量收支与温室气体交换通量的机理认识和建模方面已有不少进展，但相关工作依然还在持续进行，主要研究方向为地表各景观要素单元，以及对它们的管理和它们对温室气体交换的影响加以整合。在较大的空间尺度下，国际通量塔网络计划(FLUXNET)提供了十分有用的数据来源。

2. 最优实践指南

1)应对来自流域上游，以及进入水库淹没区域的自然和人类活动产生的碳和营养物负荷进行估算

　　水库上游流域的土地覆盖和土地利用与水库淹没区域水生生态系统部分在蓄水前的温室气体通量与碳及营养物负荷条件密切相关。从上游流域陆地生态系统降解释放而来的有机质伴随着水体，将森林土壤中的可降解碳向海洋搬运，大部分将通过淡水系统自然地向海洋输送。在向海洋输送的过程中约有 40% 的碳将被降解为 CO_2 向大气释放（Cole et al.，2007）。一些碳将被存储在河流、湖泊、水库和湿地的沉积层中，而剩余的碳最终将运输入海。上述过程形成了流域温室气体源汇通量的自然背景状态，但取决于水库的性质，由于水库蓄水同样可能导致水库温室气体的源汇变化。故评估碳及营养物从上游流域输入水库的负荷是最优实践之一。

　　从上游流域陆地生态系统渗出的碳、氮化合物，通过流域水系汇集，并经由河流系统输入水库（或未来的水库），水库中的微生物活性将它们转化成温室气体。根据公开发表的文献综述，对上述通量进行监测或估算，对认识和理解相关生物地球化学过程、蓄水前陆表同大气间温室气体交换的模型验证与预测等十分重要。高分辨率地图可展示水库淹没区域的土地覆盖和土地利用、流域人口统计数据和水质监测结果等，将为反映自然或人类活动影响下的入库营养物和有机质等提供重要信息。解析上游流域所有的土地覆盖类型是最优的实践方法，这将获得关于营养物和有机质来源的完整资料，及与此影响密切相关的人类活动信息。

　　2）水库对下游河道的影响应予以评估

　　在水库蓄水前，应对待建水库的下游河道建立"基线数据"，以描述溶解性温室气体的浓度、碳和营养物含量，以及水-气界面的温室气体通量。河流中温室气体释放的很大一部分来自于上游流域输入的碳负荷（如前述，并参考 Cole et al.，2007）。这种情况将在水库成库后改变，故需要蓄水前的数据以评估蓄水前后所产生的不同。水库修建运行将对其下游河段产生影响的距离范围并不明确，故在足够长的水库下游河段建立基线数据十分必要。关于温室气体在水库下游河道的输送与通量的基线数据，可通过直接监测或文献报道获得。建立因水库蓄水而导致水库下游河道温室气体通量变化的模型，将为上述变量（基线数据）的确定提供支持和帮助。但该类型模拟结果，与水库蓄水前的天然本底状态有所区别。水库蓄水前，上游流域陆地生态系统部分、土地覆盖和土地利用，以及其他人类活动产生的营养盐和碳负荷，决定了蓄水前河流的温室气体通量情况。

7.3　水库蓄水后温室气体通量建模

7.3.1　引言

　　非淹没区域的温室气体通量，与水库蓄水前的温室气体通量并无区别。7.2 节已讨论了估算该类型区域蓄水前后温室气体通量的建模方法。可通过水库模型对流域内土地利用变化导致的水文、碳和营养物负荷改变的影响进行模拟。本节仅关注蓄水后对水生生态系统变化的影响，即水库和下游受影响河段。如前所述，建模工作的目的，是根据模型的复杂性（模拟物质、过程和维度的数量等）对模型选择进行约束。

　　对河流和水库而言的水生生态系统模型，确定建模复杂性的重要依据之一是在何种程度上对它们的空间异质性（垂向或横向）进行描述。若期望开展分层或横向异质性的研究，三维模型将可能较一维或二维模型更为明确。否则使用水平一维（河流）或者二维（水库）模型便已足够。需要注意的是，三维模型的数值计算成本相对较高，用户可能需要在计算时间和空间分辨率之间做出妥协。基于此，使用一维模型或更完美的高分辨率模型将更加有效和精确。此外，在对水温剖面进行模拟时，垂直方向上通常需要展示较高的分辨率。所有其他的一般建模标准（对系统和过程的知识积累，输入数据的可用性，时间、经费和专业水平等），应同样用于选择蓄水后的水库温室气体模型。

7.3.2　水动力条件建模

1. 导则内容

　　在河流和水库中，水动力条件是水中生物化学过程和温室气体源汇变化的重要驱动因素。20 世纪 70 年代以来，已开发出数百种生态水质模型（Jørgensen，1996），但水体中物质输送和混合的物理过程却通常被过度简化（Hamilton and Schladow，1997）。正确的建模方案，应包含各水动力学参数，例如水柱的热结构、紊流速率、局部水体滞留时间或由于密度分层导致的垂向混合过程等（Hamilton et al.，1997；Martin and McCutcheon，1999）。水库温室气体建模工作的第一阶段，便是对模型中的上述参数进行校验。

2. 最优实践指南

模型系统(河流或水库)的水动力条件,应进行充分的模拟,且应细致分析结果。

水动力模型能为描述模型系统(水库或河流)的表现与水库调度运行结果等提供重要的信息,并可用于辨识对温室气体源汇变化产生重要影响的区域或条件(如水体滞留时间长、水温高、强烈热分层等)。水动力模型的输出,并不会直接提供关于水库温室气体从模型描述的系统中产生或释放的具体结果。然而,一旦准确地构建并完成模型参数校正与模型验证,水动力模型的数据结果将可作为水质和温室气体模型的输入条件。

7.3.3　水质模型与温室气体通量模型的耦合

1. 导则内容

一旦完成对水动力条件的恰当模拟,其结果可用于水质和温室气体的建模。根据模型的特征,上述耦合过程可在线或离线完成。耦合过程需要确保物料守恒。

2. 最优实践指南

耦合水动力和温室气体源汇的模型应当可靠且直截了当。

水动力模型的输出结果,将被用于水质、温室气体源汇模型的构建。在不同模型之间的耦合应当可靠,且避免出现以下缺陷:

(1)避免"信息"缺失以及不满足物料守恒原则的风险。

(2)避免出现数值计算的问题。

水动力和生物地球化学过程所描述的过程,可能存在显著的区别,例如计算的时间步长等,这些将导致产生数值计算的问题。为解决上述两点缺陷,对两套模型(水动力模型和生物地球化学模型)使用相同的代码或相同的模型开发者是比较好的选择。

耦合过程可以在线完成(优点:可以确保采用相同的模型构架,不存在物料守恒的问题,也不存在代码转换之间的问题;缺点:相对较长的计算时间),或离线完成。在此情况下,让相同的建模开发人员使用模型是更合适的选择,可以避免在两套不同概念的代码和运行环境下出现数值计算的问题。

7.3.4　水库水质与温室气体源汇建模

1. 导则内容

水库中温室气体(CO_2、CH_4 和 N_2O)产汇过程涉及水库底泥和水柱中众多且复杂的生物地球化学过程。若无主要水质过程参数(如溶解氧、营养物等)的模拟，水体中温室气体产汇的模拟将无法实现。因此，缺乏较好地描述模型系统中的主要水质过程，便无法分析或讨论温室气体模型的结果。

2. 最优实践指南

1)水质模型，不包括对温室气体产汇的模拟，应首先被作为预测工具以评估温室气体的产生和释放潜势

对一些常规的水质参数进行模拟，如溶解氧等，可以提供关于水库和河流中温室气体产汇风险的信息。若模拟结果显示不存在溶解氧(通常在底层水体中)，以及初级生产力和碳负荷强度较高时，温室气体的形成很可能十分显著。此外，若水柱或河流中持续呈现好氧状态，温室气体形成的风险可能较低。使用未包含温室气体变量的水质模型预估温室气体形成的风险，可以作为温室气体产汇风险评估的可靠工具。

2)温室气体，即 CO_2、CH_4 和 N_2O，应被考虑作为增加的水质参数。模型应不仅用于模拟温室气体的产汇和释放过程，而且应同样描述其他的水质参量(如溶解氧、pH、营养物、不同赋存形态的 C、N 和 P 等)

与温室气体产汇密切相关的过程比较复杂，且取决于许多水化学参数(Stumm and Morgan，1996；Hamilton and Schladow，1997；Jørgensen，1999；Smits and van Beek，2013)。它们之间的相互关系反映出，温室气体并不能单纯地被模拟，而应在水质模型中作为增加的一项水质参量。

3)更高级的模型，应同样可以模拟浮游植物动态(叶绿素、无机碳汇和生物可利用有机碳的来源等)，以及浮游动物和沉积物

在自然水生生态系统中(河流或水库)，水化学条件部分被生物过程所驱动，特别是浮游植物。进一步地，底栖生境的过程(沉积层溶解氧需求和营养物扩散释放以及其他过程)同样调控着水体中的水质变化。若认为水质过程很可能是一

级反应，对于该系统应使用更为复杂的模型。若有必要，建议这些模型应包括浮游植物和沉积物（成岩矿化过程）。在更高级的模型中，浮游动物的动态同样应被清晰地模拟。故再次强调模型选择应与研究所关切的目标紧密相关。

7.3.5　水库温室气体通量和碳埋藏通量建模

1. 导则内容

如本导则第Ⅰ卷述及，建模中应考虑的温室气体释放途径包括：扩散释放、气泡释放、过坝下泄释放、下游河道输出以及碳埋藏。

2. 最优实践指南

1）温室气体通量模型的最低要求是能够对扩散通量、过坝下泄释放通量和下游河道输出进行模拟

前述中描述的水质和温室气体耦合模型用于建立水体（水库和河流）的相关参量浓度变化。这些浓度变化可以进一步用于模拟温室气体的扩散释放和下游河道释放。

（1）水库（以及下游河道）扩散通量。该扩散通量模拟，需要计算表层水体的温室气体浓度以及水－气界面的物质传输函数。该传输函数同样可用于水－气界面赋氧过程的计算。

（2）水库下游释放通量（过坝下泄消气释放通量、下游河道的扩散通量以及向下游河道的碳输出通量）。严格意义上，当水流经由自然曝气（如瀑布等）或流经人工构筑物（如堰口等）时，消气释放通常立即发生于下游。而过坝下泄后的温室气体释放通常发生在水库下游数公里范围的河道。为建立消气释放、下游河道的扩散释放和下游河道碳输出的模型，应对水库下泄过程中的温室气体和不同形态的碳浓度进行模拟。作为最初的简化方案，可通过上游河流的温室气体浓度值（监测值）与水库下泄后水体的温室气体浓度值（模拟值）的差值，对过坝下泄和下游河道的温室气体交换通量进行保守估计。但该估计并未考虑 CH_4 中被氧化为 CO_2 的部分。

2）更为高级的模型应考虑气泡释放和永久性碳埋藏过程（即需要沉积层模型）

简单计算水体中溶解性温室气体的浓度并不足以模拟气泡释放通量和永久性碳埋藏通量，需要额外增加模型的模块，包括：

（1）气泡释放模块。需要对沉积层模块进行明确清晰的模拟，但该模块十分复杂，目前依然没有可靠的模型进行模拟。气泡释放通量可以参考文献数据进行估算。

（2）永久性碳埋藏通量模块。需要对沉积层模块（成岩矿化过程）进行明确清晰的模拟，并应同步考虑水库管理中的底泥清淤和水库冲淤方案的影响。

7.3.6　需要的输入数据

1．导则内容

模型的准确性和可靠性，很大程度上取决于输入数据的质量。在最初的条件下，应清晰的辨识和阐明输入数据。在建模项目经费预算分配中，用于数据收集的经费应占较大比重。通常对全系统的常规监测（并不仅服务于建模工作）同样包含数据收集工作环节。

2．最优实践指南

收集和校验模型输入数据，是建模最重要的阶段，应给予特别关注。

对水库水动力条件建模，可能需要的输入数据包括：

（1）入流和出流区域的地图。

（2）河底水深分布（对一维模型而言应至少收集到水库库容曲线），或者对新建项目而言的初始地形图。

（3）气象条件参数。

（4）流量（入流和出流）。

（5）入流和出流的水温。

（6）土地覆盖（对新建水库的库底糙率）。

（7）大坝结构设计（下泄设施、取水口、泄水口、泄洪道、闸门形状等）。

（8）水库运行情况。

（9）初始条件。

对河流水动力条件建模，可能需要的输入数据与水库动力条件下基本一致，主要包括：

（1）河流入流区域（包括支流）的地图。

（2）河流深泓线，通常可获得的断面形状。

（3）气象条件参数。

(4)流量(入流和出流)。

(5)入流和出流的水温。

(6)初始条件。

对于简单的水质－温室气体耦合模型，仅需要一些参数，如溶解氧、营养盐和碳含量等。对于更复杂的模型，所需参数的数量将会增加，包括总悬浮固体、温室气体浓度、叶绿素 a、浮游植物、浮游动物等。通常情况下，水质的物理化学参数监测频次相对较低(相较于计算步长)，故确定水质物理化学参数的监测频次，需要在自然节律变化过程(如季节变化、洪枯变化等)和技术与经济条件科学性之间做出平衡妥协。此外，监测站点的选择也需要充分评估。

7.3.7　参数校正与模型验证

1. 导则内容

参数校正过程是将现场监测数据与模拟计算结果进行比较。需要校正的参数均分别包含在水库和河流的模型中。

对水库水动力条件下建立的模型而言，通常使用垂向水温分层和流速(速度和流向)进行参数校正。对河流模型而言，校正参数通常包括不同监测站点的水温和水位等。河流模型中最高的河流流速通常发生在河床糙率对水位变化影响最为显著的河段。因此，河流模型中水位将是非常重要的校验参数。

对于水质－温室气体耦合模型，尽管参数序列取决于模型结构的选择，但模型参数校正工作需要针对一些重要的模型组分开展，如溶解氧、营养盐和碳组分(包括温室气体浓度)等。应针对各种模拟情形，检验模拟参量计算结果与相应现场监测结果是否相符。

2. 最优实践指南

1)模型校正应在足够长的时间内展开(至少 1 个完整周年)，以确保涵盖季节变化因素

对于水动力条件下建立的模型，参数校正通常基于以下参数进行：阻力系数(drag coefficient，描述自由表面的风场作用影响，或相应条件下因为蒸发导致的热量交换；热交换和动量交换)、河床糙率(特别是在河流中)，以及一些情况下的紊流模型中的参数，例如塞氏深度(Secchi depth，通常来自驱动数据)。

对水质-温室气体耦合模型而言，参数校正通常基于以下参数进行：过程系数、常数、计量学比例关系、平衡浓度等。参数校正应以逐步推演与反馈迭代的方式进行，从对模型结果最敏感的系数开始，从影响自变量的过程到影响因变量的过程，对逐个过程进行校正。

2）参数校正的质量，应通过统计工具，如均方根误差、成本函数、相关系数、泰勒图表等进行表征

限于模型中物质/参数同过程之间存在许多交互关系，参数校验过程应重复进行直至模型输出结果难以更好地改进。为了使模拟与监测结果客观化，应使用统计工具。在诸多统计工具中，我们引入：均方根误差、成本函数、相关系数、泰勒图表等（OSPAR，1998）。

同驱动数据（输入数据）相似，模型校正的质量，取决于现场监测数据的质量。应注意到，相较于水动力模型，因生物和化学过程存在复杂性，水质模型的参数校正更为错综复杂。开展现场监测工作对应的输入数据，应与模型的复杂性相适配。对驱动数据的最低要求是，获取水库中特定采样点位的逐月垂向温度剖面以及河流水温的逐月监测结果。最优的解决方案是实现连续监测（水库中的垂向温度剖面，以及河流水温连续监测）。

3）一旦模型参数校正完毕，应使用没有参与模型参数校正的另一组数据对模型进行验证

一旦模型参数验证完毕，应对模型进行验证，即在一个特定的时间段内（取决于年内各参量的变化情况），不改变校正后的模型参数，检验模拟数据和现场监测结果之间的一致性。

4）当存在无可用数据的情况，例如一个待建水库：应根据系统相似性选择已有模型，即相同的模型应使用相同的默认参数集；参数校正与模型验证过程，应通过充分和综合的敏感性分析进行代替

对规划待建水库或未来的河流工程，并不存在如前述定义的有可用的校正或验证数据。可根据前期对一个相似的水生生态系统（气候、输入负荷等）开发的模型，或通过文献报道数据，对参数进行校正。在这样的情况下，应充分开展系统的敏感性分析，以分析模型的鲁棒性（即对简单校验参数施加微小变化可能导致模型结果受巨大影响），并辨识何种参数对模型水质和温室气体浓度变化产生主要影响。可就上述敏感性的参数开展进一步分析（科学研究、专家观点等）。

7.4　其他人类活动对水库温室气体通量影响的建模

7.4.1　引言

水库蓄水将创造同自然的河流或湖泊生态系统迥异的生境条件。水库蓄水将可能改变水体中有机沉降物质的氧化状态，导致生源要素的生物地球化学循环变化，并影响陆表温室气体的源汇平衡。因陆地土地覆盖和土地利用发生变化、土壤降解或废水排放等，陆源输入的营养物和有机质，将可能增加温室气体释放的风险或影响在水生生态系统短程循环中的碳沉降速率。除去上述影响，水库温室气体释放量将可能更低。

一些人类活动，将引起有机质、营养物或其他物质输入水库，直接或间接影响水库的碳循环与温室气体通量，该部分额外增加的温室气体通量，并非直接由蓄水产生，故IPCC可再生能源特别报告（SRREN，2012）和本导则第Ⅰ卷（IEA Hydro，2012）中将其称为其他人类活动对水库温室气体通量的贡献量（Unrelated Anthropogenic Sources，UAS）。

当过量的营养物，特别是磷、氮输入水库，在水库生态系统中富集，并导致水体富营养化。富营养水体的最显著表征，便是水体初级生产能力增加，水体生物量水平提高，易出现有害藻类水华现象，进一步导致有机碎屑（残渣）含量增加，水体容易出现缺氧现象而造成鱼类大量死亡。人类活动导致入库营养物和有机质负荷增加的因素有：农业生产、畜禽养殖、未经有效净化处理的生产生活废水排放、对无机或有机的各种矿物质开采、在高效的森林管理中使用化肥、湿地排水和土壤修复等。一些营养物甚至可直接进入水库，如水库中的水产养殖等。

其他人类活动对水库温室气体通量的贡献量的直接监测通常十分困难。水体表面的温室气体释放通常并不可能带有它们来源的信息。因此，辨识其他人类活动对水库温室气体通量的影响程度，应尽可能基于间接证据，例如，可明确的人类活动带入的营养物和有机质的负荷。但是，一些水库所在流域，自然本底状态的营养物背景浓度较高，水库蓄水将同样引起初级生产力的显著提高，水体富营养化过程，并促进水体从大气中吸收碳。因为水动力条件改变将增加水柱真光层深度并为浮游植物提供合适的生境条件，上述变化促使水库形成碳汇与水库水动力条件改变密切相关。

将其他人类活动对水库温室气体通量的贡献量，与因直接蓄水导致的水库温室气体通量改变区别考虑，对未来水库温室气体释放的管理对策与减缓措施制定十分重要。进一步地，对流域内已经存在的人类活动，或在未来将可能增加水库及其下游河段温室气体释放通量的人类活动，应进行充分识别。对人类活动的有效管理，将显著降低其他人类活动对水库温室气体通量的贡献量，这对使用水库以服务于多种生产生活用途的相关利益群体，将产生明显的、相互的生态环境效益。

本节将介绍有效的方法学，以区分流域中人类活动对水库温室气体通量的潜在风险，并用于评估其他人类活动对水库温室气体通量(尤其是 CH_4)的贡献量。

7.4.2　其他人类活动对水库温室气体通量影响的辨识与建模

1. 导则内容

区分并评估其他人类活动对水库温室气体通量的贡献量，将有利于更精确地分析水库温室气体净通量计算的各相关组成部分。

应同时在蓄水前和蓄水后两种不同状态，确定其他人类活动对水库温室气体通量的影响。蓄水前其他人类活动对水库温室气体通量的影响，将可能影响到水库淹没区域和下游受影响河道温室气体的"背景"释放通量。辨识蓄水前其他人类活动对水库温室气体通量的贡献量，将为蓄水后影响该贡献量的变化提供重要指导。

由于其他人类活动导致水库水体富营养化并改变温室气体源汇关系，是可以评估和计算的。水库水体富营养化通常受到多种原因的影响。水库蓄水后，水体滞留时间延长，营养物从淹没区域土壤中渗出以及受淹陆地植被的降解，将导致出现"营养水平上涌"(trophic upsurge)现象，即通常库龄较短的"年轻"水库呈现初级生产力水平迅速升高的现象。"营养水平上涌"的现象将随着水库蓄水时间的延长而逐渐消失。但在一些水库，因其具有较高的营养物和有机物背景浓度，在"营养水平上涌"期后，水体将持续维持在富营养状态。这些发生在低库龄水库的现象，并不能归因于其他人类活动产生的贡献。只有从陆地生态系统输入水库的外部营养物和有机质输入负荷产生的水体富营养化，才能够归因于其他人类活动对水库温室气体源汇的影响。

其他人类活动对蓄水前自然流域背景温室气体通量的影响，抑或是对蓄水后水库温室气体源汇的影响，通过直接监测获取结果十分困难。最优的途径是通过建模以评估该影响。通过构建合适的模型，评估调节生态系统生产力重要营养物的负荷水平（如各种以无机形式或有机形式存在的氮、磷化合物），是评估上述影响的最初步骤。该建模过程，将模拟水中浮游植物和大型植物、沉降过程、生物和化学需氧量以及生物地球化学过程变化。基于此，可阐释营养物和有机质负荷增加对水库低氧区形成、水华发生、营养物内循环和水库温室气体源汇变化（特别是 CH_4 释放量增加）等的实际影响。因此，目前的挑战是如何从其他人类活动对水库水体富营养化的影响中剥离出自然源的影响。当建模中使用的方法允许时，上游输入的自然源将可被辨识。上述信息在水库管理规划、减缓温室气体释放方面具有重要作用。

2. 最优实践指南

1) 辨识其他人类活动对水库温室气体通量的贡献量，应根据本导则第 I 卷中所述及的流程，通过对潜在的重要人类活动考察而获得

其他人类活动对水库温室气体通量影响的不同程度，通常可表现为在河流或湖泊生态系统中对各种复杂累积效应的响应。区分不同人类活动的贡献，可能需要十分复杂的科学方法。但是，流域中存在的其他人类活动以及强度将被作为其他人类活动对水库温室气体通量贡献量的指标。考察其他人类活动强度的负荷，将有助于辨识不同人类活动的数量与质量。

水质和污染负荷监测结果可提供流域内特定区域导致面源污染（如土地利用改变）或点源污染（如城镇或工业污水排放）等人类活动源的相关信息。从遥感影像图片中获得的土地覆盖、土地利用和区域统计信息，将对评估不同土地利用下的其他人类活动源提供帮助。间接指标，如人口密度当量等将用于预测区域污水排放负荷等。

若没有水质和污染负荷的监测数据，可选择没有其他人类活动影响（无UAS）的相似水库的文献参考值，以获得无机或有机营养物输入负荷情况的合理参考水平，并同有其他人类活动影响的情况相比较。相似地，自然的河流或湖泊系统，也同样可用于定义上述参考水平以区别来自水库的影响和其他人类活动产生的影响。当与自然系统（河流或湖泊）相比，没有识别出其他人类活动产生的影响，蓄水前后所形成的温室气体源汇改变便可认为是来自水库蓄水本身。

2) 若其他人类活动对水库产生的负荷被认为是显著的，其他人类活动对水库温室气体通量的贡献量应通过建模方式进行估计

因其他人类活动对水库温室气体通量的贡献量是水库温室气体净通量计算的一部分，故应对每种温室气体(CO_2、CH_4 或 N_2O)提供 UAS 所对应的温室气体交换通量的等效数值。流域内人类活动进入水库的营养负荷是确定上述每种温室气体等效通量值的基础。但若人类活动强度很低，将可能使得上述来自 UAS 的温室气体通量值难以与自然本底状态相区别。因此，对 UAS 通量开展建模的目的，便是使其能够将其他人类活动影响同自然本底状态相区别。

当 UAS 的存在或贡献被认为并不重要，最优的实践方式是将每种温室气体(CO_2、CH_4 或 N_2O)的 UAS 通量值分别设置为零。因此，在水库温室气体净通量计算中，去除了不确定性较高的 UAS 通量部分。但是，对其他人类活动输入的负荷仍应进行建模分析，例如，用于分析水库温室气体净通量对额外增加的营养物负荷的敏感程度，或寻找水库管理的改进对策等情况。

根据国家温室气体清单(IPCC，2006)，IPCC 认为水库中 N_2O 的形成与释放，仅取决于上游及陆源输入，如农业面源污染、废水处理厂排放等，并分别按照上述来源进行分类。为避免重复计算 N_2O 释放，因筑坝蓄水本身造成的 N_2O 释放可被认为是零。若在国家温室气体清单编制中使用水库温室气体净通量计算结果，应严格遵守 IPCC 相关方法学要求。故在 UAS 中考虑 N_2O 通量与否对水库温室气体净通量计算结果并无影响。但从水库自身时空尺度和减缓温室气体释放的角度考虑，辨识水库上游及陆域的 N_2O 来源将十分有用。

当潜在的 UAS 被确认是对水库温室气体源汇产生重要影响，需要确定其他人类活动产生的 UAS 输入负荷与自然本底条件下输入负荷的相对比例关系。已确认其他人类活动输入的营养负荷，主要是 N、P 和有机碳(如 DOC、POC)，应被作为 UAS 影响水库温室气体释放增加的代表予以考虑。

水体富营养化将最终导致水库产生低氧区或缺氧区，并促进 CH_4 的释放。由于水库营养物浓度和缺氧条件产生之间的关系是非线性的，故可合理假定上述(低氧区或缺氧区)形成概率将随水体营养水平的升高而升高。因为 CH_4 被认为是对气候变暖影响最为严重的温室气体，故在建模工作中应对 CH_4 源汇关系给予特别关注。

UAS 对水库温室气体源汇改变的影响并没有直接的监测方案可参考，故应通过建模途径以区分 UAS 在水库温室气体源汇中的实际贡献。水库水动力条件在很大程度上决定了缺氧区是否产生、何时产生。故合适的模型应实现对点源、面源营养物输入负荷，及其在水库中迁移、富集机制过程的模拟。模型中，应根据不同土地覆盖和土地利用类型的清单，对上述输入负荷进行参数化描述。土地覆盖和土地利用类型清单的相关信息，可通过遥感影像或高分辨率地图进行辨识。

　　对简单的模型，则可以从人口和工业生产情况，或者从不同的土地覆盖和土地利用类型特征中，获得营养物相关负荷信息。进入水库的营养物和碳负荷来自于水库及其上游流域的点源和非点源输入，在水库中迁移转化形成温室气体后以UAS的形式释放入大气。点源输入，主要来自排水系统向水库输入的直排废水和城镇或工业污水处理厂的尾水排放等。点源输入的营养盐和碳负荷，应通过污废水中的营养物和碳浓度以及污废水排放量予以计算或估计。非点源输入的营养物或碳负荷，包括农业面源输入、水土流失、农村生产和禽畜养殖散排等。关于区域城镇生产生活污废水排放负荷的相关信息，可以通过统计年鉴获得。若流域内人口密度或实际居民数量等信息已知，则可以使用人口等标排放负荷的方法进行估计。

　　流域水文模型，可用于对来自水库上游陆地生态系统非点源输入的营养物和碳负荷进行估计。

　　在模型中评估非点源输入的营养物和有机质对水库温室气体源汇的贡献，应包括两个步骤：①对来自流域的营养物负荷进行建模；②就上述负荷（包括自然本底负荷）对水库富营养化影响进行建模，包括水库水文水动力条件模拟。

　　营养物和碳输入负荷对水库温室气体源汇的影响，应通过使用水动力模型和水库对上述输入负荷响应进行评估，且该影响亦可被用于预测水库温室气体源汇和沉积层中碳埋藏的变化。同模拟蓄水后状态相似的模型，不仅可用于评估UAS对水库温室气体源汇的影响，也可用于描述同水体富营养化相关的初级生产力、营养物循环和沉降过程。

　　模型以从流域输入的营养物和有机负荷作为输入变量。关于建模和模拟蓄水后状态的最优实践见7.3节。同时，应使用不同营养物和有机物质输入负荷情景（见7.3.2节），用于评估它们对水库水体富营养化和温室气体源汇的影响。

　　3）对其他人类活动的特殊案例应基于特别细致的关注和考虑

　　对特定水库和一些特殊情况，在水库温室气体净通量评估中，应仔细考虑与UAS相关的一些复杂事项。

　　许多已建或新建水库，具有多用途特点，除发电外，它们还提供一系列同水资源配给相关的社会服务，如农业灌溉、供水、航运和旅游活动等。这些活动将可能导致水库所在流域内、水库库周以及下游受影响河段内人类活动水平的显著提高。故将可能形成对水库产生显著影响的外部输入负荷。因此，需要在项目规划、建设和运行阶段予以考虑。其中的关键问题是，上述外部负荷是否通过某些途径影响水库温室气体源汇，并被认定为 UAS。

从水库所在流域输入的营养物和有机质负荷水平，通常在强降雨过程（即形成地表径流）的影响下会显著增加。在许多流域，强降雨事件是导致自然本底和 UAS 的温室气体源汇水平改变的非常重要的驱动因素。故在强降雨时期影响下区别自然本底和 UAS 对水库温室气体源汇的贡献将十分重要。由于对蓄水前温室气体源汇状态的评估对辨识自然本底情况十分有用，因此，该方法学将很可能可以用于区别 UAS 和自然本底状态的差别，但在分析中应细致谨慎。

一些已建水库，其所在流域的 UAS 负荷水平自蓄水后开始便发生显著改变，并可能持续变化。该变化可能在总体上持续升高或呈现极端的变化情况。在这些情形下，应细致谨慎地将 UAS 负荷及其预测结果整合到整个水库项目的生命周期中。

第8章　水库温室气体净通量模拟评估报告编制

8.1　引　　言

建模的目的是对已建或待建水库温室气体净通量和碳储存的改变情况进行定量分析，了解已建或待建水库温室气体的释放过程。故编制报告的目的则是在授权许可新建项目或重新许可已建项目时为环境影响评价或相似文件提供合适的参考。针对一些发电水库报告编制要求，在建模过程中可使用年度排放因子（$tCO_{2eq} \cdot GWh^{-1}$）作为温室气体的排放指标。

水库温室气体净通量建模，可用于描述陆表温室气体源汇格局在水库蓄水前、后发生的变化，也能够充分辨识人类活动对水库温室气体释放的影响。对建模结果编制公开透明的评估报告，将增进对水电能源温室气体释放水平与其他能源形式温室气体释放水平比较和排序的认识。

由于相关文件格式取决于特定使用条件的具体要求和每个项目的约束性条件。因此，水库温室气体净通量建模评估报告编制的格式应根据相关工作和文件编写需要进行选择。值得注意的是，评估报告应根据公开透明和科学逻辑清晰的最优实践指南进行编制。编制完成的水库温室气体净通量报告，应涵盖完整的建模过程链，包括蓄水后和蓄水前水库温室气体源汇通量情况，以及非相关人类活动对水库温室气体的贡献量等。

8.2　报告编写要求

8.2.1　导则内容

5.4 节提供了对水库温室气体净通量的初步筛查程序路线图和建议过程。不考虑筛查程序的最终结果，参与筛查的输入数据、方法和结果在综合的报告编制中均是必需的。在筛查过程中，根据提供的相关参数，筛查结果可能会表明水库温室气体释放的风险低；另一种可能的结果是表明已建或待建水库项目温室气体释放的风险升高。对于后者，需要开展进一步的深入研究。筛查过程的第三种结果是表明项目具有较高的不确定性，大多数情况下是由于缺少相关参考数据。这将要求在筛查过程中提供更多的输入变量，或直接开展进一步的深入研究。水库温室气体出现高释放强度的原因，主要来自于水库蓄水过程，或受到流域其他同蓄水不相关的人类活动的干扰。对于所有筛查结果，均应编制细致的评估报告。当水库温室气体释放强度被确认是处于低水平，且并不需要开展大规模的温室气体监测研究计划，评估报告结果将使水库项目相关利益攸关方满意，并满足相关立法和法规的要求。

8.2.2　最优实践指南

1. 对水库温室气体净通量的筛查报告，应以透明公开的方法描述所有的相关参数和方法

对于已建和待建水库项目，在收集流域与水库淹没区域的信息和数据时，应覆盖影响水库温室气体源汇和净通量的所有特征。本导则第 I 卷提供了可能影响水库温室气体源汇变化的净通量的变量清单。通常数据需求与授权许可新建项目或重新许可已建项目时为环境影响评价或相似文件编制提供的数据相似。筛查方法应基于已报道的相关科学文献和知识积累，并公开透明地进行描述。在筛查过程中应用的假设和筛查过程的约束，应公开透明且充分地进行描述。汇编所有相关的数据和水库特征，应透明且适当地满足相关立法和法规要求。

2. 应十分明确地描述涵盖水库温室气体和水质监测计划相关建议的结论和判断理由

若筛查结果显示，在现有建模框架下，水库显著释放温室气体的风险低，报告应清晰地阐释对水库温室气体通量（或关键驱动因素）和水质指标实施低水平监测计划的基本原理及原因。

若筛查结果预测将可能出现水库温室气体释放的不利影响，报告应清晰地指出开展水库温室气体释放和水质变化综合研究/监测方案的需求和基本框架。

应基于筛查过程中的相关基本原则透明清晰地阐释选择前述不同路径分析水库温室气体净通量研究的原因。同时，应阐明上述选择过程所涉的不确定性。报

告应同时勾勒需要开展水库温室气体净通量建模的具体环节，并对建模和监测方案制定要求，以使上述需要可被永久处理。

3. 应以透明公开的方式描述建模的假设和方法

在报告中描述选择水库温室气体建模方案的标准十分重要。正如7.3节中描述的，需要处理的问题和水库的一些特征，决定了建模工作中所采用的模型类型。一旦建模路径确定下来，阐明模型的科学假设以及建模中如何施用这些科学假设十分重要。因为水库温室气体净通量包含三个相对独立的部分，即蓄水前水库淹没区域温室气体通量、蓄水后水库及其下游河段温室气体通量和其他同蓄水无关的人类活动可能造成的影响。报告编制中的最优实践，是阐明在建模中如何实现上述三个部分的有机整合。报告应透明清晰地阐释如何通过上述各部分的建模或估算获得水库温室气体净通量的评估结果。

若并没有足够的信息被用以描述蓄水前温室气体通量和其他人类活动对水库温室气体通量的贡献量，或者仅通过简单假设并不能够获得上述信息，在水库温室气体净通量的计算中，上述两部分的一个或者更多部分的温室气体源汇情况可设置为零（参考3.1.3节）。若没有明显的人类活动干扰，其他人类活动对水库温室气体通量的贡献量，可以设置为零。获得上述评估结果的原因，在编制报告中应透明清晰的阐释。

对模型的主要批评来自于缺乏案例研究或参考，以判别它们的建模方案是否科学有效。这对于近期已开发或有意开发的模型而言，上述的问题是存在的。故在上述情况下应在报告中对模型各部分（如概念框架、数值计算方法选择、代码、缺陷等）进行彻底地判别分析。对更广泛应用和国际通用的模型，上述阶段便不是那么重要，可通过参考公开发表的一系列科学研究论文以替代对模型各部分的判别分析。

4. 最终的评估报告应包含使用最优的科学原则获得的评估结果及其不确定性

在编写报告中，模型模拟的结果应包含不同情景模式对水库温室气体净通量影响的模拟等，具体包括不同水库的运行管理方法、在流域中的不同土地利用选择方案和其他相关的模型运用条件。应在报告中透明清晰的阐释上述基于模型原始假设和建模目标的情景，以及它们如何影响模型输出结果。

8.3 模型输出结果的示例

8.3.1 导则内容

本节提供了一些不同维度(1D、2D 和 3D)的模型输出案例。同时提供了一些概念性介绍以使得模型运行案例可以被展示在 IEA 水电技术合作计划网站上(www. ieahydro. org)。对水库温室气体净通量研究更综合的案例分析可以在该网站获得。附录Ⅱ-1 提供了已有电子案例分析的格式。

8.3.2 最优实践指南

1. 模型结果输出应专注于所关注的事项，直达最终的目标用户

1)一维输出：时间序列

在确定性模型的每个计算步长和每个计算网格中，可获得所有模拟要素和通量情况(特别是温室气体通量)。输出并使用上述结果的首要方式，辨识时间序列，反映各化学物质和通量强度随时间的变化情况。该类型模型输出方式可以用于模型验证。

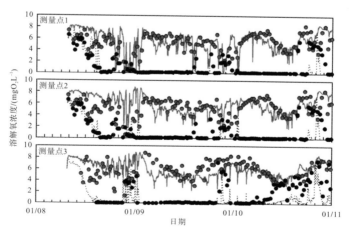

图 8-1 水库中溶解氧检验过程的时间序列

注：实线表示模型模拟结果；圆点表示实测结果；红色表示表层浓度；蓝色表示底层浓度。图表来自文献(Chanudet et al. ，2012)

图 8-1 反映了水库中溶解氧校验过程的时间序列示例。

2）二维输出：断面和地图信息

除了通过一些简单观测点位输出可能的数据序列外，一些模型还能在整个计算网格上整合全部研究结果以计算平均浓度或全部通量（如在整个水库或河流水面的温室气体扩散通量）。对评估全系统的影响并计算物料平衡过程，上述结果是必需的。

在河流或水库上设置断面，可用于评估物质浓度的变化。在这样的图表中，横向变化（如沿着河流轴线方向，或水库的南北轴线方向），通常可绘制成深度的函数。该类型图表适宜于垂向二维（2DV）或三维（3D）的模型。

使用地图可允许对所模拟参量的地理分布进行直接可视化。对物质在垂向方向上被均一化的水平二维模型（2DH）而言，上述方式提供了对所有模拟结果的直观图像。对于三维（3D）模型，则应选择某一水层进行该类型图像表达。

上述类型的模型输出结果，主要用于提供对模型模拟结果的宏观情况，或用于辨识或展示局部的关键要点。

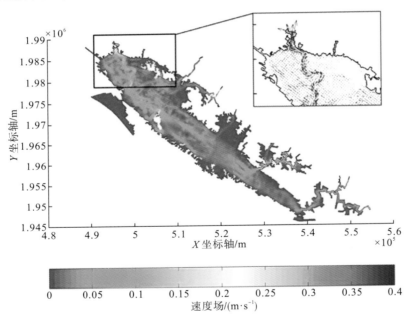

图 8-2　水库流速模拟结果（Chanudet et al.，2012）

3）三维输出：视频或动画

视频可促进不同报告用户之间的交流。作为报告展示的一部分，对阐释水库温室气体净通量的概念可能有价值。

4) 运用模拟结果进行预测

若完成了模型验证与校正，模型可以用于水库温室气体通量情况的预测。主要的不确定性来自于输入的驱动数据。例如，在全球气候变化的背景下，未来 $10\sim20$ 年的气象条件如何？ IPCC 应用的全球气候模式（General Circulation Model）可提供不同情景模式下气候条件的长期变化趋势。

已校正和已验证的模型，可用于模拟不同情景模式并估算与"参比"生态系统的不同。7.2 节讨论了在参比生态系统中的重要条件。

对情景模拟结果的阐释应十分谨慎。事实上，在显著的气候变化条件下，生态系统的结构可能会发生完全改变，一些之前被慎重考虑的重要过程甚至会变得不再相关，或变为次要过程。这些均可能导致模型验证过程出现错误，影响不同情景下的模拟和预测。

2. 对于中期或长期（超过 20 年）的模拟，应提供一系列可能的驱动数据并开展不同的模拟分析以提供一系列可靠的结果

长期模拟的情景示例包括：①全球气候变化的影响；②极端的气候气象和水文事件；③特定的水库运行模式及其对下游河流的影响；④大坝结构调整的影响；⑤在情景模式模拟期间其他人类活动对水库温室气体源汇影响的变化。

长期模拟运行计算的时间成本（至数值运算完全结束），取决于模型维度选择（即一维、二维或三维）。在开展长期情景模拟时用户对此应予以关注。

参 考 文 献

Anderson D M，Garrison D J，1997. The ecology and oceanography of harmful algal blooms. Limnology and Oceanography，（42）：1009-1305.

Arseneault D，Benjamin D Y，Gennaretti F，et al，2013. Developing millennial tree ring chronologies in the fire-prone North American boreal forest. Journal of Quaternary Science，28(3)：283-292.

Bastviken D，Cole J，Pace M，et al，2004. Methane emissions from lakes：Dependence of lake characteristics，two regional assessments，and a global estimate. Global Biogeochemical Cycles，18(4)：305-313.

Bastviken D J，2009. Methane. In：Likens G. E.（Ed.），Encyclopedia of Inland Waters. Elsevier，783-805.

Beck M B，1987. Water quality modeling：A review of the analysis of uncertainty. Water Resources Research，23(8)：1393-1442.

Bouillon S，Yambélé A，Spencer R G M，et al，2012. Organic matter sources，fluxes and greenhouse gas exchange in the Oubangui River (Congo River basin). Biogeosciences Discussions，9(1)：63-108.

Campeau A, Lapierre J, Vachon D, et al, 2014. Regional contribution of CO_2 and CH_4 fluxes from the fluvial network in a lowland boreal landscape of Québec. Global Biogeochemical Cycles, 28(1): 57-69.

Chanudet V, Fabre V, Kaaij T V D, 2012. Application of a three-dimensional hydrodynamic model to the Nam Theun 2 Reservoir (Lao PDR). Journal of Great Lakes Research, 38(2): 260-269.

Cole J J, Prairie Y T, Caraco N F, et al, 2007. Plumbing the Global Carbon Cycle: Integrating Inland Waters into the Terrestrial Carbon Budget. Ecosystems, 10(1): 172-185.

Colomb V, Bernoux M, Bockel L, et al, 2012. Review of GHG Calculators in Agriculture and Forestry Sectors. A Guideline for Appropriate Choice and Use of Landscape Based Tools. http://www.fao.org/fileadmin/templates/ex_act/pdf/Review_existingGHGtool_GB.pdf

Correll D L, 1998. Role of phosphorus in the eutrophication of receiving waters: A review. Journal of Environmental Quality, 27(2): 261-266.

Ferland M, Giorgio P A D, Teodoru C R, et al, 2012. Long-term C accumulation and total C stocks in boreal lakes in northern Québec [J]. Global Biogeochemical Cycles, 26(4): GB0E04.

Guérin F, Abril G, Richard S, et al, 2006. Methane and carbon dioxide emissions from tropical reservoirs: Significance of downstream rivers. Geophysical Research Letters, 33(21): 493-495.

Guyette R P, Dey D C, Stambaugh M C, 2008. The Temporal Distribution and Carbon Storage of Large Oak Wood in Streams and Floodplain Deposits. Ecosystems, 11(4): 643-653.

Hamilton D P, Hocking G C, Patterson J C, 1997. Criteria for selection of spatial dimension in the application of one- and two-dimensional water quality models. Mathematics & Computers in Simulation, 43(3): 387-393.

Hamilton D P, Schladow S G, 1997. Prediction of water quality in lakes and reservoirs. Part I-Model description. Ecological Modelling, 96(1): 91-110.

Hanson P C, Hamilton D P, Stanley E H, et al, 2011. Fate of Allochthonous Dissolved Organic Carbon in Lakes: A Quantitative Approach. Plos One, 6(7): 21884-21884.

Huttunen J T, Alm J, Saarijärvi E, et al, 2003. Contribution of winter to the annual CH_4 emission from a eutrophied boreal lake. Chemosphere, 50(2): 247-50.

Huttunen J T, Alm J, Liikanen A, et al, 2003. Fluxes of methane, carbon dioxide and nitrous oxide in boreal lakes and potential anthropogenic effects on the aquatic greenhouse gas emissions. Chemosphere, 52(3): 609-21.

IEA/HYDRO, 2012. International Energy Agency - Implementing Agreement for Hydropower Technologies and Programmes. Annex XII. Hydropower and the Environment. Task 1: Managing the Carbon Balance in Freshwater Reservoirs. Member Countries: Brazil, Japan, Finland, Norway and USA. Main Contributors: Damazio J. M., Melo, A. C. G. de, Maceira M. E. P., Medeiros, A. M., Negrini, M., Alm, J., Schei, T. A., Tateda, Y., Smith, B., Nielsen, N. Guidelines for Quantitative Analysis of Net GHG Emissions from Reservoirs. Volume 1 - Measurement Programs and Data Analysis. IEA Technical Report. IEA Hydropower, 87 p IPCC 2006, 2006 IPCC Guidelines for National Greenhouse Gas Inventories, Prepared by the National Greenhouse Gas Inventories Programme, Eggleston H. S., Buendia L.,

Miwa K. , Ngara T. and Tanabe K. (eds). Published: IGES, Japan. IPCC 20 14, 2013 Supplement to the 2006 IPCC Guidelines for National Greenhouse Gas Inventories: Wetlands, Hiraishi, T. , Krug, T. , Tanabe, K. , Srivastava, N. , Baasansuren, J. , Fukuda, M. and Troxler, T. G. (eds). Published: IPCC, SwitzerlandJørgensen, S. E. , Halling-Sørenen, B. , Nielsen, S. N. , 1996. Handbook of Environmental and Ecological Modeling. Lewis Publishers, Boca Raton. 672 pp.

Jørgensen S E. 1999. State-of-the-art of ecological modelling with emphasis on development of structural dynamic models. Ecological Modelling, 120(2): 75-96.

Juutinen S, Rantakari M, Kortelainen P, et al, 2009. Methane dynamics in different boreal ewline lake types [J]. Biogeosciences Discussions, 6(2): 209-223.

Kortelainen P, Rantakari M, Huttunen J T, et al, 2006. Sediment respiration and lake trophic state are important predictors of large CO_2 evasion from small boreal lakes. Global Change Biology, 12 (8): 1554-1567.

Laurent M, Emma G, Emile R, et al, 2010. 3D coupled modeling of hydrodynamics and water quality in the Berre Lagoon (France) // International Symposium on Environmental Hydraulics.

Martin J L, Mccutcheon S A, 1998. Hydrodynamics and transport for water quality modeling. Hydrodynamics & Transport for Water Quality Modeling, 794.

Martinez D, Anderson M A, 2013. Methane production and ebullition in a shallow, artificially aerated, eutrophic temperate lake (Lake Elsinore, CA). Science of the Total Environment, (5): 457-465.

Nürnberg G K, Peters R H, Peters R H, 1984. The importance of internal phosphorus load to the eutrophication of lakes with anoxic hypolimnia. Verh. Internat. Verein. Limonl, 22: 190-194.

OSPAR, 1998. Report of the ASMO modeling workshop on eutrophication issues, 5-8 November 1996, The Hague, The Netherlands. OSPAR Commission Report, Netherlands Institute for Coastal and Marine Management/RIKZ, The Hague, The Netherlands.

Richey J E, Devol A H, Wofsy S C, et al, 1988. Biogenic gases and the oxidation and reduction of carbon in Amazon River and floodplain waters. Limnology and Oceanography, 33(4): 551-561.

Richey J E, Melack J M, Aufdenkampe A K, et al, 2002. Outgassing from Amazonian rivers and wetlands as a large tropical source of atmospheric CO_2. Nature, 416(6881): 617-620.

Ruane R, 1993. Transient Pulses of Chemical Oxygen Demand in Douglas Reservoir. WaterPower '93 Proceedings of the International Conf. on Hydropower. Nashville 1993.

Smith V H, 2003. Eutrophication of freshwater and coastal marine ecosystems. ESPR-Environ Sci & Pollut Res 10(2): 126-139.

Smits J G C, Jan K. L. van Beek, 2013. ECO: A Generic Eutrophication Model Including Comprehensive Sediment-Water Interaction. Plos One, 8(7): 1-24.

Sobek S, Sebastian, Tranvik L J, Prairie Y T, 2007. Patterns and regulation of dissolved organic carbon: An analysis of 7, 500 widely distributed lakes. Limnology and Oceanography, 52(3): 1208-1219.

Stumm W, Morgan J J, 1996. Aquatic chemistry (third edition). New York: John Wiley & Sons.

Subin Z M, Riley W J, Mironov D, 2012. An improved lake model for climate simulations: Model structure, evaluation, and sensitivity analyses in CESM1. Journal of Advances in Modeling Earth Systems, 4 (1): 183-204.

Teodoru C R, Giorgio P A D, Prairie Y T, 2013. Depositional fluxes and sources of particulate carbon and nitrogen in natural lakes and a young boreal reservoir in Northern Québec. Biogeochemistry, 113 (1): 323-339.

Teodoru C R, Bastien J, Bonneville M, et al, 2012. The net carbon footprint of a newly created boreal hydroelectric reservoir. Global Biogeochemical Cycles, 26(2): 1029-1031.

Teodoru C R, Giorgio P A D, Prairie Y T, et al, 2009. Patterns in pCO$_2$ in boreal streams and rivers of northern Quebec, Canada. Global Biogeochemical Cycles, 23(2): 595-601.

Thauer R K, 2011. Anaerobic oxidation of methane with sulfate: on the reversibility of the reactions that are catalyzed by enzymes also involved in methanogenesis from CO$_2$. Current Opinion in Microbiology, 14 (3): 292-299.

Therrien J, Tremblay A, Jacques R B, 2005. CO$_2$ Emissions from Semi-Arid Reservoirs and Natural Aquatic Ecosystems//Greenhouse Gas Emissions—Fluxes and Processes. Springer Berlin Heidelberg, 233-250.

Tremblay A L, Varfalvy C, Roehm M, et al, 2005. Greenhouse Gas Emissions: Fluxes and Processes, Hydroelectric Reservoirs and Natural Environments. Environmental Science Series, Springer, Berlin, Heidelberg, New York, 732 pages.

Weyhenmeyer G A, Kortelainen P, Sobek S, et al, 2012. Carbon Dioxide in Boreal Surface Waters: A Comparison of Lakes and Streams. Ecosystems, 15(8): 1295-1307.

附录 Ⅱ-1 水库温室气体净通量 建模研究的模型示例

在水库温室气体净通量概念模型基础上开发的模型，可提供重要的信息，用于支持已建水库的运行管理优化和待建水库规划阶段的决策，并可用于支持对已建水库相关运行许可的再授权。IEA 水电技术合作计划网站（www. ieahydro. org）将提供一系列用户时间，阐释根据本技术导则（第Ⅰ卷、第Ⅱ卷）提供的模型如何用于水库温室气体净通量的评估。本技术导则邀请用户提交其相关工作至该网站。

模型可通过多种途径或在不同水平下支持水库温室气体净通量的评估。网站的目的便是就不同建模思路、建模方案以及模型结果输出提供一系列集合，以促进用户解决水库温室气体净通量估算的内在挑战。解决方案并不需要在大尺度生态系统的层面上，我们更欢迎针对特殊挑战或问题的解决方案。

我们意识到公司可能并无意愿公开它们的模型工具。故网站所关注的重点是对模型构建全流程的描述：设置模型目标、支撑模型目标所使用的方法、模型运行结果，以及围绕模型目标对模型运行结果的解释。用户可选择上述各环节中的若干细节上传至网站。案例集合支持对不同建模过程的描述，从公布公开的源代码，到从模型运行结果或公开发表的学术论文中获得更为一般性的建模思路等。上述过程对促进水库温室气体净通量模型研究的同行交换思想、解决建模中的新问题将十分有利。随着在网站中建模经验的积累，我们希望能够为对水库水动力和生物地球化学过程感兴趣的模型研究同行，逐渐整合出国际化的模型工具库。

模型示例可按以下网站支持的形式描述：①模型名称；②作者、所属机构、联系信息；③摘要：开展建模实践的动因、建模方法的简要描述、主要结果和结论；④关键词；⑤建模实践引言；⑥数据和使用的方法；⑦结果和对水库温室气体净通量评价的贡献；⑧其他附件材料链接，如结果的可视化描述、描述建模实践的网页等。

第三部分　对中国西南河道型水库温室气体净通量研究的思考

第9章 中国水库建设与发展现状

中国山地分布广，地势落差大，具有建设大中型水库的先天优势，而且人口密集，对水资源、电力的需求大，中国是世界上建设水库最多的国家。水库对中国经济社会发展的重要贡献不言而喻。新中国成立前，中国仅有23座大中型水库和一些塘坝、小型水库。其中，具有防洪作用的只有松辽流域的二龙山、闹得海、丰满等水库，其他河流没有防洪水库。中国的第一座水电站——石龙坝水电站位于云南省昆明市郊螳螂川，于1912年建成，最初装机容量为480kW。

新中国成立后，中国的水利建设以官厅水库、南湾水库、三门峡水利枢纽、狮子滩水库等为标志。"一五"期间一批重要水库相继兴建，掀起了新中国水利建设高潮。至1973年，中国已修建水库72131座，总库容3650亿 m³，有效灌溉面积17110万亩。其中，大型水库283座，中型水库1833座(图9-1)。改革开

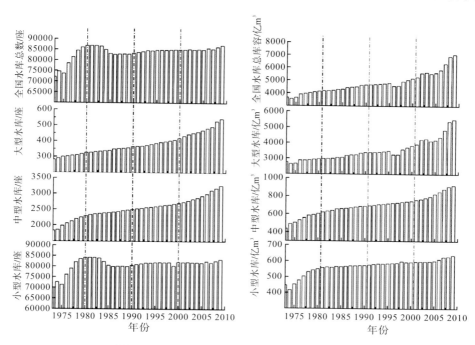

图 9-1　1973~2009 年中国水库数量与库容变化

资料来源：中国水利年鉴

放以来，尤其是 20 世纪 90 年代后，以长江三峡、黄河小浪底为代表的一大批集防洪、发电、供水、灌溉等为一体的大型水利枢纽开工兴建（表 9-1），水利建设呈现出加快发展的良好态势（图 9-2）。至 2009 年，中国已建成水库 87151 座，约在 1973 年的基础上翻了一番，约是 1949 年的 180 倍（图 9-1）。目前，中国水库总库容达 7063.7 亿 m^3，占中国年河川年径流总量（2.8 万亿 $m^3 \cdot a^{-1}$）的 25.2%，约是全球水库总库容的 10%，位居全球第四；中国水库水域总面积为 60000～70000km^2，同中国自然湖泊水域总面积相当，约占中国内陆水域面积的 40%，储水量为中国天然湖泊水量的两倍多。

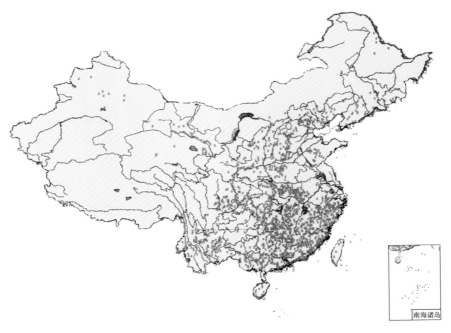

图 9-2　中国大中型水库分布情况

注：资料来源于 http：//www.powerfoo.com/news/sdkx/zywztj/2012/427/AH7B.html

表 9-1　中国二十大已建水库排名

序号	水库名称	总库容/亿 m^3	水系	所在位置
1	三峡水库	393	长江	湖北省宜昌市
2	丹江口水库	290.5	汉江	湖北省丹江口市
3	龙羊峡水库	274.19	黄河	青海省共和县
4	龙滩水库	273	红水河	广西天峨县
5	新安江水库	216.26	新安江	浙江省淳安县

续表

序号	水库名称	总库容/亿 m³	水系	所在位置
6	小湾水库（云南）	151.32	澜沧江	云南省临沧市
7	水丰水库	146.66	鸭绿江	辽宁省丹东市
8	新丰江水库	138.96	新丰江	广西河源市
9	洪泽湖水库	135	—	江苏省淮安市
10	小浪底水库	126.5	黄河	河南省洛阳市
11	丰满水库	107.93	第二松花江	吉林省吉林市
12	天生桥一级水库	102.6	南盘江	贵州省安龙县
13	天生桥水库	102.6	南盘江	贵州省安龙县
14	三门峡水库	96	黄河	河南省三门峡市
15	东江水库	91.48	湘江—耒水	湖南省资兴市
16	尼尔基水库	86.1	嫩江	内蒙古莫力达瓦达斡尔族自治旗
17	柘林水库	79.2	修水干流	江西省永修县
18	白山水库	65.1	第二松花江	吉林省桦甸市
19	二滩水库	61.4	雅砻江	四川省攀枝花市
20	刘家峡水库	57	黄河	甘肃省永靖县

资料来源：中国大坝协会①

　　中国水库多为中小型水库，其中小型水库数量占全国水库总数的 95.6%，但小型水库的总库容仅为全国水库总库容的 9.0%（图 9-1）。中国大型水库数量仅为全国水库总数的 0.6%，其中库容超过 1 亿 m³ 以上的水库达 544 座（表 9-1），大型水库总库容在全国水库总库容中所占比重则达到 78.0%。在各大水系中，长江流域是中国水库最多的水系（图 9-3），截至 2009 年共建有水库 44948 座，总库容达 2419.64 亿 m³。

　　尽管如此，中国水库功能仍存在分布不均的情况，小型水库主要以灌溉、供水为主，而在重要流域的控制性水利枢纽工程则兼顾了水力发电、航运、旅游、灌溉、供水等多种用途，对社会经济发展起到了至关重要的作用。在中国，水库防洪保护范围内约有 3.1 亿人口、132 座大中型城市、$3.2×10^7$ 公顷良田（刘宁，2004）。全国水库年供水能力约 5000 亿 m³，其中，为城市供水达 200 多亿 m³（刘宁，2004），包括北京、天津、深圳和香港特别行政区在内的近百座大中型城

①　http://www.chincold.org.cn/chincold/index.htm

市的居民生活用水和工业用水全部或部分依靠水库供水；由水库提供灌溉水源的耕地约 0.16 亿 hm²，占总灌溉面积的 1/3。截至 2009 年，中国水力发电量达585TWh，占世界的 18%，装机规模达 200GW，位居世界第一（Kumar et al.，2011），水电能源供应在国内电力供应中所占比重为 15.5%。据测算，中国水电能源对第二产业增长的平均贡献率为 6.66%，对 GDP 增长的平均贡献率为3.08%（王明杰等，2009）。水库建设运行对中国社会经济发展所带来的最终贡献还难以估量。

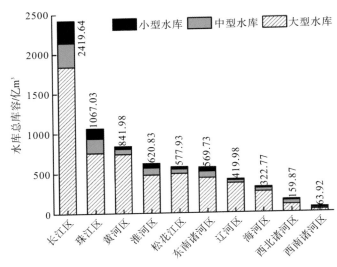

图 9-3　2009 年各一级水资源区已建水库总库容分布情况

注：数字为各水资源一级区水库总库容/亿 m³

第 10 章　中国西南河道型水库温室气体源汇的主要特点

10.1　筑坝蓄水对河流碳迁移转化的影响

碳是典型的气体型循环生源要素，环境中巨大的碳库存在大气圈、海洋和岩石圈中。工业革命以前，大气圈中的碳库总量约为 589PgC。随着陆地表面（以下简称"陆表"）人类社会与经济的发展，加剧了化石燃料消耗和土地利用方式调整，使得自工业革命以来大气圈中的碳库总量增加至现在的 829 ± 10PgC（图 10-1），年均增量为 4Pg·a^{-1}（Ciais et al.，2013）。

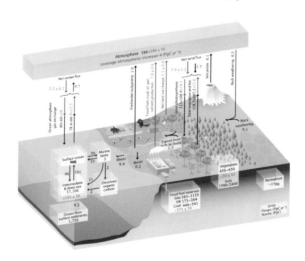

图 10-1　简化的全球碳循环（Ciais et al.，2013）①

---

①　图中的数字反映了各碳库的总质量[即碳储量，以 PgC 为单位（1PgC$=10^{15}$gC）]和全年碳库之间交换通量（PgC·a^{-1}）。黑色的数字和箭头表示在工业革命之前（1750 年以前）的碳库和交换通量。红色箭头和数字表明 2000～2009 年平均每年"人类活动"的干扰。上述通量反映了工业革命后（1750 年以后）人类活动对全球碳通量的干扰。该部分通量（红色箭头）包括：化石燃料和水泥的 CO_2 排放，土地利用变化的净通量，大气中 CO_2 的平均增量（也称为 CO_2 增长速率）。海洋和陆生生态系统对人类产生的 CO_2 摄取，称为 CO_2 汇，在图中也通过陆地净通量（Net land flux）和海洋净通量（Net ocean flux）的红色箭头表示。各不同碳库中红色数字表示了 1750～2011 年人类活动的累积变化，图中累积变化的正值表示自 1750 年以来碳库累积获取的碳变化量。

陆地水系统的碳输送和大气之间的碳交换是全球碳循环中最为活跃的部分，也是受人类活动影响最为敏感的环节。据不完全估算，全年陆地生态系统向内陆河流中输送的总碳量约为 1.9 PgC·a^{-1}（表 10-1[①]），最终通过地表水系统（河流）输入大海的总碳量仅为 0.7 PgC·a^{-1}，地下水向海洋输送的总碳量约为 0.2 PgC·a^{-1}；二者之和为 0.9 PgC·a^{-1}（Cole，2007）。全年陆地水系统向大气释放的总碳量约为 1.0 PgC·a^{-1}，其中 CO_2 约为 0.75 PgC·a^{-1}，而每年在陆地水系统中沉积的碳量约为 0.23 PgC。

表 10-1　全球陆地水系统的碳通量（Cole，2007）　　　（单位：PgC·a^{-1}）

内陆水体		CO_2的释放量	在沉积物中的储存量	向海洋输送
溪流	无机碳	N/A	N/A	—
	有机碳	N/A	N/A	—
湖泊	无机碳	0.11(0.07~0.15)	N/A	—
	有机碳	0	0.05(0.03~0.07)	—
水库	无机碳	0.25	N/A	—
	有机碳	0	0.18(0.16~0.2)	—
湿地	无机碳	N/A	0	—
	有机碳	0	0.1	—
河流	无机碳	0.23(0.15~0.3)	N/A	0.26(0.21~0.3)
	有机碳	0	N/A	0.45(0.38~0.53)
滨海地区	—	0.12	N/A	N/A
地下水	无机碳	0.01(0.003~0.03)	0	0.19(0.13~0.25)
	有机碳	0	<0.006	—
合计		0.75	0.23	0.9

注：①表格中数字为中位值，括号中的数字为最小值和最大值；②陆地水体碳输入，根据陆地向海洋输入的总碳量同损失量之间的差值进行计算；③表中河流释放的 CO_2 并不包括河滩地（河流消落带）净释放结果，该部分可能为河流释放 CO_2 量的 3 倍；④N/A 表示没有对该部分进行估计

水库生态系统中，碳的来源主要包括：①水库淹没区内的碳，包括植被、土壤、水域及其底泥的碳；②水库上游输入水库的各种形态的碳；③水库所在区域陆源输入的碳（点、面源污染、水土流失等）；④水库水生生态系统自身通过光能合成的有机碳；⑤大气干湿沉降（如降雨）等输入的碳；⑥受水库运行影响水库消

① IPCC 第五次评估报告中对该数值略有修正。此处依然沿用 Cole(2007)的研究成果进行阐释。

落带裸露期间植被恢复所产生的碳等。上述碳通过复杂的生物地球化学过程在水库中转化形成 CO_2、CH_4 等，通过气泡释放、界面扩散（水－气、土－气）、植被光合－呼吸和过坝下泄"消气"等方式同大气交换（图 10-2）。而淹没区域碳本底情况、水库库龄、物理形态与运行特征、水库流域地球化学背景与生态系统特征、流域气候气象条件、流域人口密度与开发程度等都将对水库温室气体与大气交换通量产生直接影响。

综上可以看出，筑坝蓄水对全球碳循环，尤其是碳的"陆－海"输送，产生了显著的影响，可归纳为四个方面（图 10-2）：

（1）"淹没"：筑坝蓄水将不可避免地淹没一定面积的陆地。土地利用变化导致景观发生改变，陆地生态系统逐渐退化，淹没区域有机质降解，产生 CO_2、CH_4 等温室气体。

（2）"阻隔"：大坝拦截、水文水动力条件发生变化，将导致上游河流向下游输送的碳在水库内滞留，沉降并在水库中埋藏。

（3）"重建"：随着水库生态系统的重建，原有河流生态系统的碳迁移转化模式将因水库生态重建而发生显著改变。相较于河流，水库初级生产力水平的提高将强化对大气中 CO_2 的吸收，自源性有机质（autochthonous organic matter）比重逐渐增加。

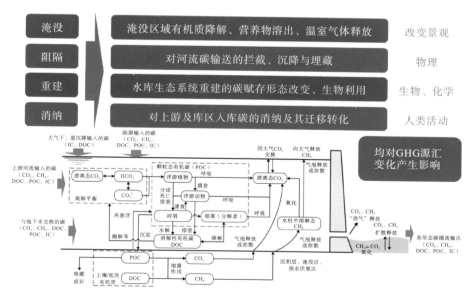

图 10-2　筑坝蓄水对碳循环的影响以及水库碳循环基本模式

（4）"消纳"：因筑坝蓄水导致水库从河流状态下的过流型（overflow）向湖泊型（lacustrine）逐渐过渡演化，水库生态系统对人类活动导致陆源输入负荷的消纳能力发生改变，陆源输入物质归趋和生物、化学作用机制也发生明显变化。

在全球尺度下上述影响依然存在很大不确定性。全球陆地水系统中水库向大气释放 CO_2 的总量约为全球陆地水系统中向大气释放 CO_2 总量的 1/3，但因在全球碳循环中陆地水系统所占比重甚低，故可基本确定水库 CO_2 释放对全球碳循环的贡献量，尤其是在因人类活动导致的 CO_2 排放量（图 10-1 中红色箭头部分）中，所占比重远不及其他人类活动形式（如化石燃料使用、陆地土地利用变化等）。但必须注意的是，水库释放的温室气体形式并不单纯是 CO_2，还包括全球增温潜势因子更强的 CH_4 和 N_2O。早期 St. Louis 等（2000）的粗略估算认为，全球水库 CH_4 释放量约为 $0.07\ PgC \cdot a^{-1}$，约为因人类活动导致的 CH_4 排放量的 18%。但迄今仍鲜有新的文献对全球水库 CH_4 和 N_2O 的排放量做更为详尽的分析和估算。

10.2　中国西南河道型水库碳循环与温室气体源汇的主要特点

中国西南地区沟壑纵横，水资源蕴藏量丰富。中国目前的前十四大水电基地中，一半以上位于中国西南地区。中国大中型水电站，超过一半以上分布于中国西南地区（图 9-2）。限于该地区高山峡谷的典型地貌特征，该地区的水库绝大多数（甚至全部）为峡谷河道型水库（图 10-3）。

中国西南地区河道型水库碳循环与水库温室气体源汇情况呈现以下特点：

（1）因地势陡峭险峻，该地区水库淹没面积较少，且蓄水后水域面积增减不大。故从发电的角度看，中国西南山区水库功率密度显著较高（图 10-3）。

A1 溪洛渡　　　　　　　　　　　　　A2 溪洛渡

B1 向家坝　　　　　　　　　　　　　　B2 向家坝

C1 三峡支流澎溪河　　　　　　　　　　C2 三峡支流澎溪河

图 10-3　中国西南地区典型的峡谷河道型水库照片

摄影：李哲

（2）因水库形态多受河道峡谷约束，故蓄水后水体滞留时间依然较短（图 10-4），水库流动性较高，混合程度较好，故将在很大程度上促进了 CH_4 的氧化。

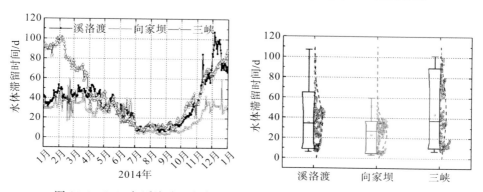

图 10-4　2014 年溪洛渡、向家坝、三峡水库水体滞留时间（日值）估算①

————————————

① 此处的"水体滞留时间（日值）"，为广义上水体更新速率的表征，即当日入库流量同当日库容的比值，并不代表实际的停留时长。

　　(3)峡谷地区多为基岩裸露，蓄水前陆地生态系统植被覆盖得相对较少，流域土壤有机质含量较低，对蓄水后影响较低。

　　(4)流域内人口密度较高。人口多分布于河谷平坝地区，可用地较少，流域内工农业发展相对集中，流域局部地区开发程度较高，污染明显，故其他人类活动对水库温室气体通量的贡献较强。

　　(5)为确保蓄水安全，通常在蓄水前就已开展了系统的清库工作，移除了淹没区域内的大量有机物，在很大程度上减少了蓄水后水库温室气体的释放强度。

　　(6)河道型水库并不单纯以发电为主，通常还承担航运、防洪等功能，多用途水库在该地区占优，故应对水库温室气体净通量开展分配工作，以明确不同服务功能所承担的温室气体净通量。

　　基于上述特点，根据 IEA 水库温室气体净通量筛查流程(图 5-1)，对中国西南地区河道型水库温室气体源汇的基本判别如下：

　　水库温室气体净通量可确定为较低或很低。因长江流域碳的地球化学背景值总体偏高，成库后依然如此，且淹没区域已进行了较为彻底的清库工作，该地区河道型水库在蓄水初年很有可能呈现碳汇，即水库温室气体净通量为负值。

　　值得注意的是，在成库前后，水库及其上游流域均存在较为显著的人类活动影响，其他人类活动对水库温室气体通量的贡献量不可忽略，并可能在水库温室气体净通量计算中占有相当大的比重。

第 11 章　中国西南河道型水库开展水库温室气体建模的思路

11.1　总体思路和基本假设

如前所述，水库温室气体净通量，应当等于蓄水后水库温室气体通量减去蓄水前温室气体通量，再扣除同水库修建不相关的其他人类活动对水库温室气体通量的贡献量，即：水库温室气体净通量＝蓄水后水库温室气体通量－蓄水前温室气体通量－其他人类活动对水库温室气体通量的贡献量。

在 IEA 技术导则第 II 卷中，总体思路是强调对上述三个部分的通量进行分别测量或估算，然后再进行差减以获得水库温室气体净通量估算值。但是，该技术路径在实际操作中存在以下问题：

(1)仅通过通量差减的方式，通常因在建模过程中强调对各部分通量的测量或估算，而弱化了物料守恒原则。缺乏一个系统、全面的模型构架，易导致模型出现内部矛盾(李哲等，2015)。

(2)蓄水前温室气体通量(Pre-impoundment)和其他人类活动对水库温室气体通量的贡献量(UAS)，在许多情况下并不容易测量或估算。

例如，蓄水前温室气体通量估算中，仅考虑受影响区域(水库淹没区域＋受影响河段)的温室气体通量，可能并不足够，该区域内的碳储量与碳负荷通常将作为蓄水后水库温室气体通量预测模型的初始条件，并应在蓄水前的调查或估算中予以考虑。

其他人类活动对水库温室气体通量的贡献量，不可能直接获得。通常需通过模型模拟获得人类活动导致的 C、N、P 负荷变化(增加，或减少)对水库温室气体产汇的贡献程度(如蓄水后水库 CO_2、CH_4 总通量中的比例关系)。而仅仅确定其他人类活动对水库温室气体通量的贡献量，并非最简洁的途径。

此外，在 IEA 的技术导则(第 II 卷)中，人类活动被包括在水库上游全流域。在核定 UAS 的贡献时，仅强调了营养物(氮、磷)输入导致水体富营养化及其对 CH_4 的影响。上述的认识多来自于湖泊生态系统现有的研究成果，而对于水体流动性更好、营养物消纳能力更强的中国西南峡谷河道型水库而言，上述建模思路是否适用，值得商榷。

　　综合前述分析，本研究假设，相较于将水库温室气体通量拆分为蓄水后、蓄水前和其他人类活动贡献量三个部分，蓄水前后温室气体通量改变的核心原因是碳的迁移转化过程发生变化。故理论上应存在未蓄水情况下碳迁移转化的"基线状态"（baseline status）。该基线状态，应不仅是蓄水前温室气体通量的某一定常状态，还应包括在未建坝的条件下陆源 C、N、P 营养输入及其在河流迁移转化过程中导致的碳迁移转化动态的、可预测的"虚拟状态"。同蓄水后碳迁移转化过程的比较结果，并反映在同大气交换的通量变化上，即为水库温室气体净通量。因此，基线状态具有两个方面的内涵：

　　（1）表观上是水库温室气体通量强度的改变，反映在 2.2 节的公式定义即为（图 11-1 和图 11-2）：水库温室气体净通量＝蓄水后水库温室气体通量－［（蓄水前温室气体通量（常量）＋其他人类活动对水库温室气体通量的贡献量（变量）］。

　　（2）实质上是未建坝状态下碳迁移转化特征的预测与虚拟。

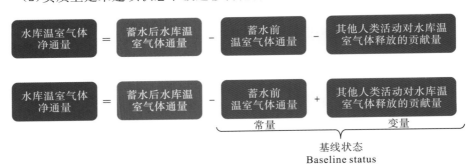

图 11-1　水库温室气体净通量计算框架调整示意

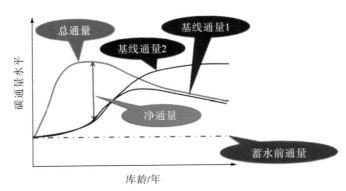

图 11-2　水库温室气体通量中的基线通量

11.2　建模框架

根据上述分析，水库温室气体净通量建模的基本框架应包括两部分模型：①蓄水后水库及其下游受影响河段的碳迁移转化模型；②未建库下碳迁移转化的基线模型。基本框架见图 11-3。

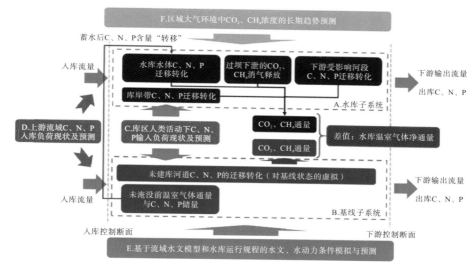

图 11-3　水库温室气体净通量建模基本框架①

根据上述基本框架，水库温室气体净通量模型系统，应包括下列 6 个子系统：

1）水库子系统：预测蓄水后水库 CO_2、CH_4 通量变化的长期趋势

蓄水后水库碳迁移转化系统具体涉及：水库水体模块、库岸带模块、过坝下泄模块和下游受影响河段模块。以上游入库控制断面为上边界，下游受影响河段为下边界。时间上以蓄水开始时为初始状态，考虑水库服务周期为 100 年。

在该模型系统中，水库淹没区淹没前的 C、N、P 储量作为初始状态的边界条件之一考虑到模型系统中，即图 11-3 中的蓄水后 C、N、P 储量"转移"。上述时间范围内库区人类活动将可能向水库排放 C、N、P 等并导致水库与大气的 CO_2、CH_4 交换通量发生改变，故在模型中应通过敏感性分析、不确定性分析等方法予以确认其他人类活动对水库温室气体通量的贡献量。

① 因综合考虑了 C、N、P 的迁移转化过程，本框架也适用于 N_2O 的模拟与预测。

2)未建库状态下的基线子系统:确定基线状态下CO_2、CH_4通量

基线状态系统包括:蓄水前温室气体通量及C、N、P储量的监测、预测或估算,未建库状态下河流碳迁移转化导致的CO_2、CH_4释放预测。模型时间、空间边界与蓄水后相同,反映受筑坝蓄水直接影响的时间和空间范围。其中,空间边界特别指在前述上游、下游边界范围内受筑坝蓄水直接影响的陆域和水域。

在该系统中,蓄水前温室气体通量模块包括受水库淹没直接影响的淹没陆域和水域的温室气体通量状态。该状态应被监测或通过反演方法获得该区域与大气间CO_2、CH_4的交换通量。此外,还应获得蓄水前受水库淹没直接影响的陆地与水域内的C、N、P储量,以作为前述蓄水后系统的初始条件。

未建库河道C、N、P迁移转化的模块,反映了在库区人类活动下C、N、P输入负荷对未建库河道C、N、P迁移转化的影响,该部分影响最终将变成未建库河道水-气界面CO_2、CH_4的通量变化。

前述两部分通量变化构成了基线状态下水库温室气体净通量建模系统的CO_2、CH_4基线通量。

3)库区人类活动下C、N、P输入负荷现状及预测(简称"库区陆源负荷子系统")

该部分是库区(严格意义上指上游水库回水区末端、下游受影响河段出口两个控制断面间所有流域范围)人类生产生活排放入库的C、N、P输入负荷,应通过污染负荷统计调查予以确定,并进一步通过人口密度变化、社会经济发展等情况开展预测。

该部分是其他人类活动对水库温室气体通量贡献的最主要组成部分,但其变化过程涉及社会经济发展的总体趋势,属社会经济系统的建模范畴,故不太可能建立纯粹机理模型,可通过经验模型予以预测。

4)水库上游人类活动C、N、P输入负荷现状及预测(简称"上游陆源负荷子系统")

水库上游区域各种人类活动产生的C、N、P均将汇集到水库入库断面,随流进入水库。在从水库上游陆域汇集并经由河道输送到入库断面之前,将可能出现C、N、P的降解和迁移转化过程,该部分产汇过程不作为水库温室气体建模系统考虑范畴。而仅考虑到达入库控制断面的C、N、P输入负荷作为前述模型系统的边界条件。因此,对入库控制断面C、N、P输入负荷的预测,通常采用经验模型予以获取。

尽管如此,由于入库断面C、N、P输入负荷与水库上游流域人类生产生活

密切相关，故该部分建模过程中，可考虑水库上游流域人类生产生活作为特定参量加入其预测模型中。

5)区域大气环境中 CO_2、CH_4 浓度长期趋势预测(简称"大气浓度子系统")

本部分通过预测 CO_2、CH_4 浓度长期趋势(例如全球气候模式等)，时间尺度同前述，服务于对不同界面(水－气界面、土－气界面等)温室气体通量的计算。

6)基于流域水文模型和水库运行规程的水文、水动力条件模拟与预测(简称"水文水动力子系统")

本部分为前述全部模型系统提供重要的物理背景和驱动基础。其中，水文模型用于模拟预测入库、出库流量，同时适用于水库子系统和基线子系统。水动力模块用于分别模拟水库子系统和基线子系统各自物理背景下的水动力特征，并用于预测 C、N、P 在上述两个子系统的迁移转化过程。

在上述基本框架下，为准确模拟、预测蓄水后同大气 CO_2、CH_4 的交换通量，以及基线状态下该区域同大气 CO_2、CH_4 的交换通量，本研究认为，限于中国西南地区河道型水库的独特性，纯粹的经验性模型可能并不适用，故原则上，应建立面向碳的生物地球化学过程的机理模型预测水库温室气体净通量，保证模型具有足够的精度和预测能力。但对局部预测，并不太可能具备建立机理模型的条件，可根据长时间历史数据序列分析，建立经验预测模型进行辅助描述。

同 IEA 技术导则(第 Ⅱ 卷)相比，上述建模框架继续沿用并严格执行了 IPCC、IEA 技术导则等对水库温室气体净通量的概念和定义。结合中国西南峡谷河道型水库的特殊性，进行了以下两个方面的技术性调整：

1)关于其他人类活动对水库温室气体通量的贡献量

考虑到其他人类活动对水库温室气体通量的贡献量难以估算，故本建模思路着重强调了其他人类活动将影响陆源 C、N、P 输入负荷，并最终影响水库 CO_2、CH_4 的产汇。同 IEA 技术导则强调的"通过水动力＋水质耦合模型，模拟运行计算人类活动对水库温室气体释放的贡献量"在整体思路上一致，但细节是本建模思路并不刻意强调将本部分计算成一个独立的温室气体通量，而仅将其融入未建坝状态下河道 C、N、P 迁移转化的虚拟状态中，形成一个"基线通量"值。

本研究认为，基线状态是由蓄水前温室气体通量的定常状态(常量)和其他人类活动对水库温室气体通量的贡献量(变量)两部分组成(图 11-2)。而其他人类活动对水库温室气体通量的贡献量，是通过 C、N、P 向水库(主要是水体)输入导致的温室气体通量变化量。故理论上应虚拟未建坝的河道状态作为该部分输入负荷产生温室气体通量变化的载体，并进行温室气体通量的估算。而上述思考并未体现在 IEA 技术导则中。

　　2)关于建模空间边界和水库上游流域的处理

　　IEA 技术导则均将水库以上全部流域作为考虑范围，通过水库上游流域（更准确的应该是大坝控制断面以上）人类活动相关数据，获得水库上游流域人类活动对水库 C、N、P 输入的影响，并计算相关的温室气体通量值。但是，IEA 技术导则并未考虑梯级水库对碳迁移转化和温室气体通量的影响，而对于上游流域内存在其他水库的情况也未进行更深入的描述。

　　中国西南地区河道型水库具有典型的河流梯级开发特征，水库上游流域人类生产生活所产生的 C、N、P 输入负荷并不一定单纯地传递到所关注的下游水库中，而可能在沿河流传递过程中受到多级水库拦截而发生显著改变。故将水库上游流域全部囊括到水库温室气体净通量建模可能并不现实。

　　故本研究中，设置了水库上游控制断面，将陆源输入的 C、N、P 输入负荷区分为两部分：上游流域输入负荷和库区内的输入负荷。其中，上游流域输入负荷跟随水文过程最终归并到上游入库控制断面输入负荷计算中；而库区内输入负荷，则认为直接排放入水库水体。

11.3　实施技术路径

11.3.1　水库（河流）碳迁移转化的概念性模型

　　水库碳迁移转化的概念性模型（ResCa-1；图 11-4），在传统以 C、N、P 生物地球化学过程为基础的富营养化模型基础上，结合中国西南河道型水库调度运行的实际情况，围绕蓄水后水库各系统水－气界面的 CO_2、CH_4 产汇机制和通量变化，以机理模型为基础，实现水库各种路径 CO_2、CH_4 源汇变化的模拟预测。这些路径包括：水－气界面（扩散、气泡）、过坝下泄消气、库岸带（消落带裸露期间）土－气界面与库岸带植被同大气间的 CO_2、CH_4 交换。

　　模型考虑的空间边界条件为：

　　(1)上游控制断面：干流上游回水区末端（如三峡水库：永川朱沱）。

　　(2)下游控制断面：邻近大坝的下游水文站（如三峡水库：宜昌水文站）。

　　(3)高程边界：水库最高水位线，含消落带（如三峡水库：175m 高程）。

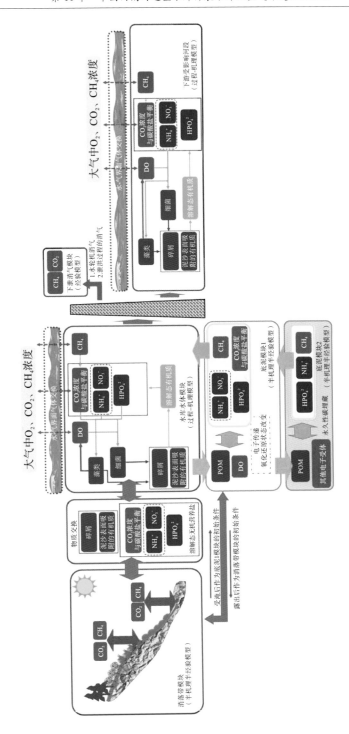

图 11-4　水库碳循环与温室气体源汇概念性模型

为确保严格意义上物质守恒，并实现对过程描述和模块化设计，采用以下建模思路：

(1)将整个模型拆解成五大模块和三个控制边界的计算单元(图 11-4)。模型模拟的五大模块包括：①水库水体模块(Water column module)；②水库底泥模块(Reservoir sediment module)；③库岸带模块(Reservoir riparian module)；④过坝下泄模块(Degassing module)；⑤下游受影响河道模块(Downstream reach module)。模型控制边界的三个计算单元包括：①水－气界面气体交换计算单元(Air-water gas transfer unit)，用于计算水－气界面间 CO_2、CH_4、O_2 等气体交换；②库区人类活动输入的 C、N、P 负荷(Anthropogenic nutrient loads in reservoir region)；③上游流域输入的 C、N、P 负荷(Nutrients loads from reservoir upstream)。系统组成和基本模块见图 11-4，图中未显示库区人类活动 C、N、P 输入，上游流域 C、N、P 输入两个模块。

(2)每个模块应首先根据其物理背景和动力条件，考虑选择合适的建模维度，通过模型概化，构建描述物质迁移、传质和扩散的物理方程。如对水质模块而言，其基本方程为(李哲等，2015)

$$\frac{\partial c}{\partial t} = \underbrace{-u\frac{\partial c}{\partial x} - v\frac{\partial c}{\partial y} - w\frac{\partial c}{\partial z}}_{\text{随流输移}} + \underbrace{\frac{\partial}{\partial x}(\varepsilon_x\frac{\partial c}{\partial x}) + \frac{\partial}{\partial y}(\varepsilon_y\frac{\partial c}{\partial y}) + \frac{\partial}{\partial z}(\varepsilon_z\frac{\partial c}{\partial z})}_{\text{扩散/弥散过程}} + \underbrace{r(c,p)}_{\text{生物化学转化过程}}$$

式中，c——所描述的 n 个水质组分的 n 维向量；

　　　u、v、w——水流在纵向、横向、垂向上的速度场；

　　　ε_x、ε_y、ε_z——水体物质在纵向、横向、垂向上的扩散系数；

　　　$r(c,p)$——水体中水质组分生化转化过程的转化速率。

在上述总方程基础上，对水库的不同水动力单元，概化为与 EPA-WASP 模型相类似的，不同 CSTR 反应器串联而成的反应单元，描述物质迁移、传质与扩散过程(图 11-5)。

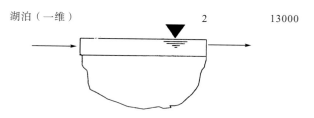

湖泊（一维）　　　　　　　　　　2　　　　　　13000

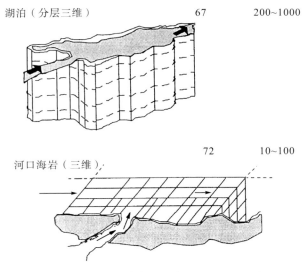

图 11-5 　WASP 网格划分方法示意（Ambrose et al.，1988）

（3）在每个模块中，所有状态变量均设置为含有 C、N、O、N、P 五种元素的化学物质，不同状态变量间的差异在于元素组成的差异。每个模块中，以"反应物-产物-过程"为基础，构建物质迁移转化的化学反应方程，表达生物化学反应过程。

（4）ResCa-1 应根据水库、河流的水文水动力条件与现场研究情况，选择关键的碳迁移转化的生物化学反应过程，有区别地描述不同河段。

11.3.2 　水库温室气体净通量建模的实施技术路径

在上述概念性模型基础上，总体技术路径见图 11-6，涉及项目背景信息收集、水库边界条件确定、基线状态边界条件确定、概念性模型（ResCa-1）构建、模型计算预测、水库温室气体净通量计算等 7 个基本步骤。

总体上，采用"一套模型平台，两种模拟方案"的技术策略，即在概念性模型（ResCa-1）基础上，针对水库的不同状态（蓄水后水库＋下游受影响河段、蓄水前天然河流状态），分别选择模型模拟维度，并根据不同状态下碳循环的关键生物化学转化过程选择合适的模型模块、状态变量和生物化学过程，对不同状态下的碳循环与碳通量进行模拟。针对蓄水前的天然河流状态，建模工作要点见 11.3.4 节。

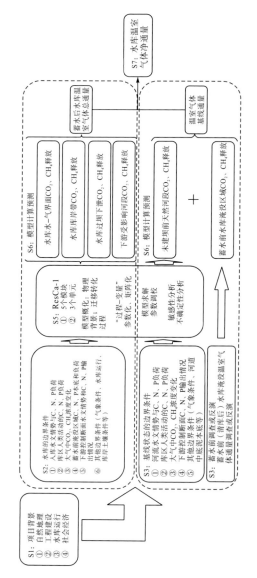

图 11-6 水库温室气体净通量实施技术路线图

11.3.3 蓄水前调查或反演的技术路径

蓄水前调查或反演的目的有两个方面：①作为基线状态的一部分，确定水库蓄水前温室气体源汇情况；②作为边界条件的一部分，确定水库淹没区域 C、N、P 的蓄水前负荷和本底情况。对上述两部分工作开展的技术路径见图 11-7。

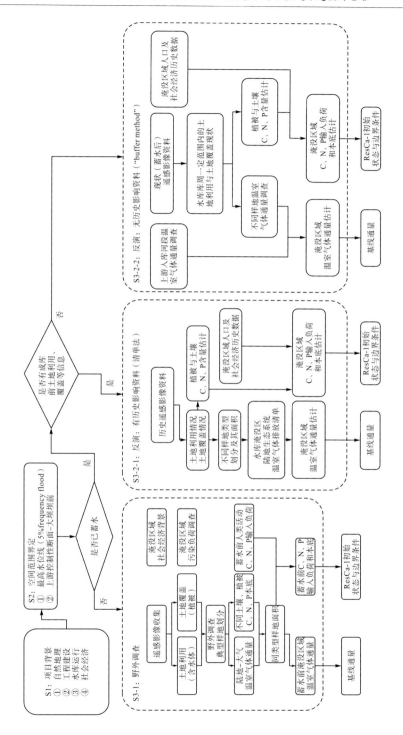

图 11-7　蓄水前温室气体源汇情况调查技术路线

其中，对已蓄水且含有历史遥感影像资料的情况，建议采用"清单法"进行反演。对已蓄水且没有任何历史资料的情况，可采用"缓冲带方法"（Buffer method）（图 11-8），在已建水库库周设置一定缓冲带（数百米至数公里），认为其同水库成库前土地利用、覆盖等背景信息具有高度相似性，在此基础上结合淹没区域范围的情况进行反演。

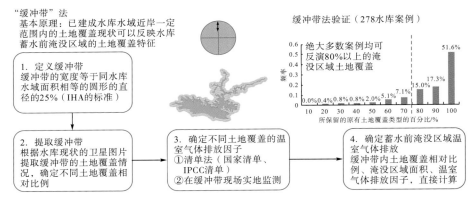

图 11-8　　"缓冲带"法使用步骤与验证

但值得注意的是，"缓冲带"取决于卫星遥感影像资料像元的精确性确定，在技术上，当像元精度较低时（例如一个像元涵盖多个土地覆盖条件），或受到水库地形限制（如陡峭峡谷），"缓冲带"法的使用将受到限制。因此，对中国西南峡谷型水库，"缓冲带"法适用性还有待实践检验。

11.3.4　蓄水前天然河段"虚拟"状态的基线通量建模要点

未建库条件下的天然河段，是开展水库温室气体净通量研究中所设置的虚拟状态，其目的是为了预测随人类活动导致 C、N、P 输入负荷变化和未建坝情况下的河流－大气间温室气体的源汇情况。采用前述的概念性模型对未建库条件下天然河道虚拟状态的基线通量分析，要点如下：

（1）根据图 11-6，对未建库条件下天然河道虚拟状态的基线通量建模，空间边界应涵盖上游入库控制断面至下游出库控制断面。

（2）因设置虚拟条件为天然河道，故在图 11-6 的概念性模型中不考虑过坝下泄、库岸带等模块。

（3）在 ResCa-1 的概念性模型中，可采用水库水体模块、底泥模块和三个计算单元，对未建库条件下天然河段的 CO_2、CH_4 温室气体通量进行模拟预测。但由于水库碳迁移转化与河流碳迁移转化存在显著不同，故建模中概化思路、状态变量与建模选择应与基于水库的 ResCa-1 有一定区别。实际建模中可在 ResCa-1 上面通过设置"开关函数"，启闭某些过程。例如：若确定河流流速较快，可以不考虑藻类光合作用的过程等。

(4) ResCa-1 在未建库天然河道中建模，各状态变量的初始条件与基于水库的 ResCa-1 模型相同。但因其为虚拟状态，并不太可能采用同期监测数据进行模型验证、参数调校等工作。鉴于此，建议在建立未建库天然河道 ResCa-1 模型中，采用水库上游某天然河段或大坝下游特定河段对模型进行模型验证与参数调校工作。

11.3.5　下游受影响河段范围的辨识

水库下游受影响河段，通常因过坝下泄水体携带大量 CO_2、CH_4，而呈现出水-气界面 CO_2、CH_4 显著释放特征。

尽管过坝下泄对下游水库水-气界面的碳通量存在影响，但因下游水库水文水动力条件复杂，过坝下泄对下游水库碳通量影响的时空范围难以界定，辨识过坝下泄对下游水库碳循环影响程度、明确水电碳足迹评估边界、阐释梯级开发的累积效应等仍存在巨大障碍。对南美一些水库的研究认为过坝下泄对下游水-气界面通量的影响可达 $30\sim60km$，但在梯级水库中因受下游水库顶托作用，过坝下泄对下游水库影响的时空范围仍十分模糊。

对下游碳通量变化影响的空间边界的主要判别标准：

(1) 水-气界面 CO_2、CH_4 释放碳来源主要为下游水库水体，且过坝下泄水体导致的水-气界面 CO_2、CH_4 释放已趋于平衡。

(2) 表层水体中 $\delta^{13}C\text{-DIC}$、$\delta^{13}C\text{-POC}$、$\delta^{18}O\text{-H}_2O$ 来自于上游水库下泄，且变化已趋于稳定。

(3) 断面水体理化指标(DO、pH、水温等)沿程无明显变化趋势，趋于稳定。

但在实际研究中，水库碳迁移转化的下游控制断面通常在未开展足够且细致研究的情况下便被人为设定。另外，在梯级水库中，上下游水库联动情况下，下游受影响范围将可能因为下游另一个梯级水库的存在而更加模糊。故应开展更仔细的研究，界定下游受影响河段的空间范围以支撑对水库温室气体净通量的评估研究。

第12章 展　　望

12.1　加强水库(河流)碳循环基础研究

在全球变化的大背景下，关于筑坝蓄水的碳循环变异机理、许多关键过程及其调控机制依然不明晰。这在很大程度上影响了对水库温室气体源汇的客观、科学认识，也阻碍了水库碳循环与温室气体净通量的建模评价工作。特别是在中国西南河道型水库开展水库温室气体净通量研究中，可能存在的问题有以下几个方面：

1. 尺度效应

水库碳循环与温室气体源汇的研究与建模评估，从监测、机理研究到建模分析，将涉及不同的时间和空间尺度。如何科学识别来自不同途径、不同时空尺度的环境信息，归纳总结出对水库碳循环与温室气体源汇有价值的客观信息，依然是该领域研究中亟待优化完善的方面。

2. 过程的敏感性

水库碳循环与温室气体源汇机制，涉及诸多生物地球化学过程。受到水库生态系统时空异质性的影响，不同时间和空间范围内，调控水库碳循环并最终影响水库温室气体源汇的生物地球化学过程和机制是存在显著差异的。辨识并确定上述生物地球化学过程对水库温室气体源汇影响的敏感程度，对水库温室气体建模的状态变量与过程选择，具有十分重要的意义。

3. 梯级水库(群)对碳循环的影响

"首尾相连"的梯级水库(群)，因下游水库水文水动力条件受到上游水库下泄的影响，也与下游水库运行密切关联，其碳循环与温室气体源汇机制与过程的影响仍需进一步探明。

12.2　完善水库温室气体净通量的不确定性分析

　　任何模型均是建立在对现实模型简化的基础上，故任何模拟或预测结果便不可避免地存在不确定性。产生模拟或预测结果的不确定性，包括野外观测试验设计、生成初始假设、选择和评估模型的结构、参数估计、模型检查与调校、预测与误差传递等诸多环节，大致可划分为模型初始状态的不确定性、模型调校的不确定性、模型预测的不确定性三个方面(图 12-1)。

　　在水库温室气体净通量建模中开展不确定性分析，不仅是为了判别模型对真实情况模拟预测结果的优劣程度，明确水库温室气体净通量真实值最可能存在的范围，也将为指导水库碳循环与温室气体通量监测研究工作、优化建模技术等提供重要的原理性指导。

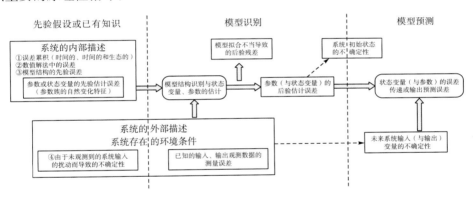

图 12-1　模型不确定性分析的基本框架(Beck，1987)

12.3　逐步推进水库碳管理实践

　　水库温室气体净通量建模，不仅局限于对筑坝蓄水对河流碳循环影响的评估。作为人类活动的重要方面，能否通过有效的水库设计与管理实践，实现水库温室气体的"减源增汇"。减缓筑坝蓄水对全球变化的影响，将是未来水库碳循环与温室气体源汇研究中的重要方面。水库碳管理实践，可能的方向有以下几个：

1.　优化大坝选址与工程设计

　　筑坝蓄水导致的土地利用改变是导致温室气体源汇发生变化的重要方面。故在大坝选址与工程设计中，减少水库淹没区面积，或开展有效的清库工作，将对减缓蓄水后温室气体释放通量的增加，具有重要意义。

2. 优化水库运行与管理

根据水库服务功能（如防洪、发电、灌溉等）的不同，不同水库将具有特定的运行模式，通过调节水位库容变化，改变水文径流过程。在不影响水库服务功能的前提下，能否通过优化水文过程调节实现水库温室气体的"减源增汇"值得探索。

3. 强化水库及其上游陆域环境管理

水库温室气体源汇改变，不仅受到筑坝蓄水过程本身的影响，也与其他人类活动的贡献密切相关。因中国人口密度整体较高，陆域人类活动强度较大，其他人类活动对水库温室气体源汇改变的影响是不可忽略的。控制库区及其上游流域点源、面源污染输入，是实现水库温室气体"减源增汇"的重要途径。

参 考 文 献

《中国电力百科全书》编辑委员会，2001. 中国电力百科全书·水力发电卷. 北京：中国电力出版社.

刘宁，2004. 21世纪中国水坝安全管理、退役与建设的若干问题. 中国水利，(23)：27-30.

王明杰，方一平，陈国阶，2009. 水能资源投入对国民经济增长贡献率的定量研究. 水电能源科学，27(2)：142-145.

Ambrose R B，Wool T A，Connolly J P，et al，1987. WASP4，a Hydrodynamic and Water Quality Model-Model Theory，User's Manual，and Programmer's Guide. Qualidade Da Água，

Beck M B，1987. Water quality modeling：A review of the analysis of uncertainty. Water Resources Research，23(8)：1393-1442.

Ciais P，2013. Carbon and other biogeochemical cycles-Final draft underlying scientific-technical assessment. IPCC Secrectariat，Geneva.

Cole J J，Prairie Y T，Caraco N F，et al，2007. Plumbing the Global Carbon Cycle：Integrating Inland Waters into the Terrestrial Carbon Budget. Ecosystems，10(1)：172-185.

Kumar A，Schei T，Ahenkorah A，et al，2011. Hydropower//Edenhofer O，Pichs-Madruga R，Sokona Y，et al. IPCC Special Report on Renewable Energy Sources and Climate Change Mitigation. Cambridge：Cambridge University Press.

St Louis V L，Kelly C A，Duchemin E，et al，2000. Reservoir surfaces as sources of greenhouse gases to the atmosphere：A global estimate. Bioscience，50(9)：766-775.

李哲，李翀，陈永柏，等，2015. 国际水协会河流水质模型1号(RWQM1)述评. 水资源保护，(6)：86-93.

SketchUP

草图绘制 从新手到高手

第2版

李季 刘聪 姜彬 / 编著

清華大学出版社

北京

内 容 简 介

本书为SketchUP 2023案例教程，以课堂实录的形式全面讲解了SketchUP 2023的各项功能及使用方法。全书共10章，循序渐进地介绍了SketchUP 2023的基础知识，以及基本绘图工具、辅助设计工具、绘图管理工具、SketchUP常用插件、材质与贴图、渲染与输出的方法、创建基本建筑模型等内容，最后通过客厅与餐厅、小区景观设计两个综合实例，综合演练前面所学的知识。

本书提供了多媒体教学资源，内容极其丰富，包含本书所有实例所使用的素材和源文件，以及高清教学视频，犹如专业老师手把手教你，可以大幅提升学习兴趣和效率。

本书可作为相关院校的教材，也可作为广大SketchUP 2023用户的自学和参考用书。

图书在版编目（CIP）数据

SketchUP草图绘制从新手到高手 / 李季，刘聪，姜彬编著. -- 2版. -- 北京：清华大学出版社，2024.2

（从新手到高手）

ISBN 978-7-302-65651-7

Ⅰ.①S… Ⅱ.①李… ②刘… ③姜… Ⅲ.①建筑设计—计算机辅助设计—应用软件 Ⅳ.①TU201.4

中国国家版本馆CIP数据核字(2024)第036546号

责任编辑：陈绿春
封面设计：潘国文
责任校对：胡伟民
责任印制：刘海龙

出版发行：清华大学出版社

网　　址：https://www.tup.com.cn，https://www.wqxuetang.com
地　　址：北京清华大学学研大厦A座　　邮　　编：100084
社 总 机：010-83470000　　　　　　邮　　购：010-62786544
投稿与读者服务：010-62776969，c-service@tup.tsinghua.edu.cn
质量反馈：010-62772015，zhiliang@tup.tsinghua.edu.cn

印 装 者：涿州汇美亿浓印刷有限公司
经　　销：全国新华书店
开　　本：188mm×260mm　　印　张：19　　字　数：620千字
版　　次：2022年1月第1版　2024年4月第2版　　印　次：2024年4月第1次印刷
定　　价：108.00元

产品编号：096757-01

前　言

    SketchUP 是一款直接面向设计环节的三维软件，区别于其他追求模型造型与渲染表现真实度的三维软件，SketchUP 更多关注于设计，软件的应用方法类似现实中的铅笔绘画。SketchUP 可以让使用者非常容易地在三维空间中画出尺寸精确的图形，并能够快速生成 3D 模型。因此，通过短期的学习，即可熟练掌握该软件的使用方法，并在设计工作中发掘出该软件的无限潜力。

本书特色

    与同类书相比，本书具有以下特点。

    1. 完善的知识体系

    本书从 SketchUP 2023 的基础知识讲起，从简单到复杂，循序渐进地介绍了 SketchUP 2023 的基础知识，以及基本绘图工具、辅助设计工具、绘图管理工具、SketchUP 常用插件、材质与贴图、渲染与输出的方法等内容，最后针对各行业的需求，详细讲解了 SketchUP 2023 在室内、景观设计行业的应用案例。

    2. 丰富的经典案例

    书中所有案例针对初、中级用户量身定做。针对每个环节所学的知识点，将经典案例穿插其中，与知识点相辅相成。

    3. 实时的知识点提醒

    将 SketchUP 2023 绘图的技巧和注意事项贯穿全书，使读者在实际应用中更加得心应手。

    4. 实用的行业案例

    书中每个案例都取材于实际工作，具有典型性和实用性，涉及室内设计、景观设计，使广大读者在学习软件的同时，能够了解相关行业的绘图特点和规律，从而积累实际工作经验。

    5. 教学视频

    全书配备了高清教学视频，清晰、直观的讲解方式，使学习更有趣，更有效率。

特别说明

    本书绘图模板采用的单位为毫米。模型的长、宽、高，偏移、复制模型的距离，辅助线的创建等，都以毫米为单位。无论是否在文中标注单位，均以毫米为单位。

本书内容

    本书共 10 章，主要内容如下。

    第 1 章　初识 SketchUP 2023：介绍了 SketchUP 2023 软件的特色、软件的应用领域、工作界面等。

    第 2 章　SketchUP 基本绘图工具：介绍了 SketchUP 的绘图工具、编辑工具，使读者掌握软件最常用的建模方法，并快速上手软件；实体工具、沙箱工具，使读者进一步掌握 SketchUP

建模方法。

第 3 章 SketchUP 辅助设计工具：介绍了选择和编辑工具（如选择工具、制作组件、擦除工具等）、建筑施工工具（如卷尺工具、尺寸标注和文字标注工具、量角器工具等）、相机工具（如环绕观察工具、平移工具、缩放工具等）、截面工具（如创建截面、编辑截面）、视图工具、样式工具（如线框显示模式、隐藏线模式、材质贴图模式等）。

第 4 章 SketchUP 绘图管理工具：介绍了样式设置、标记设置、雾化和柔化边线设置、SketchUP 群组工具、SketchUP 组件工具等。

第 5 章 SketchUP 常用插件：介绍了 SUAPP 插件的安装方法、SUAPP 插件基本工具（如镜像物体、生成面域、拉线成面）。

第 6 章 SketchUP 材质与贴图：介绍了 SketchUP 填充材质、色彩取样器、材质透明度、贴图坐标等。

第 7 章 SketchUP 渲染与输出：介绍了 V-Ray 模型渲染，SketchUP 导入导出功能等，方便在实际工作中使用。

第 8 章 创建基本建筑模型：主要通过介绍一些常用的模型组件建立的方法，如建立景观廊架、小木屋、岗亭、游乐设施等模型，使读者具备初步的软件应用能力。

第 9、10 章均为综合实例，深入讲解了 SketchUP 在室内设计、景观设计行业的应用和建模技巧，达到学以致用的目的。

本书作者及配套资源

本书由吉林动画学院设计与产品学院的李季、刘聪、姜彬编著。由于编者水平有限，书中疏漏之处在所难免。在感谢您选择本书的同时，也希望您能够把对本书的意见和建议告诉我们。联系邮箱：chenlch@tup.tsinghua.edu.cn。

本书的配套资源包括配套素材及视频教学文件，请扫描下面的二维码进行下载，如果有技术性问题，请扫描下面的技术支持二维码，联系相关人员进行解决。如果在配套资源下载过程中碰到问题，请联系陈老师，联系邮箱：chenlch@tup.tsinghua.edu.cn。

配套资源

技术支持

编者

2024 年 1 月

目 录

第1章
初识SketchUP 2023

在本章中，先来大致了解一下 SketchUP 的诞生和发展、相对于其他软件的优势和劣势，及其在各行业的应用情况，同时讲解 SketchUP 2023 新增功能及工作界面，并学习管理与应用 SketchUP 的方法。

1.1 SketchUP 概述

1.1.1 关于 SketchUP

SketchUP 是一款极受大家欢迎并易于使用的 3D 设计软件，官方网站将它比喻为电子设计中"铅笔"。该软件的开发公司 @Last Software 成立于 2000 年，规模虽小却以 SketchUP 而闻名。为了增强 Google Earth 的功能，让使用者可以利用 SketchUP 创建 3D 模型并放入 Google Earth 中，使 Google Earth 所呈现的地图更具立体感，也更接近真实世界，Google 公司于 2006 年 3 月宣布收购 3D 绘图软件 SketchUP 及其开发公司 @Last Software。使用者可以通过一个名叫 Google 3D Warehouse 的网站寻找与分享各种由 SketchUP 创建的模型，如图 1-1 所示为该网站中分享的模型。

图1-1

自 Google 公司的 SketchUP 正式成为 Trimble 家族的一员之后，SketchUP 迎来了一次重大更新。

这一次更新给 SketchUP 注入了新活力，优化了其原有性能，界面、功能更易于操作，设计思想、实体表现更易于表达。

1.1.2　SketchUP 的特色

SketchUP 的界面简洁、直观，如图 1-2 所示。其命令简单、实用，避免了像其他类似软件的复杂操作缺陷，这样大幅提高了软件的工作效率。该软件易于上手，而经过一段时间的练习后，用户使用鼠标就能像拿着铅笔绘画一样灵活，可以尽情地表现创意和设计思维。

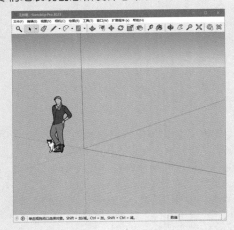

图1-2

SketchUP 直接面向设计环节，快捷直观、即时显现。该软件还提供了强大的实时显现工具，如基于视图操作的相机工具，能够从不同角度、不同显示比例浏览建筑形体和空间效果，并且这种实时处理完成后的画面，与最后渲染出来的图片完全一致，真正做到所见即所得，不用花费大量时间来等待渲染，如图 1-3 所示。

图1-3

显示风格灵活多样，可以快捷地进行风格转换及页面切换，如图 1-4 所示。这样不但摆脱了传统绘图方法的繁重与枯燥，而且能与用户进行更直接、灵活和有效的交流。

图1-4

SketchUP 材质和贴图使用更方便，如图 1-5 所示，通过调节材质编辑器中的相关参数就可以对颜色和材质进行修改。同时 SketchUP 与其他软件数据高度兼容，不仅与 AutoCAD、3ds Max、Revit 等图形处理软件共享数据成果，以弥补 SketchUP 的不足，还能完美地结合 V-Ray、Piranesi、Artlantis 等渲染器，实现丰富多样的表现效果。

图1-5

SketchUP 可以非常方便地生成各种空间分析剖切图，如图 1-6 所示。剖面不仅可以表达空间关系，更能直观、准确地反映复杂的空间结构。另外，结合页面功能还可以生成剖面动画，动态展示模型内部空间的相互关系，或者规划场景的生长动画等。

图1-6

SketchUP 光影分析非常直观、准确，通过设定某一特定城市的经度、纬度和时间，得到日照数据。另外，还可以通过此日照分析系统来评估一栋建筑的各项日照技术指标，如图 1-7 所示。

图1-7

1.1.3 SketchUP 的缺点

SketchUP 虽然在不断更新换代，但却因为软件自身存在的兼容性问题，导致出现一些不可避免的缺点。

（1）SketchUP 被称为"草图大师"，主要是因为它的随意性和灵动性，就像手握铅笔在纸上绘画，所以偏重设计构思的表现，一般在方案的初期阶段使用，对于严谨的工程制图和效果图表现方面相对较弱，需要导出图片，利用Photoshop 等专业图像处理软件进行修改。

（2）SketchUP 在曲面建模和灯光的处理方面稍显逊色，因此，当场景模型中有曲面物体时，需要在 AutoCAD 中绘制好轮廓线或剖面，再导入 SketchUP 做进一步处理。

（3）SketchUP 本身的渲染能力较弱，只能表达模型的形体和大概效果，不能真实地反映物体本身因为外界影响而产生的物理现象，如反射、折射、自发光、凸凹等，因此无法形成真实的照片级效果。最好与其他软件（如 VRay、Piranesi、Artlantis）配合使用。

1.2 SketchUP 的应用领域

SketchUP 由于其方便易学、灵活性强、功能丰富等优点，给设计师提供了一个在灵感和现实之间自由转换的空间，让设计师在设计过程中享受方案创作的乐趣。SketchUP 的种种优点使其迅速风靡全球，广泛运用于各个领域，无论是在建筑、城市规划、园林景观设计领域，还是在室内装潢、户型设计和工业品设计领域，都能看到其身影。

1.2.1 建筑设计中的 SketchUP

SketchUP 在建筑设计中的应用十分广泛，从前期现状场地构建，到建筑大概形态的确定，再到建筑造型及立面设计都能施展拳脚。SketchUP 建模系统具有"基于实体"和"数据精确"等特性，这些特性符合建筑行业的专业标准，深受使用者的喜爱，成为建筑设计师的首选软件。

目前，在实际建筑设计中，一般的设计流程是：构思→方案→确定方案→深入方案→绘制施工图纸。SketchUP 主要运用在建筑设计的方案阶段，在该阶段需要建立一个大致的模型，然后通过这个模型来推敲建筑的体量、尺度、空间划分、色彩、材质，以及某些细部构造，如图 1-8 所示。

图1-8

1.2.2 城市规划中的 SketchUP

SketchUP 在城市规划行业，以其直观、便捷的优点深受规划师的喜爱，无论是宏观的城市空间形态，还是相对较小、微观的规划设计，都能够通过 SketchUP 辅助建模及分析，大幅解放设计师的思维，提高规划编制的科学性和合理性。目前，SketchUP 广泛应用于规划设计工作的方案构思、规划互动、设计过程与规划成果表达、感性择优方案等方面，如图 1-9 所示为结合 SketchUP 构建的几个规划场景。

图1-9

1.2.3 园林景观中的 SketchUP

从一个园林景观设计师的角度来看，SketchUP 在园林景观设计中的应用与在建筑设计和室内设计中的应用不同，它以实际景观工程项目作为载体，可以直接赋予实际场景。SketchUP 的引入在一定程度上提高了设计的效率和质量，随着插件和软件的不断升级，在方案构思阶段推敲方案的功能也会越来越强大，运用 SketchUP 进行景观设计也越来越普遍，如图 1-10 所示为结合 SketchUP 创建的几个简单的园林景观模型场景。

图1-10

SketchUP 在创建地形高差等方面也可以产生非常直观的效果，而且拥有丰富的景观素材库和强大的材质贴图功能，并且 SketchUP 图纸的风格非常适合景观设计的效果表现，如图 1-11

所示为普通模式下的别墅模型效果。图 1-12 所示为混合模式下的别墅模型效果。

图1-11

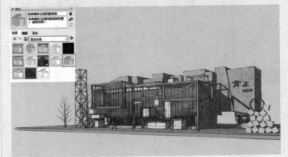

图1-12

1.2.4 室内设计中的 SketchUP

室内设计是根据建筑的使用性质、所处环境和相应标准，运用物质技术手段和建筑设计原理，创造功能合理、舒适优美、满足人们物质和精神生活需要的室内环境。这一空间环境既具有使用价值，可以满足相应的功能要求，同时也反映了历史文脉、建筑风格、环境气氛等精神因素，但有时设计的风格和理念在传统的 2D 室内设计表现中无法让业主理解，而 3ds Max 等类似的三维软件创建的室内效果图又不能灵活修改。SketchUP 作为一种全新的、高效的设计工具，能够在已知的房型图基础上快速建立三维模型，并快速添加门窗、家具、电器等物件，并且附上地板和墙面材质，启动照明，直观、快捷地向业主展现室内场景效果并表达设计师的设计理念，如图 1-13 所示为使用 SketchUP 构建的几个室内场景效果。

图1-13

1.2.5　工业设计中的 SketchUP

　　工业设计是以工学、美学、经济学为基础，对工业产品进行设计。工业设计的对象是批量生产的产品，凭借训练、技术知识、经验、视觉及心理感受，赋予产品材料、结构、构造、形态、色彩、表面加工、装饰以新的品质和规格。

　　SketchUP 在工业设计中使用也越来越普遍，如机械设计、产品设计、橱窗或展馆的展示设计等，如图 1-14 所示。

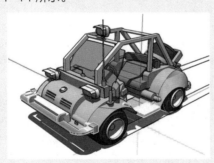

图1-14

1.2.6　动漫设计中的 SketchUP

　　从早期的二维动漫制作到二维、三维的结合

制作，再发展到三维立体式动漫，在整个动画制作发展史上，维度认知在不断更新和探索，并且被迅速应用到动漫领域。SketchUP 在多维度空间动漫场景创新中有着独特的魅力。

　　在游戏动漫的制作过程中，需要进行道具设计、场景设计、角色制作、三维动画、特效设计等，SketchUP 可以基本满足其制作要求，如图 1-15 所示。

图1-15

1.3　SketchUP 2023 欢迎界面

　　第一次启动 SketchUP 2023 时，首先出现的是如图 1-16 所示的是"欢迎使用 SketchUP"对话框，这是用户了解 SketchUP 的基本平台。"欢迎使用 SketchUP"对话框主要有"学习""许可"和"文件"三个选项，通过展开相应的选项区域可以了解和设置相关的内容或参数。

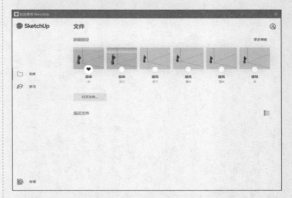

图1-16

提示：

执行"窗口"|"系统设置"命令，在弹出的

"系统设置"对话框中选择"常规"选项卡,在右侧的参数面板中取消选中"显示欢迎窗口"复选框,在下次启动SketchUP 2023时,将不再弹出"欢迎使用SketchUP"对话框。

执行"帮助"|"欢迎使用SketchUP"命令,可以弹出"欢迎使用SketchUP"对话框。

1.学习

单击"学习"按钮,在展开的选项区域中显示3个按钮,如图1-17所示。单击相应按钮,可以链接到相应的网站,了解SketchUP的相应内容。

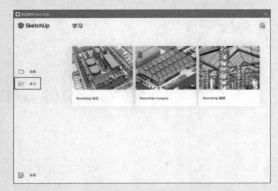

图1-17

2.许可

单击"许可"按钮,在展开的选项区域中读取到许可证相关信息,如图1-18所示。

图1-18

3.文件

在"欢迎使用SketchUP"对话框中会显示常用模板,单击"更多模板"按钮,显示更多SketchUP模板。模板之间最主要的区别在于单位的设置,此外,显示风格与颜色也会有区别。

一般情况下,将模板尺寸设定为"建筑 毫米",如图1-19所示。

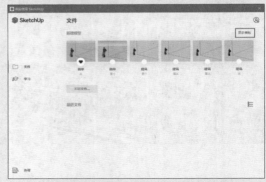

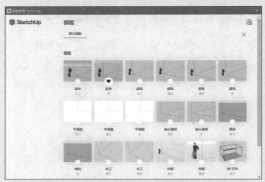

图1-19

1.4 SketchUP 2023 工作界面

在"欢迎使用SketchUP"对话框中选择并单击模板,即可进入SketchUP 2023的工作界面,如图1-20所示。该软件的默认工作界面十分简洁,主要由"标题栏""菜单栏""工具栏""绘图区""状态栏""数值输入框""窗口调整柄"7部分构成。

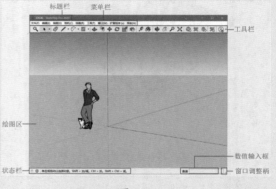

图1-20

1.4.1 标题栏

标题栏位于工作界面顶部，包括右侧的"标准窗口控制"按钮（最小化、最大化、关闭）和当前打开的文件名称。

对于未命名的文件，软件将其命名为"无标题"，如图1-21所示。

无标题 - SketchUp Pro 2023

图1-21

1.4.2 菜单栏

菜单栏位于标题栏下方，由"文件""编辑""视图""相机""绘图""工具""窗口""扩展程序"及"帮助"9个菜单项构成，单击这些菜单名称可以打开相应的菜单并执行所需的命令，如图1-22所示。

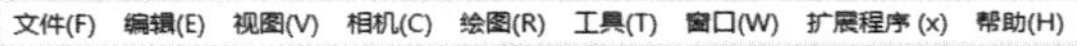

文件(F) 编辑(E) 视图(V) 相机(C) 绘图(R) 工具(T) 窗口(W) 扩展程序 (x) 帮助(H)

图1-22

※ 文件：用于管理场景中的文件，包括新建、保存、导入、导出、打印、3D模型库，以及最近打开记录等命令。

※ 编辑：用于对场景中的模型进行编辑操作，包括具体操作过程中的撤销、返回、剪切、复制、隐藏、锁定和组件编辑等命令。

※ 视图：用于控制模型的显示方式包括各种显示样式、隐藏物体、显示剖面、阴影、动画，以及工具栏选择等命令。

※ 相机：用于改变模型视角，包括视图模式、观察模式、定位相机等命令。

※ 绘图：用于绘制图形，包括直线、圆弧、形状等基本的绘图命令和沙箱工具。

※ 工具：包括对图形进行操作的常用命令，如测量和各种类型的辅助、修改工具。

※ 窗口：用于打开或关闭相应的编辑器和管理器，如基本设置、材料组件、阴影雾化、扩充工具等方面的面板。

※ 扩展程序：安装插件后，在该菜单中调用插件，如图1-23所示。

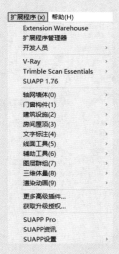

图1-23

※ 帮助：可以打开帮助文件了解软件各个部分的详细信息和使用方法。

1.4.3 工具栏

默认状态下，SketchUP 2023仅显示横向工具栏，主要为"绘图""编辑""建筑施工"等工具组按钮，如图1-24所示。

图1-24

在工具栏上右击，将弹出如图1-25所示的工具栏列表快捷菜单，可以快速调出或关闭某个工具栏，其中左侧有√标记的选项，表示该工具栏已经显示在工作界面中。

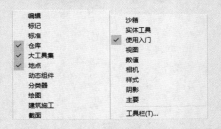

图1-25

> **技巧：**
>
> 执行"窗口"|"默认面板"|"工具向导"命令，如图1-26所示，即可打开"工具指导"面板，并在其中观看操作演示动画，方便初学者了解工具的功能和用法，如图1-27所示。

图 1-26

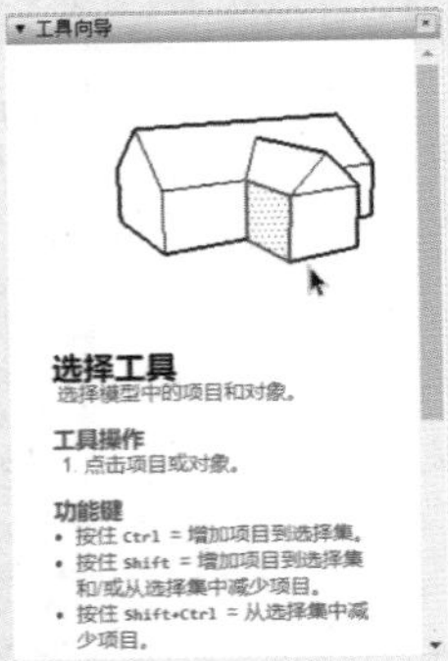

图 1-30

图 1-27

1.4.4　绘图区

　　绘图区占据了 SketchUP 工作界面的大部分空间,与 Maya、3ds Max 等大型三维软件的多视口显示方式不同,SketchUP 为了界面简洁,仅设置了单视口,通过对应的工具按钮或快捷键,可以快速进行各个视图的切换,如图 1-28~ 图 1-30 所示,有效节省系统显示的负载。而通过 SketchUP 独有的"剖面"工具,还能快速查看如图 1-31 所示的剖面效果。

图 1-31

1.4.5　状态栏

　　状态栏位于界面底部,当操作者在绘图区进行任意操作时,状态栏都会出现相应的文字提示,根据这些提示,操作者可以更准确地完成操作,如图 1-32 所示。

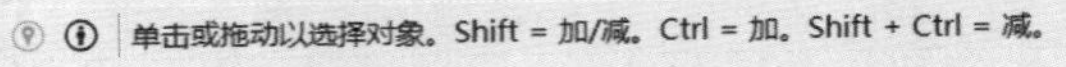

单击或拖动以选择对象。Shift = 加/减。Ctrl = 加。Shift + Ctrl = 减。

图 1-32

1.4.6　数值文本框

　　数值文本框位于界面右下方,在创建精确模型时,可以通过键盘直接在数值文本框内输入"长度""角度""份数"及"尺寸"等数值,准确地控制绘制图形的参数,如图 1-33 所示。

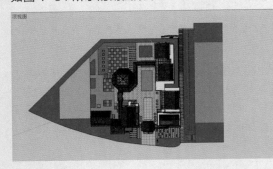

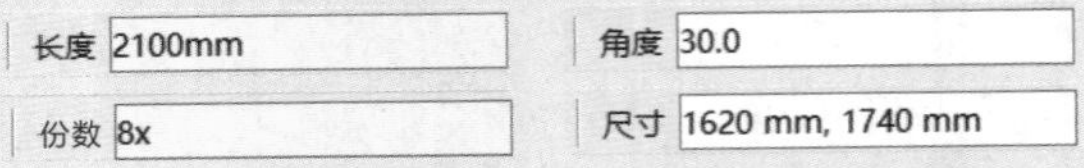

图 1-28

长度	2100mm	角度	30.0
份数	8x	尺寸	1620 mm, 1740 mm

图 1-33

1.4.7　窗口调整柄

　　窗口调整柄位于数值文本框的右下角,显示

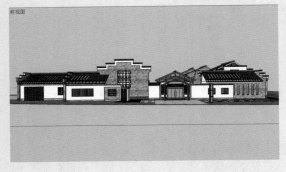

图 1-29

为一个由条纹组成的倒三角形图标 ，通过拖动窗口调整柄可以调整窗口的大小。当界面最大化显示时，窗口调整柄是隐藏的，此时只需双击标题栏将界面缩小即可看到。

1.5 优化工作界面

SketchUP 的系统属性可以为程序设置许多不同的特性。通过对 SketchUP 工作界面进行优化，可以最大限度加快系统运行速度，并提高作图效率。

1.5.1 设置系统属性

执行"窗口"|"系统设置"命令，在弹出的"SketchUP 系统设置"对话框中设置系统属性，如图 1-34 所示。该对话框左侧为选项卡列表，首先选择需要设置的选项卡，然后在对话框的右侧设置详细参数，单击"好"按钮完成设置。

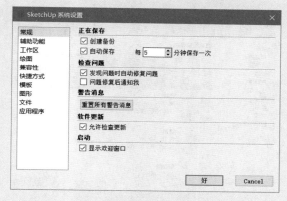

图1-34

1. 常规

"常规"选项卡主要包括文件保存、模型检查以及 SketchUP 软件更新的提示设置等，如图 1-34 所示。

提示：
若自动保存设置时间较短，频繁的自动保存会影响工作效率；若自动保存设置的时间较长，则起不到自动保存的作用。

※ 创建备份：选中该复选框后，在保存文件时会自动创建文件备份，备份文件

与保存文件在同一个文件夹中。备份文件扩展名为 .skb，若遇到意外情况导致 SketchUP 非人为关闭，则可以找到相应 .skb 文件，将其扩展名更改为 .skp，即可在 SketchUP 中将其打开。

※ 自动保存：选中该复选框后，SketchUP 可以每隔一段时间自动生成一个自动保存文件，与当前编辑文件保存于同一文件夹中，可以根据个人需要在右侧的"每 分钟保存一次"文本框中设置系统自动保存的时间间隔。

※ 检查问题：选中该选项区域中的复选框，可随时发现并及时修复模型中出现的错误，建议全部选中该选项区域中的复选框。

2. 绘图

"绘图"选项卡中的参数用于设置与鼠标操作有关的选项，主要包括"单击样式""套索方向"与"杂项"，如图 1-35 所示。

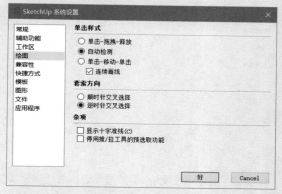

图1-35

提示：
系统默认将"单击样式"设置为"自动检测"，可以自动切换其他两种画线方式。

※ 单击样式：此选项组用于设置鼠标对单击操作的反馈。

※ 单击 - 拖曳 - 释放："线"工具的画线方式只能在一个点上按住鼠标然后拖动，再在另一个端点处释放鼠标按钮完成画线。

※ 单击 - 移动 - 单击：通过单击线段的端点

进行画线。

※ 连续画线："直线"工具会从每一个新画线段的端点开始画另一条线。若不选中该复选框，则可以自由画线。

※ 顺时针交叉选择 / 逆时针交叉选择：选中不同的单选按钮，设置在利用套索工具绘制选区选择对象时的动作。

※ 显示十字准线：可以切换跟随绘图工具的辅助坐标轴线的显示与隐藏，这有助于在三维空间中更快速地定位。

※ 停用推 / 拉工具的预选取功能：选中该复选框，可以在推拉一个实体时，从其他实体上捕捉推拉距离。

3．兼容性

"兼容性"选项卡如图 1-36 所示。

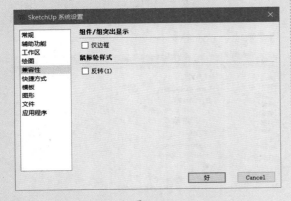

图1-36

组件 / 组突出显示：设置选择组件或组内模型时，边线是否显示。

鼠标轮样式：SketchUP 默认采用鼠标滚轮向前滚动为靠近物体，向后滚动为远离物体。选中"反转"复选框，则设置与默认操作相反。

4．快捷方式

快捷键可以为作图提供很多便利，设置快捷键后可隐藏一些工具条，从而有更大的绘图空间，所以设置好快捷键十分必要。很多时候，根据自己的作图习惯，可以设置常用的快捷键，以加快作图速度。

"快捷方式"选项卡如图 1-37 所示，首先在"功能"列表框中选择需要设置快捷键的命令，然后在右侧查看和更改快捷键。

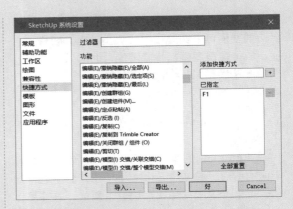

图1-37

提示：

快捷键的设置方法将在后文中详细讲解。

5．模板

"模板"选项卡用于设置 SketchUP 的默认绘制模板，一般情况下选用"建筑　单位：Millimeter"模板，如图 1-38 所示。

图1-38

提示：

也可以自定义个性化的模板。首先新建一个文件，进行绘图单位、标注样式、地理位置、风格样式等的设置，然后执行"文件"|"另存为模板"命令，在弹出的"另存为模板"对话框中设置参数，生成一个SPK文件，最后选中"设为预设模板"复选框，单击"保存"按钮，则每次启动SketchUP时都会调用自定义模板。

6．文件

"文件"选项卡可以设置各种常用项的文件

路径，直接进入设置好的文件夹中选取，便于浏览，如图 1-39 所示。若要修改路径，单击 按钮，在弹出的对话框中指定新的文件路径。

图1-39

7. 应用程序

"应用程序"选项卡用于设置默认图像编辑器，以编辑贴图等图像文件，单击右侧的"选择"按钮，选择 SketchUP 的默认图像编辑器，如图 1-40 所示。

图1-40

1.5.2 设置 SketchUP 模型信息

执行"窗口"|"模型信息"命令，在弹出的"模型信息"对话框中可对场景模型的单位、尺寸、文本等进行设置，如图 1-41 所示。

1. 尺寸

"尺寸"选项卡用于设置模型尺寸标注的文本、引线和尺寸，如图 1-42 所示。

※ 文本：单击"字体"按钮，即可进入文字编辑器，对文字的字体、样式、大小进行编辑。单击色块■，进入颜色编辑器对文字颜色进行编辑，如图 1-43 所示。

图1-41

图1-42

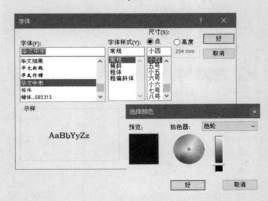

图1-43

※ 引线：用于设置尺寸标注引线的显示方式，包括无、斜线、点、闭合箭头和开放箭头 5 个选项，如图 1-44 所示。

※ 尺寸：用于设置标注的对齐方式，主要包括"对齐屏幕"和"对齐尺寸线"两种，可以根据需要选择不同的对齐方式。同时还可以对尺寸标注进行如图 1-45 所

示的高级尺寸设置。

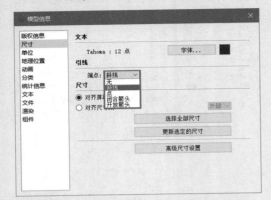

图1-44

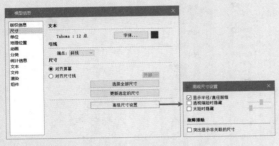

图1-45

2．单位

SketchUP 可以以不同的单位绘图，包括度量单位和角度单位，还可以设置文件默认的绘图单位及精度，如图 1-46 所示。

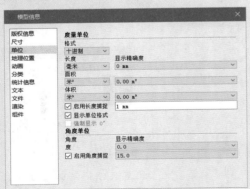

图1-46

3．地理位置

SketchUP 可以为模型设定地理位置和时区，其将提供正确的逐时太阳方位和角度，如图 1-47 所示。即使不使用建筑性能分析软件进行日照模

拟，也可以直接在 SketchUP 中简单模拟出阳光照射的状态。

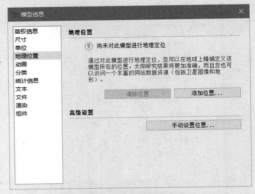

图1-47

4．动画

"动画"选项卡可设置场景切换的过渡时间和拖延时间，方便动画的调整制作，如图 1-48 所示。

图1-48

5．分类

"分类"选项卡可以根据作图的需要，选择一个分类系统加载到 IFC2×3 模型中，也可以导出 / 删除模型，如图 1-49 所示，方便操作，能快速找到所需的模型。

6．统计信息

"统计信息"选项卡用于统计当前场景中各种模型元素的名称和数量，如图 1-50 所示。

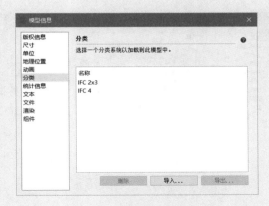

图1-49

图1-50

※ 整个模型：用于显示整体模型信息。

※ 显示嵌套组件：选中此选项，将显示组件内部信息。

※ 清理未使用项：用于清理模型中未使用的组件、材质、图层、图形等多余的模型元素，可以为模型大幅"瘦身"。

※ 修正问题：用于检测模型中出错的元素，且尽量自动修正。

7．文本

"文本"选项卡可以设置视图中的文字信息，与尺寸选项的设置十分类似，如图1-51所示，主要包括"屏幕文字""引线文字"和"引线"3个设置选项。单击"字体"按钮，进入文字编辑器，可以对文字的字体、样式、大小进行编辑。单击"字体"按钮右侧的色块■，进入颜色编辑器，可以对文字颜色进行编辑。

8．文件

"文件"选项卡主要用于管理模型文件的信息，主要包括"常规"和"对齐"选项区域。其中"常规"选项区域中可设置文件的存储位置、使用版本和文件大小，并可以在说明中加入自定义信息，如图1-52所示。

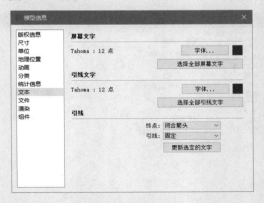

图1-51

图1-52

9．渲染

"渲染"选项卡用于消除锯齿纹理来提高系统性能和纹理质量，如图1-53所示。

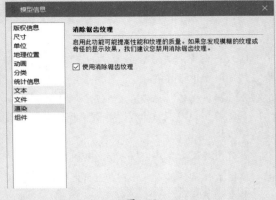

图1-53

10．组件

"组件"选项卡用于控制类似组件或其余部分的淡化效果，如图1-54示。关于组件将在后文相关章节进行详细讲解。

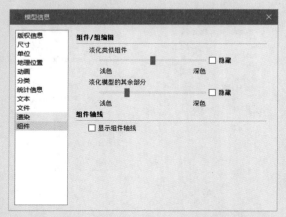

图1-54

1.5.3 设置快捷键

在以前的SketchUP版本中重装系统或重新安装SketchUP后，原来设置的快捷键将全部消失，虽然以前的SketchUP版本为此提供了快捷键的导入与导出功能，但还是比较烦琐。SketchUP 2023会自动识别用户计算机上已安装的SketchUP软件设置好的快捷键，无须重新设置快捷键。

1．添加快捷方式

这里以设置"文本"工具的快捷键为例，讲解添加快捷键的方法。

01 打开"系统设置"对话框，进入"快捷方式"选项卡。

02 在"功能"列表框中选中"工具（T）/文本（T）"选项，在"添加快捷方式"文本框中输入大写字母A，单击右侧的"添加" ➕ 按钮，如图1-55所示。

03 此时弹出提示对话框，提醒用户A已被其他命令使用，如图1-56所示，单击"否"按钮关闭对话框。

04 重新指定快捷方式，输入Y，如图1-57所示。

05 单击右侧的 ➕ 按钮，在"已指定"的文本框中出现字母Y，如图1-58所示。

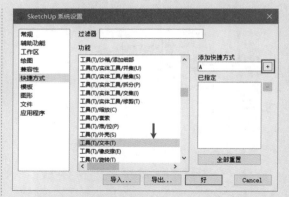

图1-55

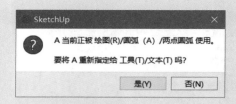

图1-56

图1-57

图1-58

06 单击"好"按钮关闭对话框，即完成"文本"工具快捷键的设置。

2．修改快捷方式

已经设置好的快捷键，可以根据需要随时更改，具体操作步骤如下。

01 在"功能"列选框中选中"工具（T）/文本（T）"选项，在"已指定"文本框中可以看到已经设置的快捷键Y，单击右侧的"删除"按钮 ·，如图1-59所示。

图1-59

02 此时"已指定"文本框中的快捷键被删除，单击"好"按钮确认删除并关闭对话框，如图1-60所示。

图1-60

03 在"添加快捷方式"文本框中输入所需的快捷方式，单击右侧的"添加"按钮 +，即可设置其他的快捷键。

3．快捷键的导入与导出

快捷键设置完成后，单击"快捷方式"选项卡中的"导出"按钮，在弹出的"输入预置"对话框中单击"选项"按钮，弹出"导入使用偏好选项"对话框，选中"快捷方式"和"文件位置"复选框，单击"好"按钮。然后指定文件名和保存路径，即可保存为一个扩展名为 .dat 的预置文件，如图1-61所示，该预置文件即包含了当前所有的快捷键设置。

图1-61

在重装 SketchUP 后，重新打开"系统设置"对话框，进入"快捷方式"选项卡，首先单击"全部重置"按钮重置快捷键，再单击"导入"按钮，选择前面保存的扩展名为 .dat 的 预置文件，单击"好"按钮即可导入。

1.6 SketchUP 2023 新增功能

SketchUP 2023 在原有版本的基础上进行了更新，本节进行简要介绍。

1.6.1 更新封面人物

在 SketchUP 2023 中更新了封面人物。此前的封面人物都是单独的一个人，2023 版本的封面人物的脚边有一只猫，如图 1-62 所示。如果觉着阻碍建模，选择人物，按 Delete 键删除即可。

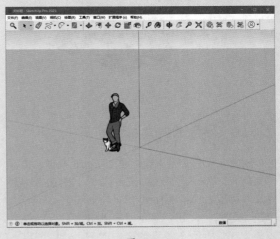

图1-62

1.6.2　镜像工具

使用"镜像"工具，可以指定方向、距离翻转对象或者创建对象副本。选择对象后，在工具栏中选择"镜像"工具 🔲，如图 1-63 所示。此时在对象上显示 3 个面，选择红色面为基准，按住 Ctrl 键向右单击拖曳，即可创建对象副本，如图 1-64 所示。选择其他面，如蓝色面或绿色面，也可以执行相同的操作。

图1-63

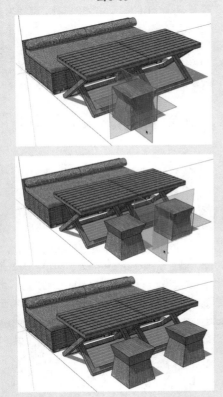

图1-64

1.6.3　导入 Revit 模型

SketchUP 2023 支持导入 Revit 模型。执行"文件"|"导入"命令，在"导入"对话框中选择文件类型为 Revit File(*.rvt)，如图 1-65 所示。单击"导入"按钮，显示"导入进度"对话框，如图 1-66 所示，即可将选中的 Revit 模型导入 SketchUP 2023。

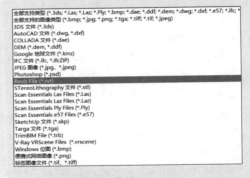

图1-65

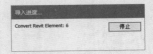

图1-66

1.6.4　覆盖面板

执行"窗口"|"默认面板"|"覆盖"命令，打开"覆盖"面板，展示已安装的插件。用户通过选择或取消选择某个插件进行建模操作。

如果尚未安装任何插件，可以单击"发现更多"按钮，如图 1-67 所示。稍等片刻后打开如图 1-68 所示的对话框，选中需要使用的插件进行下载安装即可。

图1-67

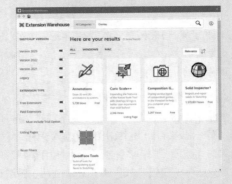

图1-68

1.6.5　更新手绘线工具

　　使用"手绘线"工具 ~~ 绘制轮廓线，按快捷键 Ctrl+−，可以减少夹点，此时轮廓线显得较为生硬，如图 1-69 所示。按快捷键 Ctrl++，可以增加夹点，使轮廓线变得更加圆滑，如图 1-70 所示。

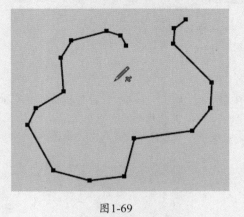 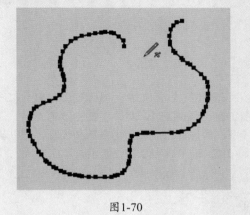

图1-69　　　　　　　　　　　　　　　　　　　图1-70

第2章
SketchUP基本绘图工具

本章介绍 SketchUP 的基本绘图工具，包括绘图工具、编辑工具、实体工具和沙箱工具。通过详细讲解这些工具的使用方法和技巧，可以掌握 SketchUP 基本模型的创建和编辑方法。

2.1 绘图工具

SketchUP 2023 的"绘图"工具栏如图2-1所示，包含"直线"工具✐、"手绘线"工具❧、"矩形"工具▤▤、"圆"工具●、"多边形"工具●和"圆弧"工具⌒⌒⌒⌒。

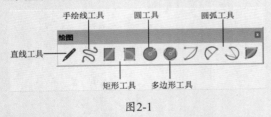

图2-1

三维建模的最重要方式就是从二维到三维，即首先使用"绘图"工具栏中的二维绘图工具绘制平面轮廓，然后通过"推/拉"等编辑工具生成三维模型。因此，绘制出精确的二维图形是建好三维模型的前提。

2.1.1 矩形工具

"矩形"工具▤主要通过指定矩形的对角点来绘制矩形表面，"旋转矩形"工具▤主要通过指定矩形的任意两条边和角度，即可绘制任意方向的矩形。单击"绘图"工具栏中的▤/▤按钮或执行"绘图"|"形状"|"矩形"|"旋转长方形"命令，均可启用该工具。

1. 通过鼠标新建矩形
通过鼠标新建矩形的具体操作步骤如下。

01 选择"矩形"工具▤，待鼠标指针变成✎时在绘图区任意处确定矩形的角点，然后拖动鼠标指针确定矩形的对角点，如图2-2所示。

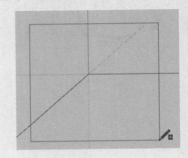

图2-2

02 确定对角点的位置后，再次单击，即可完成矩形的绘制，如图2-3所示。

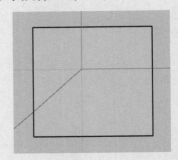

图2-3

> 提示：
> 1.在创建二维图形时，SketchUP自动将封闭的二维图形生成平面，此时可以选择并删除面，如图2-4所示。
> 2.当绘制的矩形长宽比相等时，矩形内部将出现一条虚线，此时单击即可创建长宽相等的正方形，如图2-5所示。
> 3.当绘制的矩形长宽比接近0.618的黄金分割比例时，矩形内部将出现一条虚线，此时单击即可绘制满足黄金分割比的矩形，如图2-6所示。

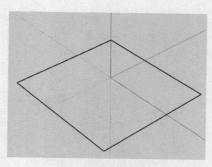

图2-4

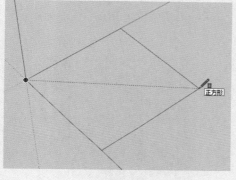

图2-5

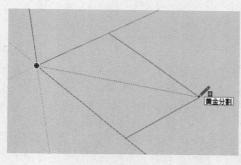

图2-6

2. 通过输入精确尺寸新建矩形

在没有提供图纸的情况下，直接拖动鼠标绘制的矩形与实际的数值有很大的差距，此时需要输入长、宽数值进行精确制图，具体的操作步骤如下。

01 选中"矩形"工具，在绘图区中任意处确定矩形的一个角点，向要绘制矩形的方向拖动鼠标，然后在"尺寸"文本框中设置矩形的长和宽数值，数值之间用逗号隔开，如图2-7所示。

02 输入长、宽数值后，按Enter键确定，即可生成准确大小的矩形，如图2-8所示。

图2-7

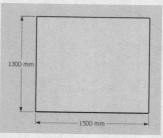

图2-8

3. 绘制任意方向上的矩形

使用"旋转矩形"工具 能在任意角度绘制离轴矩形，这样方便绘制图形，可以节省大量的绘图时间，具体的操作步骤如下。

> **提示:**
>
> 当需要绘制精确数值的矩形时，可以在"尺寸"文本框中输入数值，确定矩形的长度、宽度和角度。

01 选中"旋转矩形"工具，待鼠标指针变成 时，在绘图区单击确定矩形的第一个角点，然后拖曳鼠标指针至第二个角点，确定矩形的长度，然后将鼠标指针向任意方向移动，如图2-9所示。

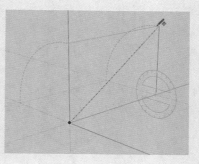

图2-9

02　找到目标点后单击，完成矩形的绘制，如图
　　2-10所示。

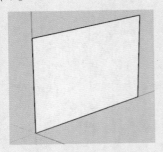

图2-10

03　重复绘制任意方向的矩形，如图2-11所示。

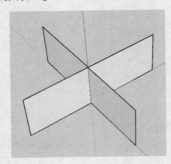

图2-11

4. 绘制空间内的矩形

　　除了可以绘制轴方向上的矩形，SketchUP
还允许直接绘制处于空间内任何平面上的矩形，
具体的操作步骤如下。

01　选中"旋转矩形"工具，待鼠标指针变成
　　时，移动鼠标指针确定矩形第一个角点在平
　　面上的投影点。

02　将鼠标指针向Z轴上方移动，按住Shift键锁定
　　轴向，确定空间内的第一个角点，如图2-12
　　所示。

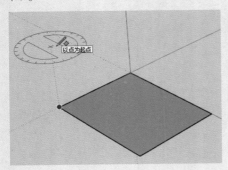

图2-12

03　确定空间内的第一个角点后，即可自由绘制
　　空间内的平面或立面矩形，如图2-13和图2-14
　　所示。

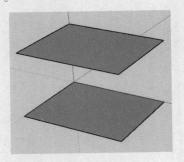

图2-13

图2-14

提示:

1.按住Shift键，不但可以锁定轴向，如果鼠标指
针放置在某个面上，并出现"在表面上"的提示
信息后，再按住Shift键，还可以将要画的点或其
他图形锁定在该表面内进行创建。

2.在绘制空间内的"矩形"时，一定要通过蓝色
轴线确定第一个角点的位置，否则只能绘制在同
一平面内的矩形，如图2-15和图2-16所示。此
外，可以在已有的面上直接绘制矩形，以进行面
的分割，如图2-17所示。

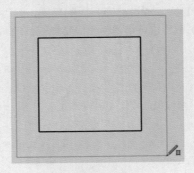

图2-15

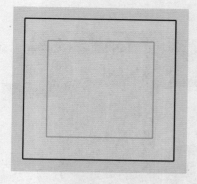

图2-16

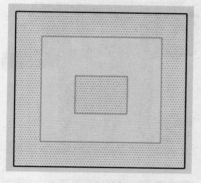

图2-17

2.1.2 实例：绘制门

　　下面通过实例介绍矩形工具绘制别墅入户门的方法，具体的操作步骤如下。

01　打开配套资源中的"第02章\2.1.2绘制门.skp"素材文件，如图2-18所示。

图2-18

02　选中"矩形"工具■，在门框底部中点处单击，确定门框外部矩形轮廓的第一个角点，并沿蓝轴方向拖动鼠标指针，在"尺寸"文

本框中输入矩形尺寸为1500mm×1975mm，如图2-19所示。

图2-19

03　绘制门框内部轮廓。分别以门框外部轮廓矩形的对角点为矩形角点，绘制尺寸为121mm×135mm、243mm×124mm的辅助矩形，如图2-20所示。

图2-20

04　连接辅助矩形两个孤立的角点，绘制门框内部的矩形轮廓，如图2-21所示。

图2-21

05　绘制左侧单扇门轮廓。以内部轮廓矩形的对角点为角点，绘制尺寸为1597mm×630mm的

01 02 03 04 05 06 07 08 09 10

矩形，并删除右侧的矩形，如图2-22所示。

图2-22

06 绘制右侧单扇门轮廓。选中"旋转矩形"工具▤，以内部轮廓矩形长度为基准，确定右侧单扇门的长度，向所需绘制单扇门的方向拖曳鼠标，如图2-23所示。

图2-23

07 在"角度，宽度"文本框中键入角度为65°，宽度为630mm，按Enter键确认，如图2-24所示。

图2-24

08 选中"推/拉"工具◆，将门框所在面向内推拉100mm，将左侧/右侧单扇门向内推进

25mm，如图2-25所示。

图2-25

09 选中"材质"工具◙，为单扇门赋予材质。利用"移动"工具✦，将门把手组件移至门框中，完成别墅门的创建，如图2-26所示。

图2-26

2.1.3 直线工具

　　在SketchUP中，线是最小的模型构成元素，因此，"直线"工具的功能十分强大，除了可以使用鼠标直接绘制，还能通过尺寸、坐标点、捕捉和追踪功能进行精确绘制。单击"绘图"工具栏中的 ✏ 按钮或执行"绘图"|"直线"|"直线"命令，均可选中"直线"工具。

1. 通过鼠标绘制直线

通过鼠标绘制直线的方法如下。

01　选中"直线"工具，当鼠标指针变成 ✏ 状时，在绘图区单击确定线段的起点，如图2-27所示。

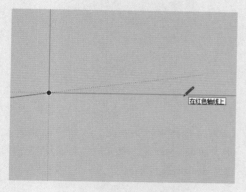

图2-27

02　沿着线段目标方向拖动鼠标，同时观察屏幕右下角"长度"文本框内的数值，确定线段的长度后再次单击，即完成线段的绘制，如图2-28所示。

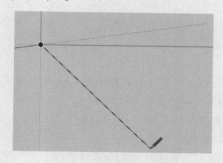

图2-28

> **提示：**
> 在绘制线段的过程中，如果尚未确定线段的终点，按Esc键可取消该次操作。如果连续绘制线段，则上一条线段的终点即为下一条线段的起

点，因此，利用连续线段功能可以绘制出任意的多边形，如图2-29～图2-31所示。

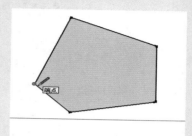

图2-29

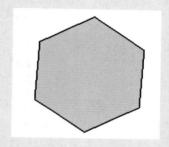

图2-30

图2-31

2. 通过输入数值绘制直线

· 输入长度

　　在实际的工作中，经常需要绘制精确长度的线段，此时可以通过输入数值的方式完成这类线段的绘制，具体的操作步骤如下。

01　选中"直线"工具，待鼠标指针变成 ✏ 时，在绘图区单击确定线段的起点，如图2-32所示。

02　拖动鼠标指针至线段目标的方向，在数值文本框中输入线段的长度，并按Enter键确定，即可绘制指定长度的线段，如图2-33和图2-34所示。

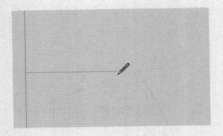

图2-32

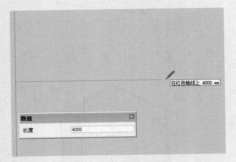

图2-33

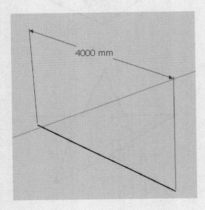

4000 mm

图2-34

● 输入三维坐标

除了输入长度，还可以通过输入线段终点的准确坐标来绘制线段。确定线段的第一端点，在数值文本框中输入另一端点的 X、Y、Z 坐标，数值用[]或<>括起，最后按 Enter 键确定生成线段。

※ 绝对坐标：格式为 [x, y, z]，以模型中坐标原点为基准，如图 2-35 所示。

长度 [500,1000,1500]

图2-35

※ 相对坐标：格式为 <x, y, z>，以线段的第一个端点为基准，如图 2-36 所示。

长度 <2000,2500,3000>

图2-36

3. 绘制空间内的直线

通常直接绘制的直线都处于 XY 平面内，下面演示绘制垂直或平行 XY 平面的线段的方法。

01 选中"直线"工具，待鼠标指针变成✐时，在绘图区单击确定线段的起点，然后在起点位置向上移动鼠标指针，此时会出现"在蓝色轴线上"的提示，如图2-37所示。

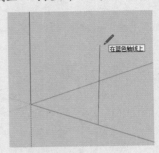

图2-37

02 找到线段终点单击确定，或者直接输入线段长度并按Enter键，即可创建垂直XY平面的线段，如图2-38所示。

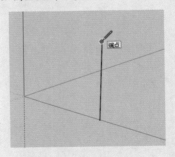

图2-38

03 继续指定下一条线段的终点，为了绘制平行XY平面的线段，必须出现"在红色轴线上"或"在绿色轴线上"的提示，如图2-39和图2-40所示。

> **提示：**
>
> 在绘制任意图形时，如果出现"在蓝色轴线上"的提示信息，则当前对象与Z轴平行；如果出现"在红色轴线上"的提示信息，则当前对象与X轴平行；如果出现"在绿色轴线上"的提示信息，则当前对象与Y轴平行。

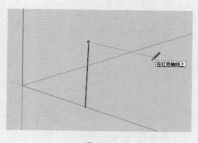

图2-39

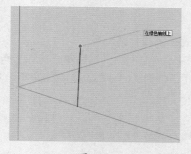

图2-40

04 根据图2-39提示操作，绘制的线段如图2-41所示；根据图2-40提示操作，绘制的线段如图2-42所示。

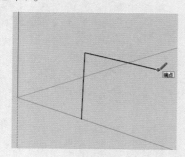

图2-41

图2-42

4. 直线的捕捉与追踪

与 AutoCAD 类似，SketchUP 也具有自动捕捉和追踪功能，并且默认为开启状态，在绘图过程中可以直接运用，以提高绘图的精度与工作效率。

在 SketchUP 中，可以自动捕捉到线条的端点和中点，如图 2-43 和图 2-44 所示。

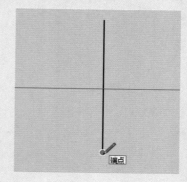

图2-43

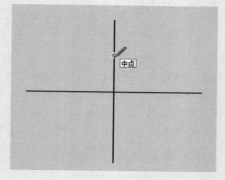

图2-44

提示：

相交线段在交点处将一分为二，此时线段中点的位置与数量会发生变化，如图2-44所示，同时也可以按照图2-45和图2-46所示进行分段删除。此外，如果一条相交线段被删除，另一条线段将恢复原状，如图2-47所示。

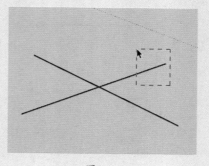

图2-45

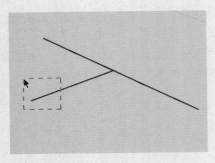

图2-46

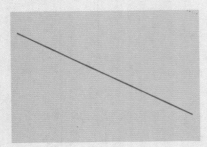

图2-47

追踪功能相当于辅助线,将鼠标指针放置到直线的中点或端点,在垂直或水平方向移动鼠标指针即可进行追踪,从而轻松绘制出长度为一半且与之平行的线段,如图2-48~图2-50所示。

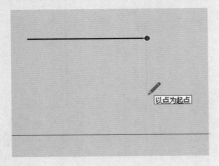

图2-48

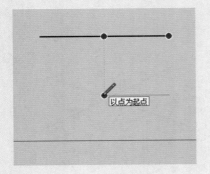

图2-49

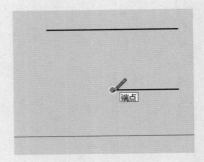

图2-50

5. 使用直线分割表面

在 SketchUP 中,直线不但可以相互分段,还可以用于模型面的分割,具体的操作步骤如下。

01 选中"直线"工具,将其置于面的边界线上,当出现"在边线上"的提示时单击,创建线段的起点,如图2-51所示。

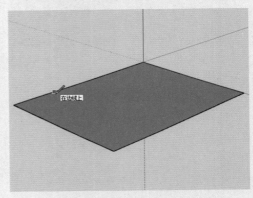

图2-51

02 将鼠标指针置于模型的另一侧边线,同样在出现"在边线上"的提示时,单击创建线段的端点,如图2-52所示。

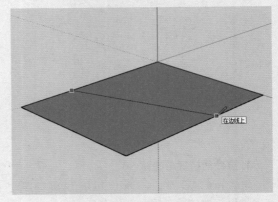

图2-52

03 此时在模型面上单击将其选中,可以发现其已经被分割成左、右两个面,如图2-53所示。

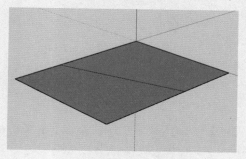

图2-53

提示:

在SketchUP中,用于分割模型面的线段为细实线,普通线段为粗实线,如图2-54所示。

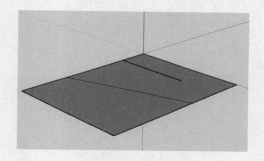

图2-54

6. 拆分线段

SketchUP可以对线段进行快捷拆分,具体的操作步骤如下。

01 选择已绘制的线段并右击,在弹出的快捷菜单中选择"拆分"选项,如图2-55所示。

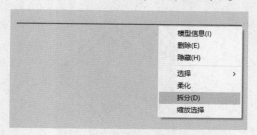

图2-55

02 向上或向下拖动鼠标指针,即可逐步增加或减少拆分线段数,或者在数值文本框中输入拆分段数,按Enter键确定,如图2-56所示。

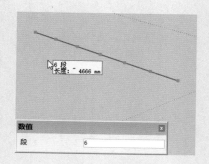

图2-56

2.1.4 实例:绘制镂空窗

下面通过实例介绍运用"直线"工具绘制景墙上的镂空窗的方法,具体的操作步骤如下。

01 打开配套资源中的"第2章\2.1.4绘制镂空窗.skp"素材文件,这是一个墙体和月亮门模型,如图2-57所示。

图2-57

02 利用"卷尺"工具 在墙面上绘制辅助线,从左至右依次在1627mm、387mm、206mm、206mm、387mm处,从上至下依次在300mm、158mm、275mm、278mm、175mm处,如图2-58所示。

图2-58

03 选中"直线"工具 ✎，依次捕捉辅助线的交
点，绘制不规则的八边形，如图2-59所示。

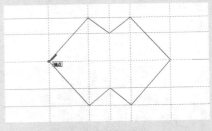

图2-59

04 执行"编辑/删除参考线"命令删除辅助线，绘制窗檐辅助线。重复使用"直线"工具，点取不规则
八边形端点后单击，并沿轴线方向拖动，在距端点45mm处单击确定线段，如图2-60所示。

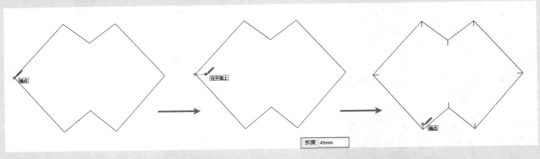

图2-60

05 绘制窗檐轮廓。选中"直线"工具 ✎，连接
窗檐辅助线的端点，并删除辅助线，如图2-61
所示。

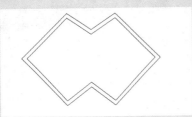

图2-61

06 采用同样的方法绘制窗户的内部轮廓，距离
为25mm，如图2-62所示。

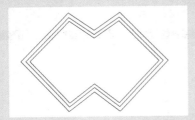

图2-62

07 选中"推/拉"工具 ♦，对镂空部分进行推空

处理，推拉出窗檐的厚度为50mm，如图2-63
所示。

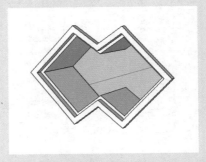

图2-63

08 采用同样的方法再绘制另一扇镂空窗，绘制
结果如图2-64所示。

SketchUP草图绘制从新手到高手（第2版）

图2-64

2.1.5 圆工具

圆作为基本图形，广泛应用于各种设计中，下面详细讲解绘制圆的方法。

1. 通过鼠标新建圆

01 单击"绘图"工具栏中的 ● 按钮，或者执行"绘图"|"形状"|"圆"命令，均可选中"圆"工具。

02 移动鼠标指针至绘图区，待鼠标指针变成 后，单击确定圆心的位置，如图2-65所示。

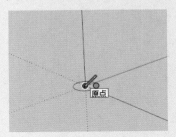

图2-65

03 拖动鼠标指针确定圆的半径，再次单击即可创建圆形平面，如图2-66和图2-67所示。

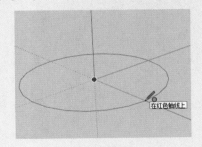

图2-66

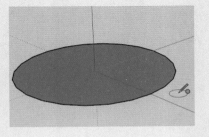

图2-67

2. 通过输入数值新建圆

01 选中"圆"工具，待鼠标指针变成 时，在绘图区单击确定圆心的位置，如图2-68所示。

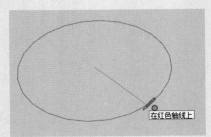

图2-68

02 直接输入"半径"数值，按Enter键即可创建精确大小的圆形平面，如图2-69和图2-70所示。

提示：

在三维软件中，圆除了"半径"这个几何特征外，还有"边数"特征。边数越大，圆越平滑，但占用的内存也越大。在SketchUP中如果要设置"边数"，可以在确定圆心后，输入ns（n为任意数值）即可，如图2-71~图2-73所示。

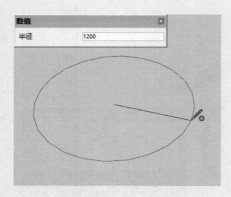

图2-69

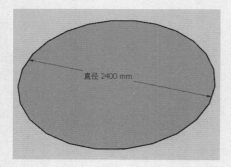

图2-70

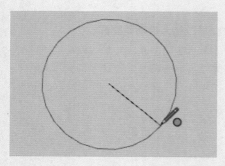

图2-71

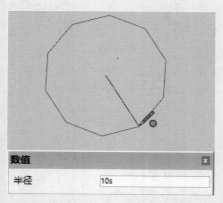

图2-72

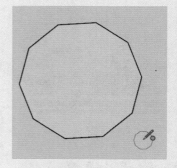

图2-73

2.1.6 弧工具

圆弧虽然只是圆的一部分，但其可以绘制更为复杂的曲线，因此，在使用与控制上也更有技巧性。单击"绘图"工具栏中的 ⟋ ⟋ ⟍ ⟍ 按钮或执行"绘图"|"圆弧"命令，均可选中圆弧工具。

1. 通过鼠标指针新建圆弧

01 选中"圆弧"工具，待鼠标指针变成 时，在绘图区单击，确定圆弧的起点，如图2-74所示。

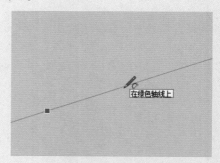

图2-74

02 拖动鼠标指针确定圆弧的弦长后单击，再向外侧移动鼠标指针绘制圆弧，如图2-75和图2-76所示。

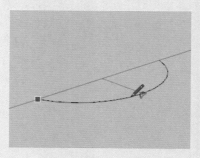

图2-75

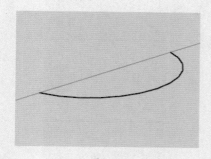

图2-76

提示：

如果要绘制半圆弧，则需要在确定弧长后，向左或右移动鼠标指针，待出现"半圆"提示时再单击确定，如图2-77~图2-79所示。

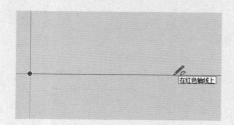

图2-77

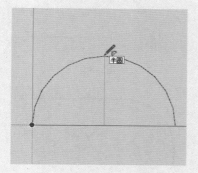

图2-78

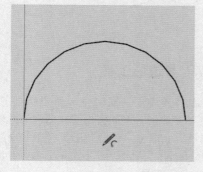

图2-79

2. 通过输入数值新建圆弧

01　选中"圆弧"工具，待鼠标指针变成 ✒ 状时，在绘图区单击确定圆弧起点，如图2-80所示。

图2-80

02　在数值文本框中输入"长度"值，按Enter键确认弦长，如图2-81所示。

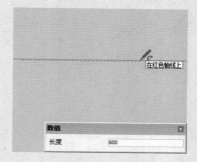

图2-81

03　移动鼠标指针确定突出方向，在数值文本框中输入数值确定"边数"，并按Enter键，如图2-82所示。

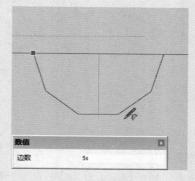

图2-82

04　输入"弧高"数值并按Enter键，然后拖动鼠标指针确定突出方向，单击后即可创建精确大小的圆弧，如图2-83和图2-84所示。

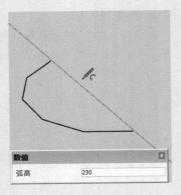

图2-83

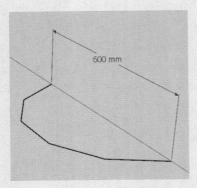

图2-84

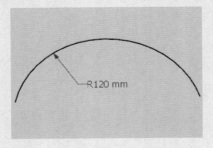

图2-85

3. 绘制相切圆弧

如果要绘制与已知图形相切的圆弧，首先需
要保证圆弧的起点位于某个图形的端点，然后移
动鼠标指针拉出凸距。当出现"顶点切线"的提
示时单击，即可创建相切圆弧，如图2-86~图
2-89所示。

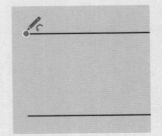

图2-86

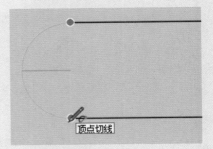

图2-87

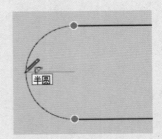

图2-88

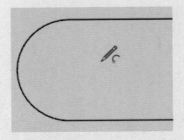

图2-89

2.1.7 多边形工具

使用"多边形"工具 ，可以绘制边数为
3~999的多边形。下面将讲解其创建的方法与边
数控制技巧。单击"绘图"工具栏中的 按钮或
执行"绘图"|"形状"|"多边形"命令，均可选
中"多边形"工具。

01 选中"多边形"工具,待鼠标指针变成 ✏ 时,在绘图区单击,以确定中心的位置,如图2-90所示。

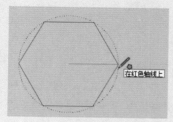

图2-90

02 移动鼠标指针确定"多边形"的切向,输入10s,并按Enter键确定多边形的边数为10,如图2-91所示。

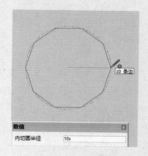

图2-91

03 输入多边形外接圆的半径值并按Enter键确定,创建精确大小的正十边形平面,如图2-92和图2-93所示。

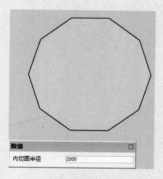

图2-92

提示:

"多边形"工具的用法与"圆"工具的用法相似,唯一的区别在于,拉伸之后利用"圆"工具绘制的图形可以自动柔化边线,而用"多边形"工具绘制的图形则不会,如图2-94所示。

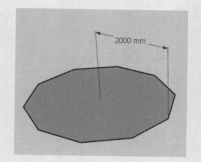

图2-93

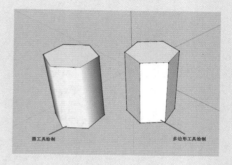

图2-94

2.1.8 手绘线工具

"手绘线"工具主要用于绘制不共面的、不规则的连续线段或特殊形状的线条和轮廓。单击"绘图"工具栏中的 ✎ 按钮或执行"绘图"|"直线"|"手绘线"命令,均可选中"手绘线"工具。

01 选中"手绘线"工具,待鼠标指针变成 ✎ 状时,在模型上单击,以确定手绘线的起点,如图2-95所示。

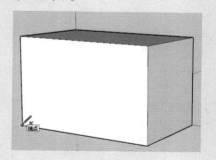

图2-95

02 按住鼠标左键并拖动进行绘制,释放鼠标左键后即绘制完一条曲线。这条手绘曲线为一整条曲线,若想进行局部修改,则需要选中曲线后右击,并在弹出的快捷菜单中选择

"分解曲线"选项，分解后再进行编辑，如图2-96所示。

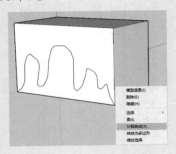

图2-96

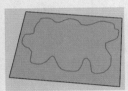 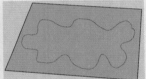

图2-97

2.2 编辑工具

"编辑"工具栏主要包含如图2-98所示的"移动""推/拉""旋转""路径跟随""缩放""镜像"和"偏移"7种工具，其中"移动""旋转""缩放""镜像"和"偏移"5种工具用于对象位置、形态的变换与复制，而"推/拉""路径跟随"两个工具则用于将二维图形转变成三维实体。

图2-98

2.2.1 推/拉工具

"推/拉"工具 是将二维平面转换为三维实体模型最常用的工具。单击"编辑"工具栏中的 按钮或执行"工具"|"推拉"命令，均可选中"推/拉"工具。

1. 推拉单面

01 选中"推/拉"工具，待鼠标指针变成 状时，将其置于将要拉伸的面并单击确定，如图2-99所示。

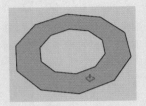

图2-99

02 拖曳鼠标指针拉伸三维实体，在数值文本框中输入精确的"距离"值，将平面进行推拉，如图2-100所示。在数值文本框中也可以输入负值，表示相反推拉。

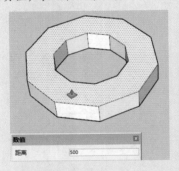

图2-100

03 在拉伸完成后，再次选中"推/拉"工具，同时按住Ctrl键，此时鼠标指针将显示为 状，可以沿底面进行多次拉伸，如图2-101所示。

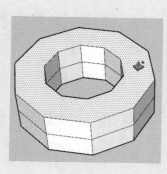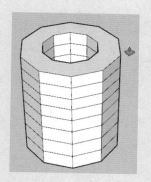

图2-101

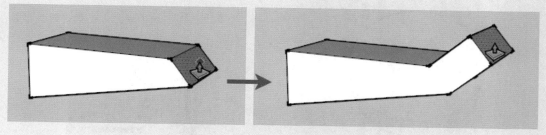

图2-102

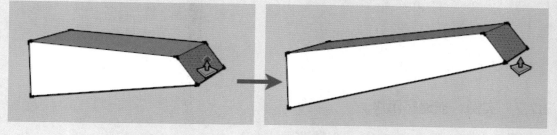

图2-103

2. 推拉分割实体面

01　选中"推/拉"工具，待鼠标指针变成⬧状时，将其置于要拉伸的模型表面，如图2-104所示。

02　向下或向上推动鼠标指针，将分别形成凹陷或凸出的效果，如图2-105和图2-106所示。如推拉表面前后平行，向下推拉时则可以将其完全挖空，如图2-107所示。

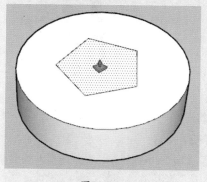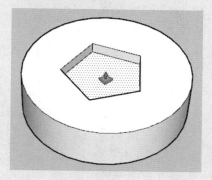

图2-104　　　　　　　　　　　　　　　　图2-105

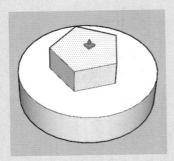

图2-106

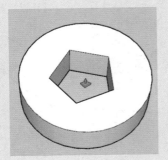

图2-107

只有在推拉前后表面互相平行时才能完全挖空。

2.2.2 实例：创建指示牌

下面通过实例介绍利用"推拉"工具创建指示牌的方法，具体的操作步骤如下。

01 选中"矩形"工具 ▤，绘制一个200mm×400mm的矩形，并利用"推/拉"工具 ♠ 推拉出5600mm，如图2-108和图2-109所示。

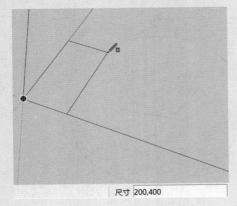

尺寸 200,400

图2-108

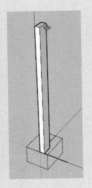

图2-109

02 选中"材质"工具 ⊘，为创建好的矩形赋予材质，效果如图2-110所示。

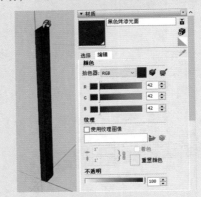

图2-110

03 选中"移动"工具 ♠，按住Ctrl键向右拖动鼠标指针，移动并复制矩形，如图2-111所示。

距离 1000

图2-111

04 选中"矩形"工具 ▤，绘制一个1950mm×15mm的矩形，双击矩形后右击，在弹出的快捷菜单中选择"创建组件"选项，将矩形转换为组件，如图2-112所示。

图2-112

05 利用"推/拉"工具◈，将矩形向右推拉出
800mm，如图2-113所示。

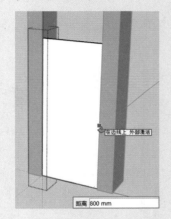

图2-113

06 选中"卷尺"工具 绘制辅助线，将鼠标指
针放置在边线上并单击，将其向上分别拖曳
20mm和130mm，如图2-114所示。

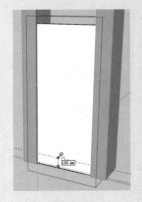

图2-114

07 选中"直线"工具 ，捕捉端点并绘制线段，
如图2-115所示。

图2-115

08 选择绘制完成的线段，选中"移动"工具◈，
按住Ctrl键向上移动并复制，距离为150mm，
份数为12x，如图2-116所示。

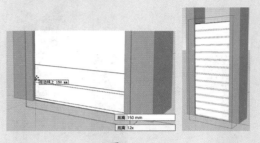

图2-116

09 选中"材质"工具 ，为创建的模型赋予材
质，参数设置及填充效果如图2-117所示。

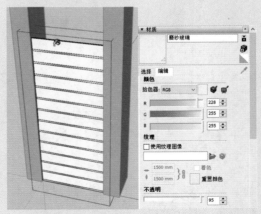

图2-117

10 选中填充材质后的模型，使用"移动"工

具 ✥ ，按住Ctrl键向内移动并复制，距离为
325mm，如图2-118所示。

11 选中"矩形"工具 ▤ ，绘制一个1370mm×
560mm的矩形，选择矩形后右击，在弹出的
快捷菜单中选择"创建组件"选项，将矩形
转换为组件，如图2-119所示。

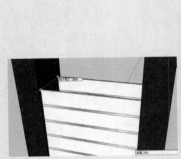

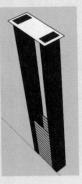

图2-118　　　　　　　　图2-119

12 选中"移动"工具 ✥ ，选择矩形向上移动，距
离为611mm，如图2-120所示。

13 选中"推/拉"工具 ✥ ，将矩形向下推拉
5530mm，如图2-121所示。

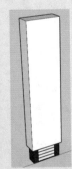

图2-120　　　　　　　　图2-121

14 选中"偏移"工具 ⫩ ，将矩形面向内偏移
30mm，如图2-122所示。

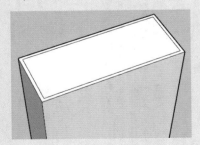

图2-122

15 利用"推/拉"工具 ✥ ，选择内矩形面并向下
推空，如图2-123所示。

16 选中"直线"工具 ✐ ，在模型表面绘制线段，
从上至下的距离依次为2000mm、50mm、
1700mm、50mm，如图2-124所示。

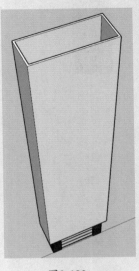
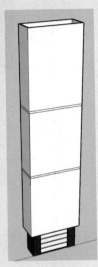

图2-123　　　　　　　　图2-124

17 利用"推/拉"工具 ✥ ，选择宽度为50mm的
面，向内推拉20mm，如图2-125所示。

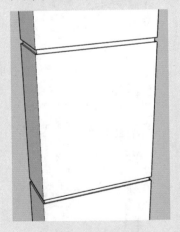

图2-125

18 选中"直线"工具 ✐ ，在模型表面绘制斜线
段，如图2-126所示。

19 利用"推/拉"工具 ✥ ，选择划分出来的斜面
并将其推空，如图2-127所示。

20 选中"直线"工具 ✐ ，绘制闭合面，并将其转
换成组件，如图2-128所示。

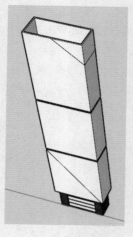

图2-126　　　　　图2-127

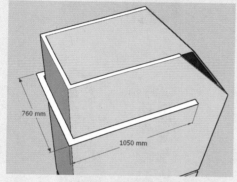

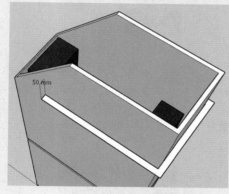

图2-128

21　双击模型面进入组件编辑模式，利用"推/拉"工具 ✛，选择面并向下推拉3600mm，如图2-129所示。

22　选中"直线"工具 ✐，绘制斜线，如图2-130所示。

23　选中"推/拉"工具 ✛，选择斜面并将其推空，如图2-131所示。

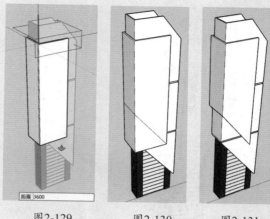

图2-129　　　　　图2-130　　　　　图2-131

24　选中"材质"工具 ⬟，为模型赋予材质，参数设置及填充效果如图2-132所示。

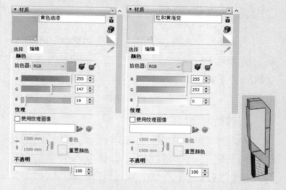

图2-132

25　执行"工具"|"3D文本"命令，在"放置三维文本"对话框中设置参数，如图2-133所示。

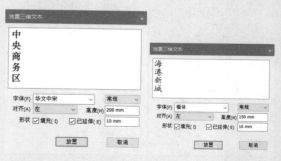

图2-133

26　单击"放置"按钮，将文字放置在模型面上，开启场景阴影，最终效果如图2-134所示。

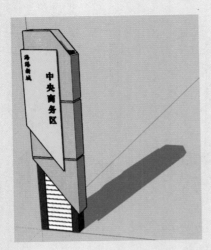

图2-134

2.2.3 移动工具

"移动"工具❖不但可以移动对象,还兼具复制、拉伸功能。单击"编辑"工具栏中的❖按钮或执行"工具"|"移动"命令,均可选中"移动"工具。

1. 移动对象

选中灯组件,如图2-135所示,然后选中移动基点,拖动鼠标指针即可在任意方向移动选中的对象,将其置于移动目标点并单击,即完成对象的移动,如图2-136所示。

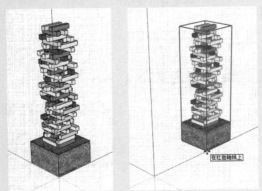

图2-135   图2-136

技巧:

如果要进行精确距离的移动,可以在确定移动方向后,直接输入精确数值,然后按Enter键确定即可。

2. 移动复制对象

移动复制对象的具体操作步骤如下。

01 选中"移动"工具❖,再选择目标对象,按住Ctrl键,待鼠标指针变成✛状时,确定移动起始点,此时拖动鼠标指针可以进行移动复制,如图2-137和图2-138所示。

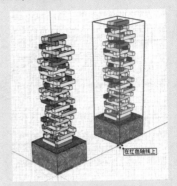

图2-137

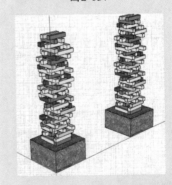

图2-138

02 如果要精确控制移动复制的距离,可以在确定移动方向后,输入精确数值,然后按Enter键确定,如图2-139和图2-140所示。

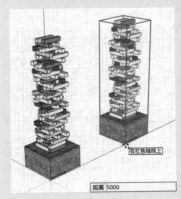

图2-139

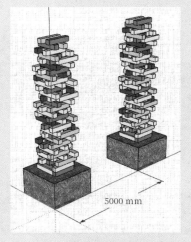

图2-140

03 如果需要以指定的距离复制多个对象，可以先输入距离数值并按Enter键确定，然后以nx或n/的格式输入数值，并按Enter键确定，即可复制对象，如图2-141~图2-144所示。

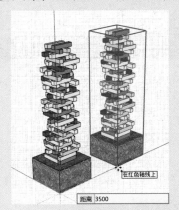

图2-141

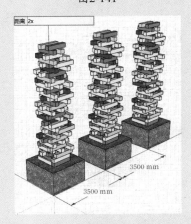

图2-142

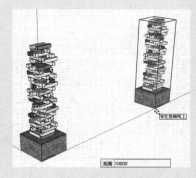

图2-143

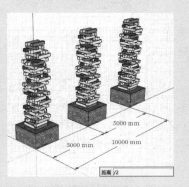

图2-144

3. 移动编辑对象

利用"移动"工具 ✧ 移动点、线、面时，几何体会产生拉伸变形，如图2-145~图2-147所示。

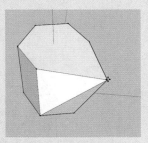

图2-145

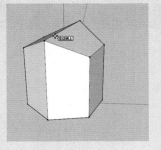

图2-146

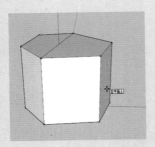

图2-147

2.2.4 实例：线性阵列复制

下面通过实例介绍利用"移动"工具进行复制线性阵列的方法，具体的操作步骤如下。

01 打开配套资源中的"第2章\2.2.4线性阵列复制.skp"素材文件，这是一个马路场景模型，如图2-148所示。用"选择"工具▸选中树模型，再选中"移动"工具✦，按住Ctrl键，向右拖动鼠标指针移动复制树模型。

图2-148

02 在数值文本框中输入复制距离值3660mm，按Enter键确定，如图2-149所示。

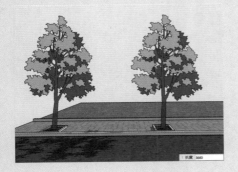

图2-149

03 在数值文本框中输入8x，按Enter键确定，绘图区将出现8个相同的树模型，如图2-150所示。

04 按住Ctrl键，向右拖动鼠标指针移动复制树模型。在数值文本框中输入复制距离值为29280mm，按Enter键确定，如图2-151所示。

图2-150

图2-151

05 在数值文本框中输入8/，按Enter键确定，源树模型与复制树模型之间将出现7个树模型，如图2-152所示。

图2-152

2.2.5 旋转工具

"旋转"工具❂用于旋转对象，同时也可以完成旋转复制。单击"编辑"工具栏中的❂按钮或执行"工具"|"旋转"命令，均可选中"旋转"工具。

1. 旋转对象

01 选择模型，再选中"旋转"工具，待鼠标指针变成◉状时，拖动鼠标指针确定旋转平面，然后在模型表面确定旋转轴心点与轴心线，如图2-153所示。

图2-153

02 拖动鼠标指针，即可旋转任意角度，为确定旋转角度，可以在数值文本框中直接输入旋转度数，按Enter键即可完成旋转，如图2-154和图2-155所示。

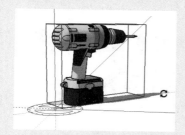

图2-154

图2-155

图2-157

图2-158

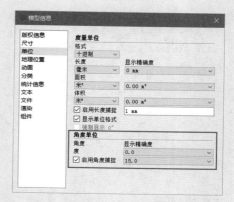

图2-159

提示：

1.启用"旋转"工具后，按住鼠标左键并向不同方向拖动，将产生不同的旋转平面，从而使目标对象产生不同的旋转效果。其中当旋转平面显示为蓝色时，对象将以Z轴为轴进行旋转，如图2-154所示;而显示为红色或绿色时，将分别以X轴或Y轴为轴进行旋转，如图2-156和图2-157。如果以其他位置作为轴则以灰色显示，如图2-158所示。2.可以对捕捉角度进行修改，执行"窗口" | "模型信息"命令，在弹出的"模型信息"对话框中设置参数，如图2-159所示，在量角器范围内移动鼠标指针，将会根据所设置的参数出现角度的捕捉。

2. 旋转部分模型

旋转部分模型的操作步骤如下。

01 选择模型对象要旋转的部分表面，然后确定旋转平面，并将轴心点与轴心线确定在分割线端点，如图2-160所示。

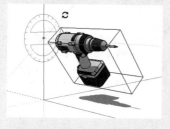

图2-156

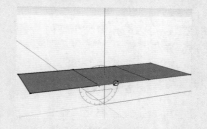

图2-160

02 拖动鼠标确定旋转方向，直接输入旋转角度，按Enter键完成一次旋转，如图2-161所示。

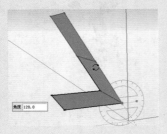

图2-161

03 选中最上方的面，重新确定轴心点与轴心线，再次输入旋转角度并按Enter键完成旋转，如图2-162所示。

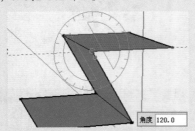

图2-162

技巧：

如果对模型的某个面进行旋转，则模型相关的面将发生扭曲，如图2-163所示。

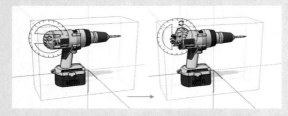

图2-163

3. 旋转复制和环形阵列

与"移动"工具 ✛ 类似，"旋转"工具 ⟲ 通过借助快捷键也可以进行复制和阵列，下面以实例的形式进行详细讲解。

2.2.6 实例：旋转复制对象

下面通过实例介绍利用"旋转"工具进行旋转复制阵列的方法，具体的操作步骤如下。

01 打开配套资源中的"第2章\2.2.6旋转复制对象.skp"素材文件，如图2-164所示，这是一个餐桌模型，为其添加座椅。

图2-164

02 选择座椅组件，选中"旋转"工具 ⟲，确定旋转轴线后，按住Ctrl键，在数值文本框中输入旋转角度值为90.0，按Enter键确定，如图2-165所示。再在数值文本框中输入份数为3x，按Enter键确定，如图2-166所示。或者选择座椅组件，再选中"旋转"工具 ⟲，确定旋转轴线后，按住Ctrl键，在数值文本框中输入旋转角度值为270.0，按Enter键确定，如图2-167所示。再在数值文本框中输入份数为3x，按Enter键确定，如图2-168所示。

图2-165

图2-166

图2-167

图2-168

2.2.7 路径跟随工具

"路径跟随"工具 ✐ 可以利用两个二维平面生成三维实体,类似3ds Max中的放样工具,在绘制不规则单体时起着非常重要的作用。单击"编辑"工具栏中的 ✐ 按钮,或者执行"工具"|"路径跟随"命令,均可选中"路径跟随"工具,具体的使用方法分别如下。

1. 面与线的应用

01 选中"跟随路径"工具,待鼠标指针变成 ✎ 状后,选中其中的二维平面,如图2-169所示。

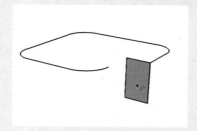

图2-169

02 将鼠标指针移至线段附近,此时在线段上就会出现一个红色捕捉点,沿线段拖动鼠标指

针直至完成操作,如图2-170和图2-171所示。

图2-170

图2-171

2. 面与面的应用

01 选中"跟随路径"工具并选中截面,如图2-172所示。

图2-172

02 待鼠标指针变成 ✎ 状后,将鼠标指针移至天花板平面图形,并跟随其捕捉一周,如图2-173所示。单击确定捕捉,最终效果如图2-174所示。

图2-173

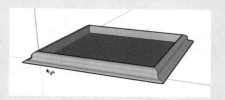

图2-174

技巧：

SketchUP并不能直接创建球体、棱锥、圆锥等几何形体，通常在面与面上应用"跟随路径"工具进行创建，其中圆锥体的创建步骤如图2-175~图2-177所示。

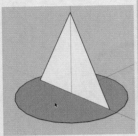 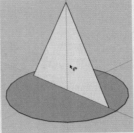

图2-175　　　　　　　　图2-176

图2-177

2. 实体上的应用

01　选中"跟随路径"工具并在实体表面上选择线段即放样路径，如图2-178所示。

图2-178

02　待鼠标指针变成 状后，选中边角轮廓，即可得到实体边角效果，如图2-179所示。

图2-179

2.2.8　实例：创建长椅

下面通过实例介绍利用"路径跟随"工具创建长椅的方法，具体的操作步骤如下。

01　打开配套资源中的"第2章\2.2.8创建长椅.skp"素材文件，如图2-180所示，这是一个创建长椅的辅助图形。

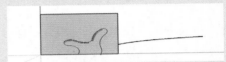

图2-180

02　绘制椅背和椅面。用"选择"工具选中放样路径，使用"路径跟随"工具，在构成椅背和椅面的矩形平面上单击，矩形面将会沿弧线路径生成如图2-181所示的模型。

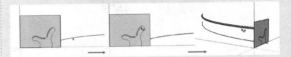

图2-181

03　重复上述操作，继续选中放样路径，椅背和椅面完成的效果如图2-182所示。

图2-182

04　绘制支腿。执行"窗口"|"默认面板"|"组件"命令，在3D模型库中选择支腿，并添加在辅助图形中，删除多余的辅助图形，如图2-183和图2-184所示。

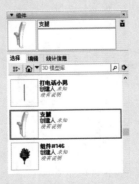

图2-183

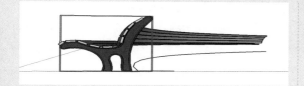

图2-184

05 选中放样路径辅助线并右击，在弹出的快捷菜单中选择"拆分"选项，并将线段拆分为6段，如图2-185所示。

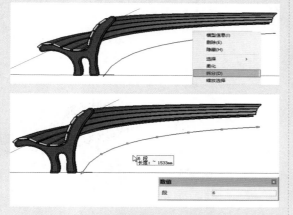

图2-185

06 选择支腿组件。选中"移动"工具❖，按住Ctrl键并拖曳鼠标，然后捕捉拆分点，确定复制支腿的位置，如图2-186所示。选中"旋转"工具✿，将支腿旋转至合适的角度，如图2-187所示。

图2-186

图2-187

07 重复上述操作，继续复制、旋转支腿，完成效果如图2-188所示。

图2-188

08 分别框选椅背、椅面和支腿，通过右击在弹出的快捷菜单中选择"创建组"选项，将其分别创建成组。选中"材质"工具❽，将其赋予材质，如图2-189所示。

图2-189

09 将创建好的长椅放置到相应的场景中，长椅完成的最终效果如图2-190所示。

图2-190

2.2.9 缩放工具

"缩放"工具▣通过夹点来调整对象的大小，可以进行X、Y、Z三个轴向的等比缩放，也可以进行任意轴向的非等比缩放。单击"编辑"工具栏中的▣按钮或执行"工具"|"缩放"命令，均可选中"缩放"工具，具体的使用方法如下。

1. 等比缩放

01 选中"缩放"工具，模型周围出现用于缩放的栅格，待鼠标指针变 ▶ 状时，选择任意一个位于顶点的栅格点，此时按住鼠标左键并拖动，即可等比缩放模型，如图2-191～图2-193所示。

维平面模型的等比缩放时，需要按住Ctrl键，方可进行等比缩放，如图2-197~图2-199所示。

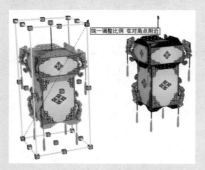

图2-191

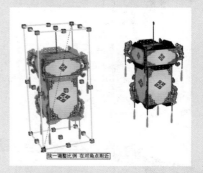

图2-194

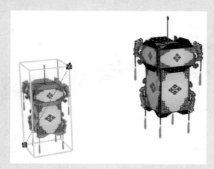

图2-192

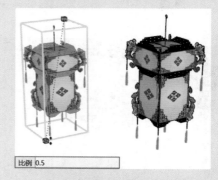

图2-195

图2-193

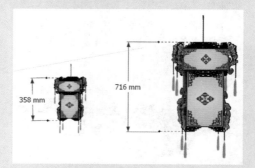

图2-196

02 除了可以直接通过鼠标操作进行缩放，在确定好缩放栅格点后，输入缩放比例，按Enter键也可以完成指定比例的缩放，如图2-194~图2-196所示。

选择缩放栅格后，按住鼠标左键向上拖动为放大模型，向下拖动则为缩小模型。此外，在进行二

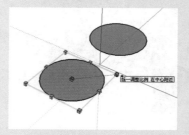

图2-197

SketchUP草图绘制从新手到高手（第2版）

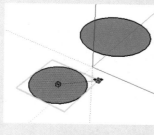

图2-198

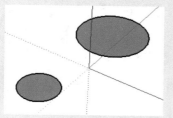

图2-199

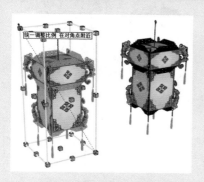

图2-200

图2-201

图2-202

2. 非等比缩放

"等比缩放"均匀改变对象的大小，其整体造型不会发生改变。通过非等比缩放操作，则可以在改变对象尺寸的同时改变其造型。

01 选择对象，选中"缩放"工具，选择位于栅格线中间的栅格点，在鼠标指针处显示提示信息，如图2-203所示。

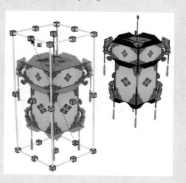

图2-203

02 确定栅格点后单击，然后拖动鼠标指针即可进行缩放，确定缩放比例后单击，即可完成缩放操作，如图2-204和图2-205所示。

图2-204

图2-205

除了"沿红、蓝轴缩放比例"的提示信息，选择
其他栅格点时还会出现"沿绿、蓝轴缩放比例"
或"沿红、绿轴缩放比例"的提示信息，出现
这些提示信息时都可以进行非等比缩放，如图
2-206和图2-207所示。此外，选择某个位于面
中心的栅格点，还可以进行X、Y、Z轴中任意
单个轴向上的非等比缩放，如图2-208所示为沿
Z轴的非等比缩放效果。

按Shift键同样可以辅助进行边线夹点缩放时的非
等比缩放。同时按住Ctrl键和Shift键，可以切换
到所有物体的等比/非等比的中心缩放。要在多
个方向进行不同的缩放，可以输入用逗号隔开
的数值，如1D、2D、3D比例模式进行非等比缩
放，如图2-209和图2-210所示。

图2-209

图2-206

图2-210

图2-207

2.2.10　镜像工具

"镜像"工具可以反转或者镜像所选的对
象。选择对象，选中"镜像"工具后显示3个平面，
以平面为基准，反转或者镜像对象。

选择柱子后单击工具栏上的按钮，此时显
示3个平面。单击选中绿色平面，按住 Ctrl 键向
右移动，并输入移动距离，按 Enter 键，镜像对
象的结果如图 2-211 所示。

图2-208

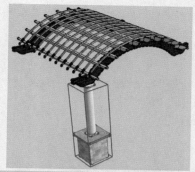

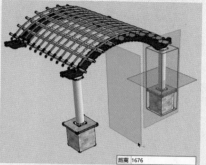

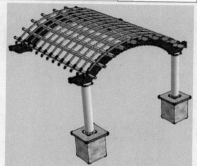

图2-211

选择两根柱子，使用"镜像"工具，选择红色平面，按住 Ctrl 键并向左拖动，输入距离后按 Enter 键，镜像结果如图 2-212 所示。

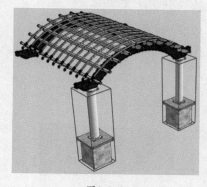

图2-212

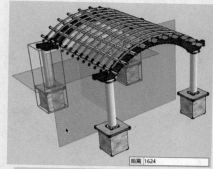

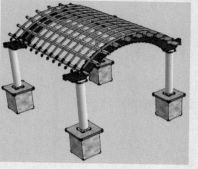

图2-212（续）

选择亭子模型，使用"镜像"工具后单击蓝色平面，亭子向下反转，按 Enter 键结束操作，如图 2-213 所示。

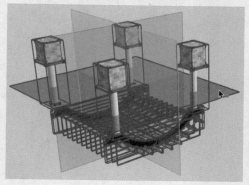

图2-213

图2-213（续）

2.2.11　实例：镜像复制门

下面通过实例介绍利用"镜像"工具复制门的方法，具体的操作步骤如下。

01　打开配套资源中的"第2章\2.2.11镜像复制门.skp"素材文件，选择中间的门组件，如图2-214所示。

图2-214

02　选中"镜像"工具 ，在门组件上显示3个面，选中红色的面，如图2-215所示。

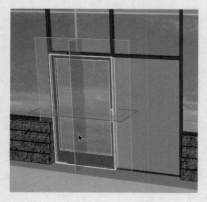

图2-215

03　按住Ctrl键，向右单击并拖动鼠标指针，在

数值文本框中输入605，指定镜像距离，如图2-216所示。

图2-216

04　按Enter键结束操作，门组件的镜像复制效果如图2-217所示。

图2-217

2.2.12　偏移工具

"偏移"工具 主要用于对表面或一组共面的线进行移动和复制。可以将表面或边线偏移复制到原表面或边线的内侧或外侧，偏移后会产生新的表面和线条。单击"编辑"工具栏中的 按钮或执行"工具"|"偏移"命令，均可选中"偏移"工具，具体的使用方法如下。

1. 面的偏移复制

01　启用"偏移"工具，待鼠标指针变成 状时，在要偏移的平面上单击，确定偏移的基点，然后向内单击并拖动鼠标指针，如图2-218和图2-219所示。

图2-218

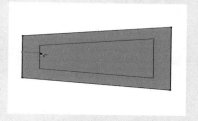

图2-219

02　确定偏移大小后，再次单击，即可完成偏移复制，如图2-220所示。

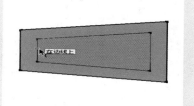

图2-220

图2-221

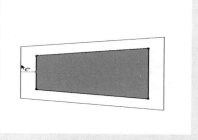

图2-222

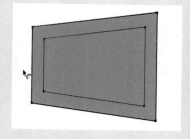

图2-223

03　如果需要精确调整偏移复制的距离，可以在平面上单击确定偏移基点后，在数值文本框中输入数值，按Enter键确认，如图2-224~图2-226所示。

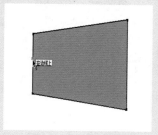

图2-224

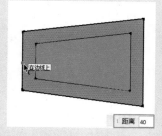

距离 40

图2-225

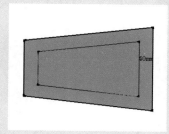

图2-226

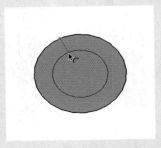

图2-227

图2-228

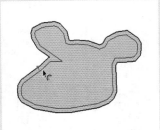

图2-229

2. 线段的偏移复制

"偏移"工具无法对单独的线段及交叉的线段进行偏移与复制，如图2-230和图2-231所示。

图2-230

而对于由多条线段组成的转折线、弧线，以及由线段与弧形组成的线形，均可以进行偏移与复制，如图2-232~图2-234所示。其具体操作方法与面的操作类似，这里不再赘述。

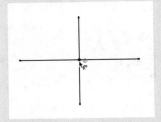

图2-231

图2-232

图2-233

图2-234

2.2.13 实例：创建储物柜

下面通过实例介绍利用"偏移"工具创建储物柜的方法，具体的操作步骤如下。

01 选中"矩形"工具▣，在平面上绘制一个3200mm×600mm的矩形，如图2-235所示，并用"推/拉"工具◆向上拉出2392mm。

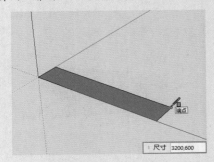

图2-235

图2-235（续）

02 划分储物柜。选中长方体的3条边线，使用
"偏移"工具 ⚏，将其向内偏移60mm，如图
2-236所示。

图2-236

03 利用"直线"工具 ✎ 细分柜子，捕捉横向线段
的中点并连接，如图2-237所示。

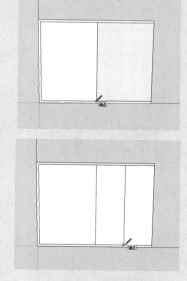

图2-237

04 丰富右侧柜子。选择分格面，使用"偏移"
工具 ⚏，将其向内偏移60mm，如图2-238所
示。双击其余分格面，执行相同距离的偏
移，如图2-239所示。

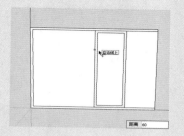

图2-238

图2-239

05 选中"卷尺"工具 ⚏，根据提供的参数绘制
辅助线，如图2-240所示。选中"直线"工具
✎ 沿辅助线绘制挂衣柜的装饰线，如图2-241
所示。

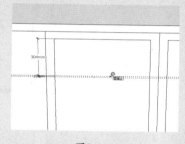

图2-240

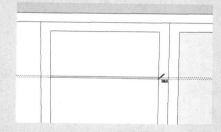

图2-241

06 选择挂衣柜装饰线，使用"移动"工具 ✥，
按住Ctrl键向下移动304mm并复制，再在数
值文本框中输入5x，按Enter键确定，然后窗
选所有装饰线，沿X轴移动复制，如图2-242
所示。

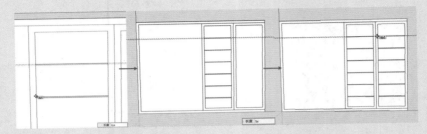

图2-242

07 运用"推/拉"工具 ◆将矩形向内推拉–20mm，双击其余矩形，进行相同距离的推拉，如图2-243
所示。

08 重复上述操作，将左侧柜向内推拉540mm，如图2-244所示。

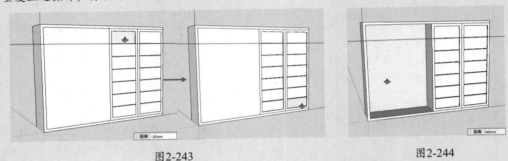

图2-243   图2-244

09 绘制抽屉柜。选中"矩形"工具▣，在平面上绘制一个900mm×930mm的矩形，如图2-245所示。

10 利用"推/拉"工具 ◆将矩形向外推拉520mm；按住Ctrl键继续向外推拉20mm，表示抽屉；将抽屉
柜向上推拉20mm。如图2-246所示。

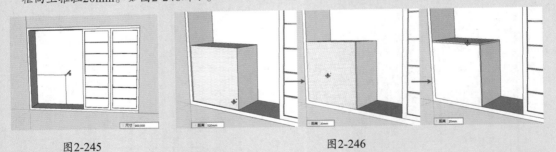

图2-245   图2-246

11 细化抽屉柜。选中"直线"工具✎，捕捉横向线的中点并连接，然后选择线段并右击，在弹出的快
捷菜单中选择"拆分"选项，将其等分为6份，并用"直线"工具✎将等分点与横向线段端点连接
在一起，如图2-247所示。

图2-247

12 绘制柜把手。选中"旋转矩形"工具，绘制一个450mm×20mm的矩形，并将其旋转45°，如图2-248所示。

图2-248

13 窗选柜把手并右击，在弹出的快捷菜单中选择"创建群组"选项，将柜把手转换为群组，如图2-249所示。

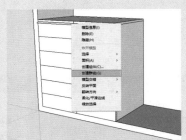

图2-249

14 双击进入组件，将柜把手向上推拉3mm，如图2-250所示。

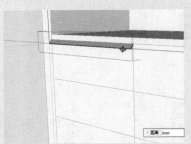

图2-250

15 选中"移动"工具，指定移动基点，按住Ctrl键沿红轴方向移动复制，移至指定基点后单击确定，如图2-251所示。

16 再次选中柜把手，利用"移动"工具，指定移动基点，按住Ctrl键沿蓝轴方向移动155mm并复制，再在数值文本框中输入5x，如图2-252所示。

图2-251

图2-252

17 细化左侧柜子。选中"卷尺"工具，根据提供的参数绘制辅助线，如图2-253所示。并用"矩形"工具，分别绘制一个60mm×1570mm、两个60mm×670mm的矩形，如图2-254所示。

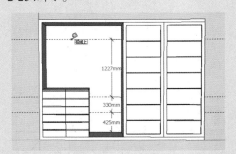

图2-253

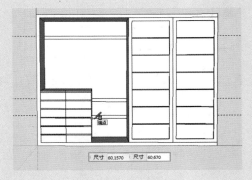

图2-254

18 选中"推/拉"工具 ✋，按住Ctrl键，将矩形
分别向外推拉520mm和460mm，如图2-255
所示。

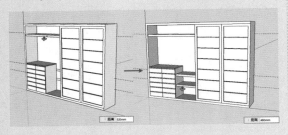

图2-255

19 绘制衣杆。运用"圆"工具 ●、"直线"工
具 ✏ 绘制放样路径，如图2-256所示。

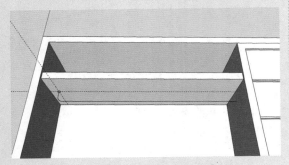

图2-256

20 利用"选择"工具选择放样路径，选中"路
径跟随"工具 🍥，在圆形平面上单击，圆形面
则将会沿弧线生成如图2-257所示的模型。

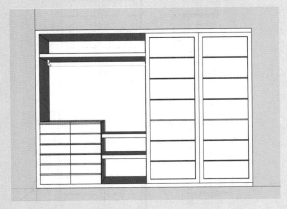

图2-257

21 选中"颜料桶"工具 🎨，为储物柜指定颜
色，并添加相关组件，最终效果如图2-258
所示。

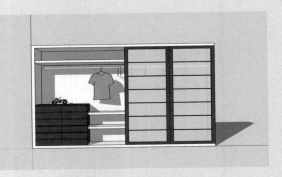

图2-258

2.3 实体工具

通过执行"视图"|"工具栏"命令，在弹出
的"工具栏"对话框中选中"实体工具"复选框，
或者在"主工具栏"上右击，在弹出的快捷菜单
中选中"实体工具"选项，均可调出实体工具栏，
如图2-259所示。

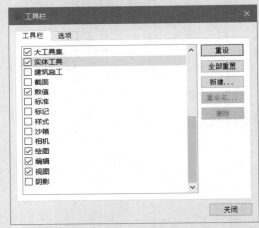

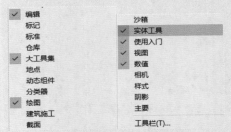

图2-259

实体工具栏从左至右，依次为"实体外壳""交
集""并集""差集""修剪"和"分割"工具，
接下来讲解每种工具的使用方法与技巧。

2.3.1　实体外壳工具

"实体外壳"工具 🔲 用于快速将多个单独的实体模型合并成一个组或组件，具体的操作步骤如下。

01　创建两个几何体，如图2-260所示。如果此时直接使用"实体外壳"工具对几何体进行编辑，将出现"不是实体"的提示，如图2-261所示。

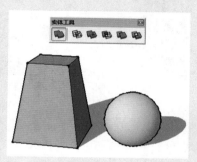

图2-260

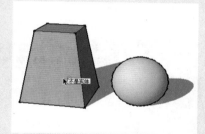

图2-261

02　分别选中两个几何体，对其执行"创建组件"命令，如图2-262所示。再次使用"实体外壳"工具 🔲 进行编辑时出现"实体组件"的提示，如图2-263所示。

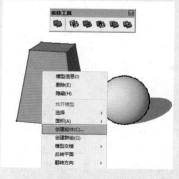

图2-262

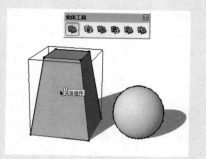

图2-263

提示：

区别于其他常用的图形软件，在SketchUP中几何体并非"实体"。在该软件中，模型只有在添加"创建组件"命令后才被认为是"实体"。

03　将鼠标移至四棱台模型表面，将出现①的提示，表明当前进行合并的"实体"数量，单击确定。

04　再单击球体模型，即可完成外壳操作，此时两个模型将合为一个组，如图2-264和图2-265所示。

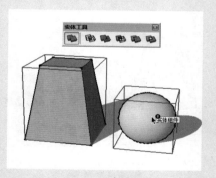

图2-264

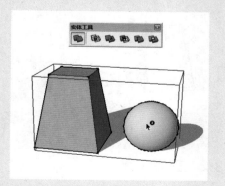

图2-265

05 双击利用"实体外壳"工具创建的组，可以进入组，对模型单独进行编辑，如图2-266所示。

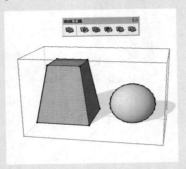

图2-266

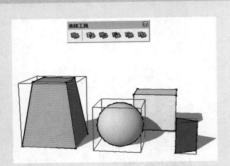

图2-267

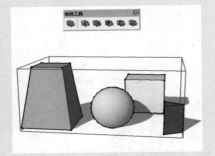

图2-268

2.3.2　交集工具

布尔运算是大多数三维图形软件都具备的功

能，其中"交集"运算可以快速获取实体间相交部分的模型，具体的操作步骤如下。

01 选择球体，将其移至与四棱台相交的位置，如图2-269所示。选中"交集"工具，并选择四棱台，如图2-270所示。

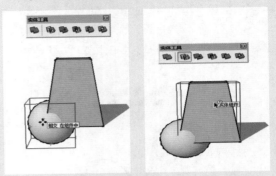

图2-269　　　　　图2-270

02 在球体上单击，如图2-271所示，即可获得两个"实体"相交部分的模型，同时之前的"实体"模型将被删除，如图2-272所示。

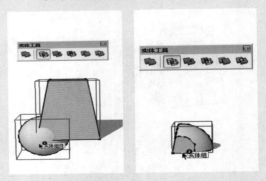

图2-271　　　　　图2-272

2.3.3　并集工具

布尔运算中的"并集"工具可以将多个"实体"合并为一个实体并保留空隙，如图2-273~图2-275所示。在SketchUP 2023中的"并集"工具与前文介绍的"实体外壳"工具的功能没有明显区别。

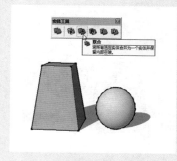

图2-273

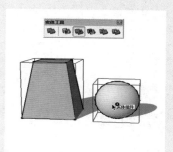

图2-274

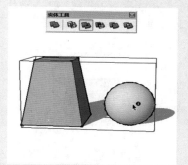

图2-275

2.3.4 差集工具

　　"差集"工具 用于将某个"实体"与其他"实体"相交的部分进行切除,具体的操作步骤如下:

01　选择球体,将其移至与四棱台相交的位置,如图2-276所示。选中"差集"工具 ,并选择外部四棱台模型,再单击球体模型,如图2-277所示。

02　"差集"运算完成后,将保留后选中的实体,而删除先选中的实体以及相关的部分,如图2-278所示。因此,同一场景在进行"差集"运算时,"实体"的选择顺序不同,将

得到不同的运算结果,如图2-279~图2-281所示。

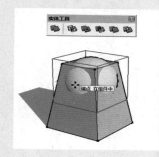

图2-276

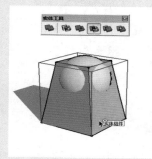

图2-277

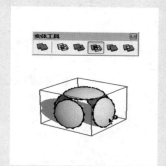

图2-278

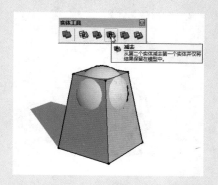

图2-279

图2-280

图2-281

2.3.5　修剪工具

在 SketchUP 中，"剪辑"工具 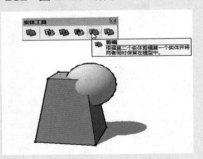 的功能类似布尔运算中的"减去"工具，但其在进行"实体"接触部分切除时，不会删除用于切除的实体，如图 2-282~ 图 2-284 所示。

图2-282

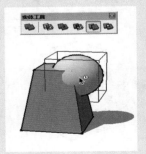

图2-283

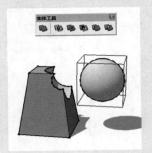

图2-284

2.3.6　分割工具

在 SketchUP 中，"分割"工具 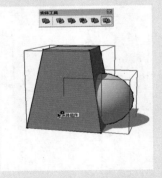 的功能类似布尔运算中的"交集"工具，但其在获得"实体"相接触的部分的同时仅删除之前"实体"之间相接触的部分，如图 2-285~ 图 2-287 所示。

图2-285

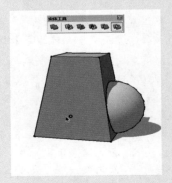

图2-286

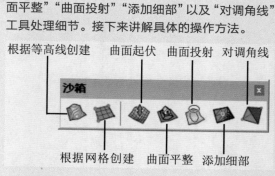

图2-287

2.4 沙箱工具

无论是城市规划、园林景观设计，还是游戏动画的场景设计，创建出一个好的地形环境都能为设计增色不少。在SketchUP中创建地形的方法有很多，包括结合AutoCAD、AracGIS等软件进行高程点数据的共享，并结合"沙箱"工具进行三维地形的创建等，其中直接利用"沙箱"工具创建地形的方法应用较为普遍。

"沙箱"工具是SketchUP内置的一个地形工具，用于制作三维地形效果，除此之外，还可以创建很多其他的物体，如膜状结构物体等。执行"视图"|"工具栏"命令，在弹出的"工具栏"对话框中选中"沙箱"复选框，即可调出"沙箱"工具栏，如图2-288所示。

图2-288

"沙箱"工具栏中的工具的各个功能如图2-289所示，其主要通过"根据等高线创建"与"根据网格创建"创建地形，然后通过"曲面起伏""曲

面平整""曲面投射""添加细部"以及"对调角线"工具处理细节。接下来讲解具体的操作方法。

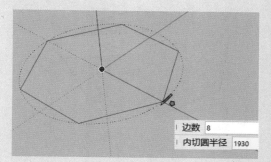

图2-289

2.4.1 根据等高线建模

等高线是一组垂直间距相等，且平行于水平面的假想面与自然地貌相交所得到的交线在平面上的投影。

等高线上的所有点的高程必须相等，等高线可以是直线、圆弧、圆、曲线等，使用"根据等高线创建"工具 可以让这些闭合或不闭合的线封闭成面，并形成坡地。

2.4.2 实例：创建伞

下面通过实例介绍利用"根据等高线创建"工具创建伞的方法，具体的操作步骤如下。

01 选中"多边形"工具 ，在数值文本框中输入多边形的边数，以原点为多边形中点，在场景中创建一个半径为1930mm的八边形，如图2-290所示。

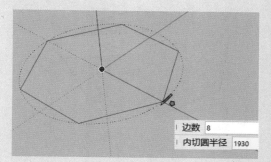

图2-290

02 选中"卷尺"工具 ，在沿蓝轴方向距八边形630mm处绘制辅助线，并用"圆"工具 绘制一个半径为25mm的圆，如图2-291所示。

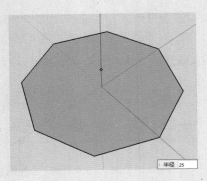

图2-291

03 选中"矩形"工具■，以圆心为矩形的第一个角点绘制一个垂直于多边形的矩形，如图2-292所示。

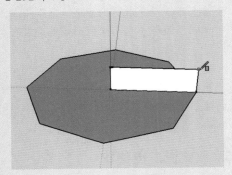

图2-292

04 选中"直线"工具 ✐，以矩形和圆外边缘线的交点为第一点，矩形对角点为第二点，在矩形上绘制直线，如图2-293所示。

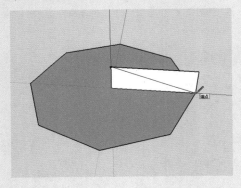

图2-293

05 删除除直线外的辅助面和辅助线，选中直线并使用"旋转"工具 ❂，按住Ctrl键旋转45°，并在数值文本框中输入8x，将圆弧按圆心旋转并复制8份。如图2-294~图2-296所示。

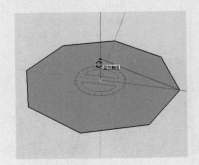

图2-294

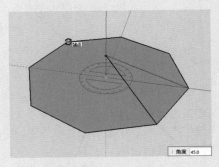

图2-295

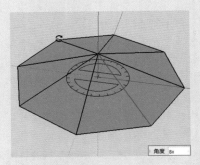

图2-296

06 删除不需要的面，保留伞的轮廓线，如图2-297和图2-298所示。

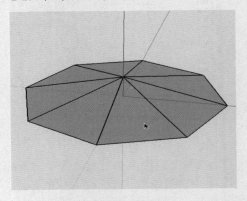

图2-297

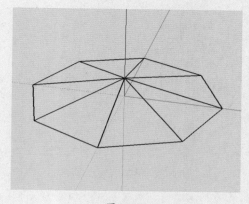

图2-298

07 框选整个伞轮廓模型，选中"根据等高线创建"工具 🗇，完成伞面的创建，如图2-299所示。

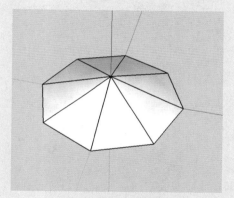

图2-299

08 为伞添加伞柄细节，选中"偏移"工具 🗇，将顶部的圆形向内偏移5mm，如图2-300所示。

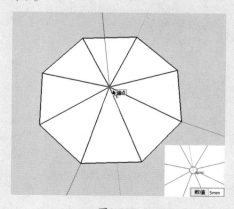

图2-300

09 选中"推/拉"工具 ♦，按住Ctrl键，将偏移后

的圆形向下推拉3100mm，向上推拉115mm，如图2-301示，再用"圆"工具 ●、"推/拉"工具 ♦、"旋转"工具 ❀ 等完成伞骨支架的创建，如图2-302所示。

图2-301

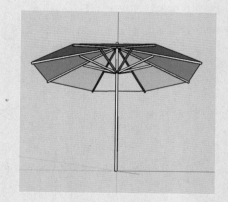

图2-302

10 选中"颜料桶"工具 🗇，为伞赋予相应的材质，如图2-303所示，伞模型创建完成。

图2-303

11 将伞放置在相应的场景中，遮阳伞最终的绘

制效果如图2-304所示。

图2-304

2.4.3 根据网格创建建模

利用"根据网格创建"工具 📐 ，可以在场景中创建网格，再将网格中的部分进行曲面拉伸。通过此工具只能创建大体的地形空间，不能精确绘制地形，具体的操作步骤如下。

01 选中"根据网格创建"工具 📐 ，在数值文本框中输入"栅格间距"值，按Enter键确定，如图2-305所示。

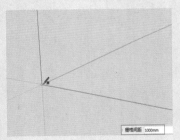

图2-305

02 在场景中确定网格的第一点后，拖动鼠标指针指定方向，移至所需长度处单击，或者在数值文本框中输入需要的长度，按Enter键确定，如图2-306所示。

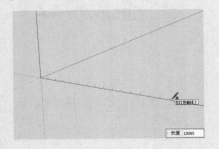

图2-306

03 再次拖动鼠标指针指定方向，利用上述方法

确定网格另一边的长度，如图2-307所示。

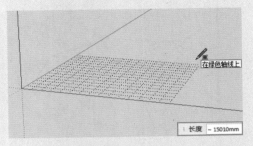

图2-307

04 生成的网格自动成组，可以双击进入并进行编辑，如图2-308所示。

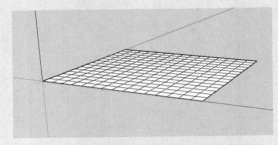

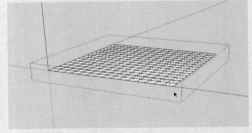

图2-308

技巧：

在输入"网格间隔"值并确定后，绘制网格时每个刻度之间的距离即为设定的间距。

2.4.4 曲面起伏

"根据网格创建"完成后，使用"沙箱"工具栏中的其他工具进行调整与修改，才能产生地形效果。下面讲解"曲面起伏"工具的具体操作步骤。

01 绘制好的"根据网格创建"默认为组，使用"沙箱"工具栏中的工具无法进行单独调整。选择模型并右击，在弹出的快捷菜单中选择"炸开模型"命令，使其变成细分的大型平面，如图2-309和图2-310所示。

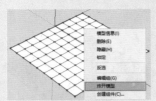

图2-309

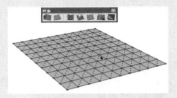

图2-310

02 选中"曲面起伏"工具 ❧ ，待鼠标指针变成
    ✥ 状时，可以自动捕捉"根据网格创建"上
    的交点，如图2-311所示。

图2-311

03 选中网格上任意一个交点，然后拖动鼠标即
    可产生地形的起伏效果，如图2-312所示。

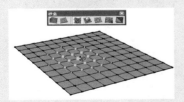

图2-312

04 确定好地形起伏效果后，再次单击（或者直
    接输入数值确定精确的高度），即可完成
    该处地形效果的制作，如图2-313和图2-314
    所示。

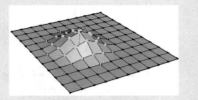

图2-313

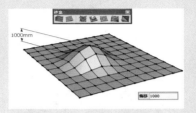

图2-314

"曲面起伏"工具是制作"根据网格创建"
地形起伏效果的主要工具，因此，通过对"根据
网格创建"的点、线、面进行不同的选择，可以
制作出丰富的地形效果。

1. 点拉伸

选中"曲面起伏"工具，选择任意一个交点
并进行拉伸，即可制作出具有明显顶点的地形起
伏效果，如图2-315和图2-316所示。

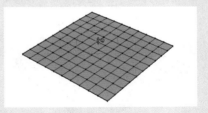

图2-315

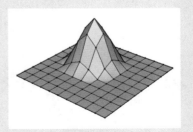

图2-316

2. 线拉伸

线拉伸的具体操作步骤如下。

01 选中"曲面起伏"工具后，选择任意一条边
    线，拖动鼠标即可制作比较平缓的地形起伏

效果，如图2-317和图2-318所示。

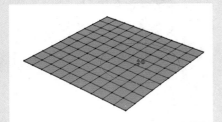

图2-317

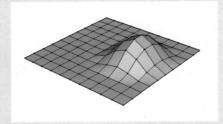

图2-318

02 如果在选中"曲面起伏"工具前，选中"根据网格创建"面上的连续边线，然后再选中"曲面起伏"工具进行拉伸，则可以得到具有山脊特征的地形起伏效果，如图2-319~图2-321所示。

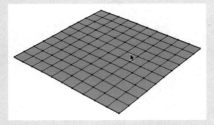

图2-319

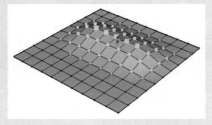

图2-320

03 如果在选中"曲面起伏"工具前，在"根据网格创建""面上选中间隔的多条边线，然后再选中"曲面起伏"工具进行拉伸，则可

以得到连绵起伏的地形效果，如图2-322~图2-324所示。

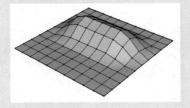

图2-321

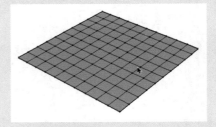

图2-322

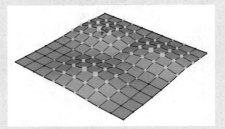

图2-323

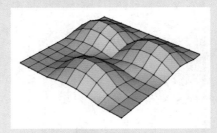

图2-324

04 执行"视图"|"隐藏物体"命令，可以将"根据网格创建"中隐藏的对角边线进行虚显，选中对角边线后选中"曲面起伏"工具进行拉伸，可以得到斜向的起伏效果，如图2-325~图2-327所示。

技巧：

使用"曲面起伏"工具制作"根据网格创建"地

形起伏效果时，线拉伸是主要手段。在制作过程中应该根据连续边线、间隔边线以及对角线的位伸特点灵活运用。

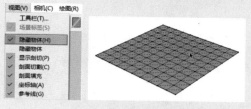

图2-325　　　　　图2-326

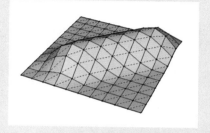

图2-327

3. 面拉伸

面拉伸的具体操作步骤如下。

01　选中"曲面起伏"工具前在"根据网格创建"面上选择任意一个面，即可制作具有"顶部平面"的地形起伏效果，如图2-328~图2-330所示。

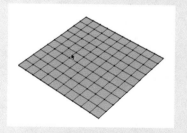

图2-328

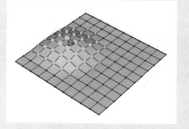

图2-329

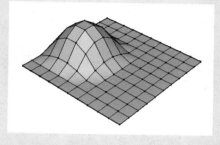

图2-330

02　同样在进行"面"拉伸时，可以选择多个顶面同时拉伸，以制作出连绵起伏的地形效果，如图2-331~图2-333所示。

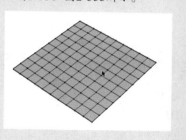

图2-331

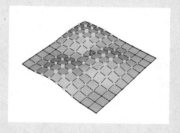

图2-332

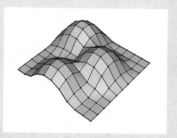

图2-333

2.4.5　曲面平整

"曲面平整"工具 用于在较为复杂的地形中创建建筑的基面并平整场地，使建筑能够与地面更好地结合。

"曲面平整"工具 ✍ 也应用于有转折的底面。当底面的转折角度等于90°、小于90°、大于90°时，底面平整到地面上会有不同的表现。"曲面平整"工具 ✍ 不支持镂空的情况，遇到有镂空的面会自动闭合，如图2-334所示。

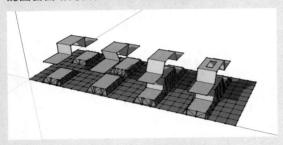

图2-334

2.4.6 实例：创建地形

下面通过实例介绍"根据网格创建"工具结合"曲面拉伸"工具和"曲面平整"工具创建地形的方法，具体的操作步骤如下。

01 选中"根据网格创建"工具 ▦，将栅格间距设置为3000mm，并创建60000×6000的网格，创建的网格自动成组，如图2-335所示。

请选择沙盒的第一个角点或输入沙盒的栅格间距。　栅格间距 3000

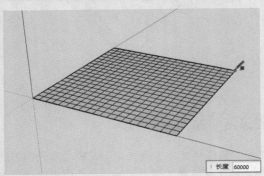

长度 60000

图2-335

02 双击进入网格组件，选中"曲面起伏"工具 ✍，在数值文本框中输入半径值，控制推拉范围为10000mm，按Enter键确定，如图2-336所示。

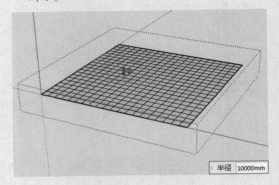

半径 10000mm

图2-336

03 移动鼠标指针至需要推拉出地形的区域，单击确定，被"曲面拉伸"工具 ✍的圆周覆盖范围内的网格点都将被选中，如图2-337所示。

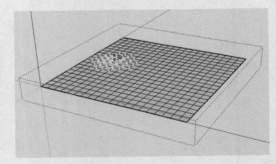

图2-337

04 沿Z轴方向，向上、下拖动鼠标指针，单击确定推拉距离，或者在数值文本框中输入地形高度值，推拉地形的高度可自定，如图2-338所示。

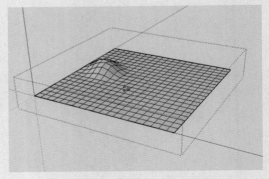

图2-338

05 使用"曲面拉伸"工具 丰富地形，如图 2-339所示。

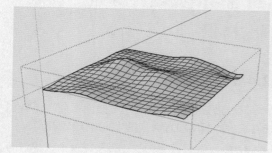

图2-339

06 执行"文件" | "导入"命令，将资源文件中 的"创建地形咖啡店.skp"文件导入场景中， 如图2-340所示。

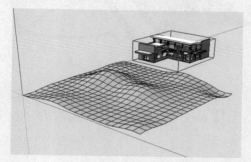

图2-340

07 双击别墅实体进入组的编辑状态，以其底面 形状为准，为实体创建一个平整的表面并推 拉一定距离，如图2-341所示。

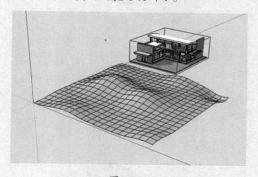

图2-341

08 将视图切换为俯视图，选中咖啡店模型，使 用"移动"工具 ，确定移动基点，将其移 至中间位置。切换视图为等轴图，沿Z轴将 咖啡店模型悬空放置在地形上，如图2-342 所示。

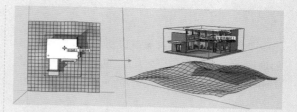

图2-342

09 选中"曲面平整"工具 ，单击要进行平 整的底面，然后输入底面外延的距离值为 1000mm，如图2-343所示。

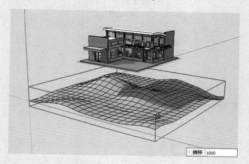

图2-343

10 选择底面后单击地形确定位置，如图2-344 所示。

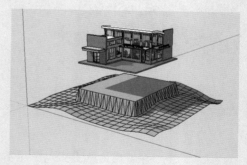

图2-344

11 将建筑和底面移至在地形上创建好的平面 上，如图2-345所示。

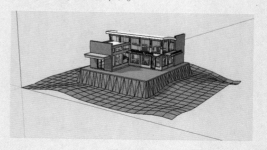

图2-345

2.4.7 曲面投射

"曲面投射"工具 📎 可以将物体的形状投影到地形上，在创建位于坡地上的广场、道路等时使用较多，具体的操作步骤如下。

01 选中"曲面投射"工具 📎，此时鼠标指针为 📎 状，按照状态栏的提示，在需要投影的图元上单击，如图2-346所示。

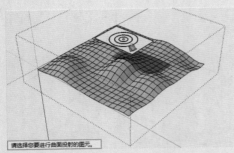

图2-346

02 选中投射图元后，鼠标指针将变为红色，按照状态栏的提示，在投射网格上单击，如图2-347所示。

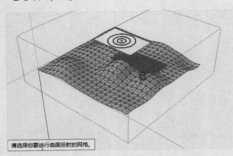

图2-347

03 操作完成后，会发现网格上出现了完全按照地形坡度走向投影的矩形面，如图2-348所示。

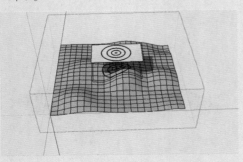

图2-348

提示：

若需要投影的实体较多，可以先选中实体，然后选中"曲面投影"工具 📎。为方便选择，也可以将投影面制作成组。

2.4.8 实例：创建园路

下面通过实例介绍利用"曲面投射"工具创建有坡度的园路的方法，具体的操作步骤如下。

01 打开配套资源中的"第2章\2.4.8创建园路.skp"素材文件，如图2-349所示。

图2-349

02 开启"阴影显示"，将需要投影的实体悬空放置在设定地形上，并调整好位置。如图2-350所示。

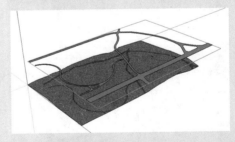

图2-350

03 选中"曲面投射"工具 📎，单击投影面，再单击地形面，此时在地形上出现投影线，如图2-351所示。

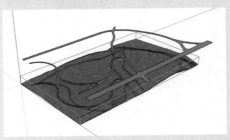

图2-351

04 在生成的投影线所构成的表面上，通过"填充"命令赋予材质，如图2-352所示。

图2-352

2.4.9 添加细部

在使用"根据网格创建"工具制作地形效果时，过少的细分面将使地形效果显得生硬，而过多的细分面则会增大系统显示与计算的负担。使用"添加细部"工具 在需要表现细节的地方单击，通过拖动鼠标指针或者在数值文本框中输入精确数值进行细化，而其他区域将保持较少的细分面，具体的操作步骤如下。

01 执行"视图"|"隐藏物体"命令，即可看到网格中每个小方格内的对角线，如图2-353所示。

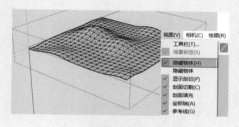

图2-353

02 选中需要添加细部的区域，使用"添加细部"工具 ，效果如图2-354和图2-355所示。

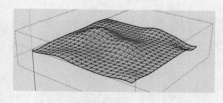

图2-354

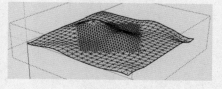

图2-355

03 细分完成后，使用"曲面起伏"工具 进行拉伸，即可得到平滑的拉伸边缘，如图2-356和图2-357所示。

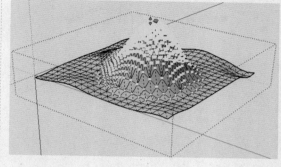

图2-356

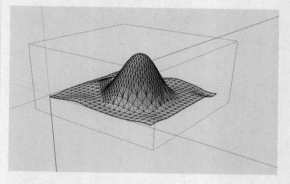

图2-357

提示：

选中"添加细部"工具 后，在状态栏中将会显示添加细部的工作进度条，如图2-358所示。一般情况下应尽量选择小区域，以免造成大量不必要的计算，导致软件崩溃。

|----------------------->----------------| 75%.

图2-358

2.4.10 对调角线

"对调角线"工具 用于将构成地形的网格的小方格内的对角线翻转，从而对局部的凹凸走向进行调整。

在虚显"根据网格创建"地形的对角边线后，选中"对调角线"工具，可以根据地势走向改变对角边线的方向，从而使地形变得平缓，如图2-359和图2-360所示。

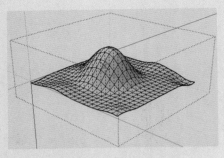

图2-359

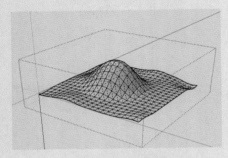

图2-360

2.5 课后实训：绘制现代风格垃圾桶

综合本章所学知识，运用"矩形"工具、"推拉"工具以及"偏移"工具等，创建现代风格的垃圾桶，具体的操作步骤如下。

01 选中"矩形"工具🔲，在数值文本框中输入矩形尺寸为250,250，如图2-361所示。

尺寸 250,250

图2-361

02 利用"卷尺"工具🔑，在数值文本框中输入5mm，向内拖动鼠标指针创建参考线。

03 选中"直线"工具✏，依次捕捉辅助线的交点绘制斜线段，如图2-362所示。

图2-362

04 选择"擦除"工具🧽，擦除多余的线面，如图2-363所示。

图2-363

05 选中"材质"工具🎨，设置材质参数后为矩形面填充颜色，如图2-364所示。

图2-364

06 利用"推/拉"工具🛋，选择面并向上推拉410mm，如图2-365所示。

07 选中"偏移"工具🗗，选择顶面并向内偏移5mm，如图2-366所示。

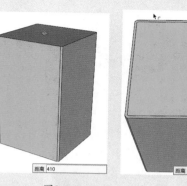

图2-365　　　　　　　　图2-366

08　利用"推/拉"工具❤，选择面并向下推拉400mm，如图2-367所示。

09　选择"偏移"工具❤，选择顶面轮廓并向外偏移10mm，如图2-368所示。

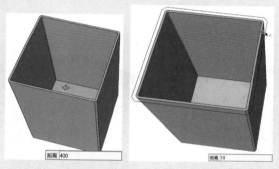

图2-367　　　　　　　　图2-368

10　选中"推/拉"工具❤，选择面并向上推拉10mm，如图2-369所示。

11　选择"直线"工具❤，依次捕捉点绘制斜线段封面，如图2-370所示。

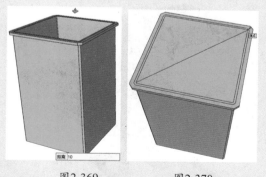

图2-369　　　　　　　　图2-370

12　选择"擦除"工具❤，擦除多余的线，如图2-371所示。

13　选中"推/拉"工具❤，按住Ctrl键，选择面并向上推拉4mm，如图2-372所示。

图2-371　　　　　　　　图2-372

14　选择"缩放"工具❤，选择顶面，将鼠标指针放置在角点上，按住Ctrl键以中心为基点进行缩放，设置比例值为0.98，缩放面的结果如图2-373所示。

图2-373

15　利用"卷尺"工具❤，捕捉顶边的中点，向内拖动鼠标指针创建参考线。

16　选中"圆"工具❤，捕捉参考线的交点，绘制半径为84mm的圆形，如图2-374所示。

17　选择"偏移"工具❤，选择圆形并向内偏移12mm，如图2-375所示。

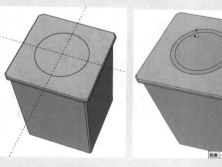

图2-374　　　　　　　　图2-375

18　选中"推/拉"工具❤，选择圆形面并向下推8mm，如图2-376所示。

图2-376

19 选择"缩放"工具█，选择圆形轮廓，将鼠标指针放置在角点上，按住Ctrl键以中心为基点向外拖动鼠标指针，设置比例值为1.1，如图2-377所示。

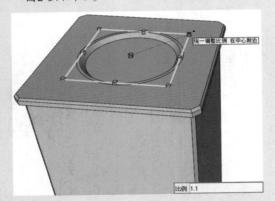

图2-377

20 选择"偏移"工具█，选择圆形底面并向内偏移6mm，如图2-378所示。

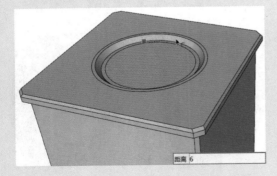

图2-378

21 选中"推/拉"工具█，选择圆形面并向上推出12mm，如图2-379所示。

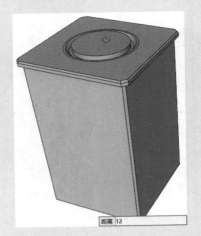

图2-379

22 选中"材质"工具█，设置材质参数后为垃圾桶的顶面填充颜色，如图2-380所示。

23 为垃圾桶添加支架后完成绘制，结果如图2-381所示。

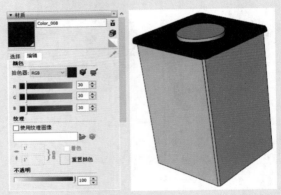

图2-380

图2-381

2.6 课堂练习

通过创建如图 2-382 所示的室外座椅，练习基本绘图工具的使用方法。通过分析得知，室外座椅主要由桌椅和太阳伞组成，其中桌椅主要由桌面、桌腿、座椅组成；太阳伞主要由伞座、伞柄、骨支架组成。

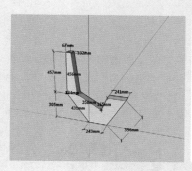

图2-382

2.7 课后习题

通过创建如图 2-383 所示的电视柜，练习基本绘图工具的使用方法，通过分析得知，电视柜主要由台面、抽屉、支撑脚组成。

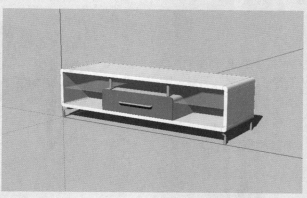

图2-383

第3章
SketchUP辅助设计工具

SketchUP 2023 除了提供第 2 章介绍的"绘图""编辑""实体"和"沙箱"工具栏，还提供了"标准""视图""样式""构造""相机""漫游"等辅助工具栏，本章将介绍这些工具栏中的工具的用法。

3.1 选择和编辑工具

在对场景模型进行进一步操作之前，必须先选中需要进行操作的对象，在 SketchUP 中可以通过"选择"工具▸或直接按空格键切换到"选择"工具▸。选择图形可以采用"点选""窗选""框选"和"鼠标右键关联选择"4 种方式。

3.1.1 选择工具

单击"编辑"工具栏中的▸按钮或执行"工具"|"选择"命令，均可选中"选择"工具，具体的操作步骤如下。

1. 点选

选中"选择"工具，此时鼠标指针将变成▸状，如图 3-1 所示。

图3-1

此时，在任意对象上单击均可将其选中，若在一个面上双击，将选中这个面及其构成线；若在一个面上三击，将选中与这个面相连的所有面、线及被隐藏的虚线，如图 3-2 所示。

图3-2

选中对象后，如果需要继续选择其他对象，则按住 Ctrl 键，待鼠标指针变为▸时，再单击所需选择的对象，即可将其加入选择集，如图3-3所示。

图3-3

如果误选了某个对象，而需要将其从选择集中去除时，可以按住 Shift 键，待鼠标指针变成状时，单击误选中的对象即可将其减选，如图 3-4 所示。

图3-4

技巧：

按住Ctrl键，"选择"工具变为"增加选择"工具，可以将对象添加到选择集中。按住Shift键，"选择工具"变为"反选"工具，可以改变对象的选择状态。已经选中的对象会被取消选择，反之亦然。同时按住Ctrl键和Shift键，"选择"工具变为"减少选择"工具，可以将对象从选择集中删除。

2. 窗选和框选

"窗选"的操作方法为：按住鼠标左键从左上角至右下角拖动，绘图区将出现实线选框，如图 3-5 所示，将选中完全包含在选框内的对象，如图3-6所示。

图3-5

图3-6

"框选"的操作方法为：按住鼠标左键从右下角至左上角拖动，绘图区将出现虚线选框，如图 3-7 所示，将选中完全包含及部分包含在选框内的对象，如图 3-8 所示。

图3-7

提示：

选择完成后，单击视图的任意空白处，将取消当前所有选择。按快捷键Ctrl+A或执行"编辑"|"全选"命令，将全选所有对象，而且

无论是否显示在当前的视图范围内。按快捷键
Ctrl+T或执行"编辑"|"全部不选"命令，将
取消选中全部对象。

图3-8

3. 使用右键选择对象

在 SketchUP 中，线是最小的可选对象，面
是由线组成的基本建模单位，通过扩展选择，可
以快速选中关联的面或线。

利用"选择"工具选中对象并右击，将弹出
快捷菜单，如图 3-9 所示。该快捷菜单的"选择"
子菜单中包含 7 个命令，分别是"边界边线""连
接的平面""连接的所有项""在同一标记的所
有项""使用相同材质的所有项""取消选择平面"
和"反选"。通过选择不同的选项，可以选择相
应的对象。

图3-9

3.1.2 实例：窗选和框选

下面通过实例介绍利用"选择"工具进行窗
选和框选的方法。

01 打开配套资源中的"第3章\3.1.2窗选和框选

.skp"素材文件，这是一个医院规划场景模
型，如图3-10所示。

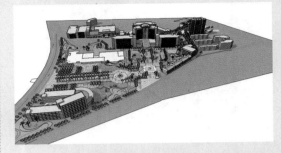

图3-10

02 窗选场景左上角的建筑物体，窗选选框应完
全包含3栋建筑，即可将其选中，窗选选框为
实线，如图3-11所示。

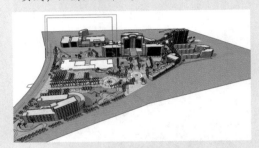

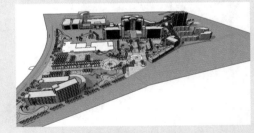

图3-11

03 选中"移动"工具，将选中的建筑移至对
应的位置，如图3-12所示。

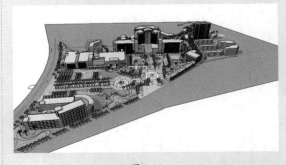

图3-12

04 框选场景中右侧的建筑，框选选框只需与所需选中物体相交即可，框选选框为虚线，如图3-13所示。

图3-13

05 按Delete键将选中的建筑删除，如图3-14所示。

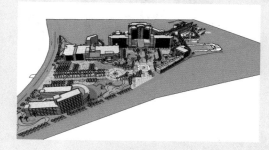

图3-14

3.1.3　制作组件

"制作组件"工具 主要用于管理场景中选中的模型。当在场景中制作好某个模型时，通过将其转换为组件，不但可以精简模型的数量，还可以方便选择模型。如果复制多个模型，在修改其中一个时，其他模型也会跟着发生相同的变化，从而提高工作效率。

此外，将模型制作成组件后，可以单独导出，这样不但方便与他人共享，也可以随时再导入使用，接下来介绍制作组件的方法。

选择需要制作为组件的对象，单击大工具集上的"制作组件"按钮 ，或者右击，在弹出的快捷菜单中选择"创建组件"选项，如图3-15所示。

图3-15

此时将弹出"创建组件"对话框，用于设置组件信息，如图3-16所示。

图3-16

※ 定义：该文本框用于为制作的组件定义名称，中英文、数字皆可，方便记忆即可。

※ 说明：该文本框用于输入组件的描述文字，方便查阅。

※ 黏接至：该下拉列表用于指定组件插入时所要对齐的面，可以在如图3-17所示的下拉列表中选择"无""所有""水平""垂直"或"倾斜"选项。

图3-17

※ 设置组件轴：该按钮用于为组件指定一个组件内部坐标。

※ 切割开口：在创建组件的过程中，需要在创建的对象上开洞，例如门洞、窗洞等。选择此复选框后，组件将在与表面相交的位置剪切开口。

※ 总是朝向相机：选中该复选框后，场景中创建的组件将始终对齐到视图，以面向相机的方向显示，不受变更视图的影响，如图3-18和图3-19所示。若定义的组件为二维图形，需要选中此复选框，这样可以利用二维图形代替三维实体，避免组件对系统运行速度的影响。

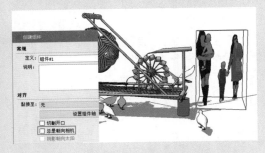

图3-18

图3-19

※ 阴影朝向太阳：选中该复选框后，组件将始终显示阴影面的投影。该复选框只有在选中"总是朝向相机"复选框后才能使用，如图3-20和图3-21所示。

图3-20

图3-21

※ 用组件替换选择内容：选中该复选框后，场景中的对象才会以组件的形式显示，否则只是定义了组件，在组件库中会生成相应的组件名称，但是场景中仍以原对象显示，不会以组件形式显示。一般情况下需要选中此复选框。

组件信息设置完成后，单击"创建"按钮即可完成组件的制作。组件制作完成后，以组件形态显示，如图3-22所示。

图3-22

3.1.4　擦除工具

在SketchUP中，删除图形的工具主要为"擦除"工具。选中"擦除"工具，单击想要删除的对象，即可将其删除。单击大工具集上的"擦除"按钮，或者执行"工具"|"橡皮擦"命令，均可选中"擦除"工具。待鼠标指针变成状时，将其置于目标对象上方，按住鼠标左键，在需要删除的模型元素中拖动，被选中的物体将会突出显示，此时释放鼠标左键，即可将选中的物体全部删除，如图3-23和图3-24所示。但该工具不能直接删除面，如图3-25所示。

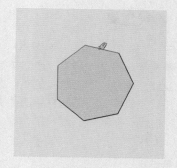

图3-23

图3-24

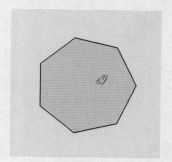

图3-25

3.1.5 实例：处理边线

下面通过实例介绍利用辅助键处理边线的方法，具体的操作步骤如下。

01 打开配套资源中的"第3章\3.1.5处理边线

.skp"素材文件，这是一个未进行线条处理的儿童游戏场景模型，模型棱角分明，线条粗糙不美观，如图3-26所示。

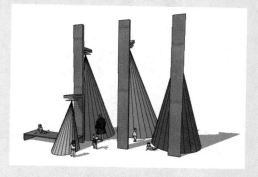

图3-26

02 以锥体上的线段为目标线段，选中"橡皮擦"工具 ✐，在线段上单击，此时线段将被删除，同时由此线段构成的面也被删除，如图3-27和图3-28所示。

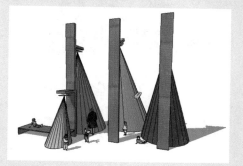

图3-27

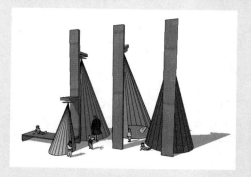

图3-28

03 退回上一步的状态，按住Shift键在线段上单击，此时线段被隐藏，但是由线段构成的轮廓线还在，仍然显得有棱有角，如图3-29所示。

图3-29

04 用退回操作还原素材文件原始状态。按住Ctrl
   键在线段上单击，此时线段将被柔化，看不
   到构成对象的轮廓线，如图3-30所示。

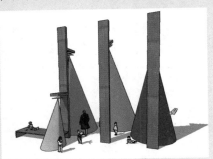

图3-30

提示：

若要删除大量线，建议使用更快捷的方法。选
中"选择"工具 ▸ 按住Ctrl键进行多选，然后按
Delete键删除。

3.2 建筑施工工具

SketchUP 2023的建筑施工工具包括"卷
尺""尺寸""量角器""文本""轴""3D文本"
工具，如图3-31所示。其中"卷尺"与"量角
器"工具用于尺寸与角度的精确测量与辅助定位，
其他工具则用于各种标识与文字的创建。

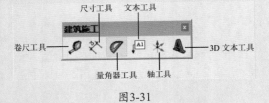

图3-31

3.2.1 卷尺工具

"卷尺"工具 ♪ 可以执行一系列与尺寸相关的
操作，包括测量两点之间距离、绘制辅助线和辅
助点，以及缩放模型。下面对相关操作进行详细
讲解。单击"建筑施工"工具栏中的"卷尺"按
钮 ♪，或者执行"工具"|"卷尺"命令，均可选
中"卷尺"工具。

1. 测量距离

选中"卷尺"工具，当鼠标指针变成 ♪ 状时，
单击确定测量的起点，如图3-32所示。

图3-32

拖动鼠标至测量终点，并再次单击确定，即可
在"输入"文本框中看到长度的数值，如图3-33
所示。

图3-33

技巧：

图3-33中显示的测量数值为大约值，这是因为
SketchUP根据单位精度进行了四舍五入。进入

"模型信息"面板，选择"单位"选项卡，调整"显示精确度"选项，如图3-34所示，再次测量即可得到相对精确的值，如图3-35所示。

图3-34

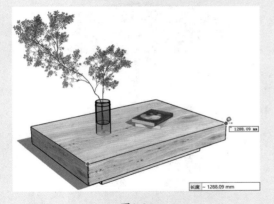

图3-35

2. 创建辅助线

选中"卷尺"工具，单击确定延长辅助线的起点，如图3-36所示。

图3-36

拖动鼠标指针确定延长辅助线的方向，输入延长值并按Enter键确定，即可生成延长辅助线，如图3-37和图3-38所示。

图3-37

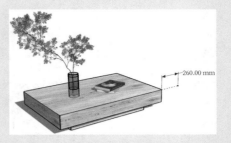

图3-38

拖动鼠标确定偏移辅助线的方向，如图3-39所示，输入偏移值并按Enter键确定，即可生成偏移辅助线，如图3-40和图3-41所示。

图3-39

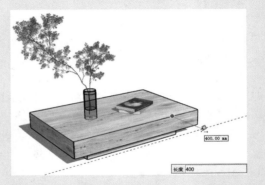

图3-40

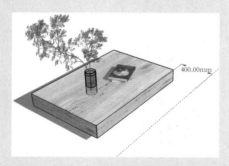

图3-41

具体的操作步骤会在下面的实例中详细讲述。

图3-45

3.2.2　实例：全局缩放

下面通过实例介绍利用"卷尺"工具进行全局缩放的方法，具体的操作步骤如下。

01　打开配套资源中的"第3章\3.2.2全局缩放.skp"素材文件，这是一个室外桌椅的模型，如图3-46所示。

技巧：

1.辅助线之间的交点，辅助线与线、平面以及实体的交点均可用于捕捉；2.执行"编辑"｜"隐藏"命令，或者"取消隐藏"子菜单中的命令，可以隐藏或显示辅助线，如图3-42和图3-43所示，也可以执行如图3-44所示的"删除参考线"命令进行删除。

图3-42　　　　　图3-43

图3-44

3. 全局缩放模型

"卷尺"工具的全局缩放功能，在导入图像时用得比较多。进行全局缩放时，将会在保证比例不变的情况下，改变模型的大小。

使用"卷尺"工具在选取的参考线段的两个端点上单击，并在数值文本框中输入缩放后的线段长度，按 Enter 键确定。此时将弹出如图 3-45 所示的提示对话框，单击"是"按钮，即可确定缩放。

图3-46

02　进入椅子组件，选中"卷尺"工具，测量椅子的高度为300mm，这个尺寸与实际不符，如图3-47所示。

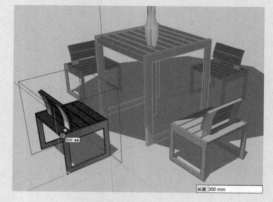

图3-47

03 在量取点上单击，此时在数值文本框中输入
正常椅子的高度——450mm，按Enter键确
定，如图3-48所示。

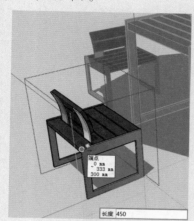

图3-48

04 在弹出的提示对话框中单击"是"按钮，如
图3-49所示。此时，椅子被调整到正常尺寸，
结果如图3-50所示。

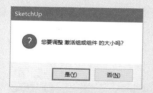

图3-49

图3-50

提示：

椅子已经创建为组件，所以在调整其中一把椅子
的高度后，其他三把椅子的高度也会随之更新。

3.2.3 尺寸标注和文本标注工具

在SketchUP中经常会出现需要标注说明图
纸内容的情况，SketchUP提供了"尺寸标注"
与"文本标注"两种标注工具。

1. 设置标注样式

"标注"由"箭头""标注线"及"标注文字"
构成。进入"模型信息"面板，选择"尺寸"选项卡，
可以调整"标注"样式，如图3-51和图3-52所示。

图3-51

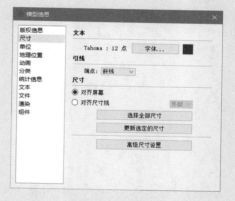

图3-52

单击"文本"参数组中的"字体"按钮，可以
打开如图3-53所示的"字体"对话框，通过该
对话框可以设置标注文字的"字体""样式"和"尺
寸"，如图3-54所示。

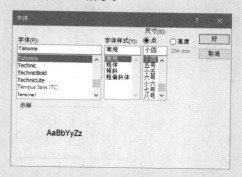

图3-53

图3-54

在"引线"参数组的"端点"下拉列表中可以选择"无""斜线""点""闭合箭头"或"开放箭头"五种标注端点的效果,如图3-55所示。

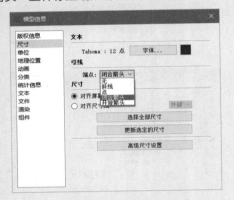

图3-55

默认状态下的"闭合箭头"样式如图3-54所示,另外四种端点效果如图3-56和图3-57与所示。

图3-56

图3-57

在"尺寸"参数组内,可以调整标注文字与尺寸线的位置关系,如图3-58所示。其中选中"对齐屏幕"单选按钮的效果如图3-59所示,此时标注文字始终平行于屏幕。

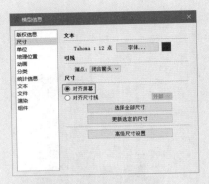

图3-58

图3-59

选择"对齐尺寸线"单选按钮,则可以通过下拉列表选择"上方""居中""外部"三种方式,如图3-60所示,效果分别如图3-61~图3-63所示。

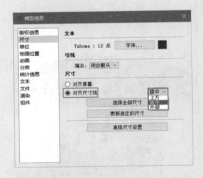

图3-60

图3-61

图3-62

图3-63

图3-66

2. 修改标注

SketchUP 2023 改进了标注样式的修改方
式。如果需要修改场景中的所有标注,可以在设
置完标注样式后,单击"尺寸"选项卡中"选择
全部尺寸"按钮,进行统一修改。如果只需要修
改部分标注,则可以单击"更新选定的尺寸"按
钮进行部分更改,如图3-64所示。

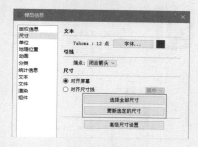
图3-64

图3-65

图3-67

3. 尺寸标注

"尺寸标注"工具适合标注的点包括端点、
中点、边线上的点、交点,以及圆或圆弧的圆心,
标注类型主要包括长度标注、半径标注和直径标
注。单击"建筑施工"工具栏中的按钮,或者
执行"工具"|"尺寸"命令,均可选中"尺寸标注"
工具。

• 长度标注

选中"尺寸"工具,将鼠标指针移至模型边
线的端点上,单击确定标注的引出点,如图 3-68
所示。

图3-68

将鼠标指针移至模型边线的另一个端点上，单击确定标注的结束点。向外移动鼠标指针，将标注展开到模型外部，以便于观看标注的内容，如图 3-69 所示。

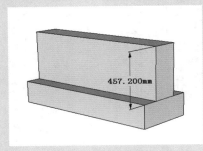

图3-69

● 半径标注

选中"尺寸标注"工具✐，在目标弧线上单击，确定标注的对象，如图 3-70 所示。向任意方向拖动鼠标指针放置标注，确定位置后单击，即可完成半径标注，如图 3-71 所示。

图3-70

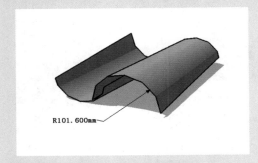

R101.600mm

图3-71

● 直径标注

选中"尺寸标注"工具✐，在目标圆边线上单击，确定标注对象，如图 3-72 所示。向任意方向拖动鼠标指针放置标注，确定位置后单击，即可完成直径标注，如图 3-73 所示。

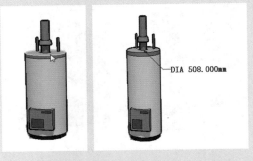

DIA 508.000mm

图3-72　　　　　　图3-73

提示：

直径标注与半径标注可以互相切换。在直径标注上右击，在弹出的快捷菜单中选择"类型"|"半径"选项即可，如图 3-74 所示，半径转换为直径同理。

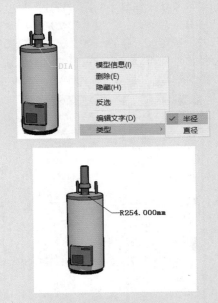

| 模型信息(I) |
| 删除(E) |
| 隐藏(H) |
| 反选 |
| 编辑文字(D) |
| 类型　　✓ 半径 |
| 　　　　 直径 |

R254.000mm

图3-74

4. 文本标注

在绘制设计图或施工图时，经常需要在图纸上标注详细说明，如设计思路、特殊做法和细部构造等内容。在 SketchUP 中可以通过"文本标注"工具，在模型的相应位置插入文本标注。

通常情况下，文本标注有两种类型，分别为"系统标注"和"用户标注"。"系统标注"是指系统自动生成的与模型相关的信息文本；"用户标注"是指由用户输入的文本标注。

• 系统标注

SketchUP 系统设置的文本标注可以直接对面积、长度、定点坐标进行标注，具体操作步骤如下。

01 选中"建筑施工"工具 A1，或者执行"工具"|"文本"命令，如图3-75所示，均可选中"建筑施工"工具 A1。

图3-75

02 待鼠标指针变成 A1 状时，将鼠标指针移至目标平面对象的表面，如图3-76所示。

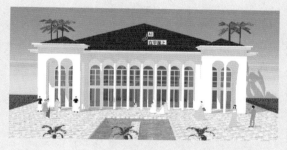

图3-76

03 双击标注，则在当前位置直接显示文本标注的内容，如图3-77所示。此外，还可以单击确定文本标注端点的位置，然后拖动鼠标指针到任意位置放置文本标注，再次单击确定，即可完成文本标注，如图3-78所示。

图3-77

图3-78

• 用户标注

在使用"文本标注"工具时，可以轻松编写文字内容，具体的操作步骤如下。

01 选中"文本标注"工具，待鼠标指针变成 A1 状时，将鼠标指针移至目标平面对象的表面，如图3-79所示。

图3-79

02 单击确定"文本标注"端点的位置，然后拖动鼠标指针在任意位置放置文本标注，此时即可自行编写标注内容，如图3-80所示。

图3-80

03 完成标注内容的编写后，在文本标注文本框外单击或按两次Enter键，即可完成自定义标注，如图3-81所示。

图3-81

3.2.4 量角器工具

"量角器"工具 ✎ 具有测量角度和创建角度辅助线的功能。单击"建筑施工"工具栏中的 ✎ 按钮，或者执行"工具"|"量角器"命令，均可选中量角器"工具 ✎。

1. 测量角度

选中"量角器"工具，待鼠标指针变成 ◎ 状后，单击确定目标测量角的顶点，如图 3-82 所示。

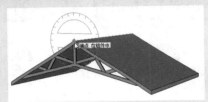

图3-82

拖动鼠标指针捕捉目标测量角的任意一条边线，如图 3-83 所示，单击确定，然后捕捉到另一条边线单击确定，即可在数值文本框内观察到测量的角度，如图 3-84 所示。

图3-83

图3-84

2. 创建角度辅助线

"量角器"工具 ✎ 与"卷尺"工具 ✎ 相似，除了可以测量角度，还可以创建角度辅助虚线，以方便作图。

使用"量角器"工具可以创建任意角度的辅助线，具体的操作步骤如下。

01 选中"量角器"工具，在目标位置单击确定顶点位置，如图3-85所示。

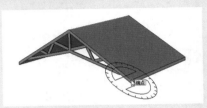

图3-85

02 拖动鼠标指针创建角度起始线，如图3-86所示。在实际的工作中，可以创建任意角度的斜线，以进行相对测量。

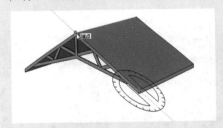

图3-86

03 在数值文本框中输入角度值并按Enter键确定，即以起始线为参考，创建相对角度的辅助线，如图3-87所示。

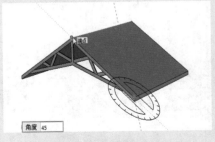

图3-87

提示：

通过"卷尺"工具 ✎ 与"量角器"工具 ✎ 创建的辅助线的颜色，可以通过执行"窗口"|"默

认面板"|"样式"命令，在"编辑"选项卡的"建模设置"选项卡中进行调整，如图3-88所示。

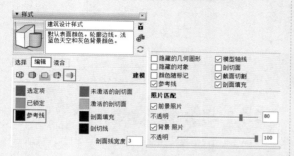

图3-88

3.2.5　轴工具

SketchUP和其他三维软件一样，都是通过轴进行位置定位的，为了方便创建模型，SketchUP还可以自定义轴，方便用户在斜面上创建矩形对象，也可以更准确地缩放不在坐标轴平面上的对象。

单击"建筑施工"工具栏中的✱按钮，启用"轴"的自定义功能，具体操作步骤如下。

01　选中"轴"工具，待鼠标指针变成⊥状时，移动鼠标指针至新坐标系的原点处，如图3-89所示。

图3-89

02　左右拖动鼠标，自定义X、Y轴的轴向，调整到目标方向后，单击确定即可，如图3-90和图3-91所示。

03　确定X、Y轴的轴向后，系统会自动定义Z轴的方向，在空白处单击，即可完成轴的自定义，如图3-92所示。

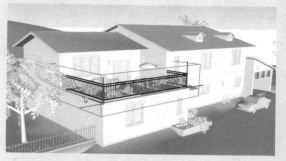

图3-90

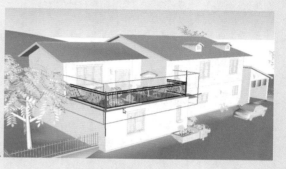

图3-91

图3-92

3.2.6　3D文本工具

通过使用"3D文本"工具▲，可以快速创建三维或平面文字效果，该工具广泛运用于创建广告、Logo、雕塑艺术字等。单击"建筑施工"工具栏中的▲按钮，或者执行"工具"|"3D文本"命令，即可选中"3D文本"工具▲，具体的操作步骤如下。

01　选中"3D文本"工具，弹出"放置三维文本"对话框，如图3-93所示。

02　在该对话框中输入文字，并设置"字体""对齐""高度"等，如图3-94所示。

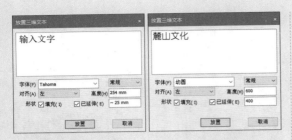

图3-93 图3-94

03 设置完成后,单击"放置"按钮。移动鼠标指针到目标点单击,即可创建3D文本,如图3-95所示。

图3-95

图3-96

图3-97

图3-98

3.2.7 实例:添加酒店名称

下面通过实例介绍利用"3D文本"工具为酒店模型添加招牌的方法,具体的操作步骤如下。

01 打开配套资源中的"第3章\3.2.7添加酒店名称.skp"素材文件,这是一个城市酒店的模型,如图3-99所示。

图3-99

02 选中"3D文本"工具🅰,在"文本"文本框中输入"花园国际酒店"和Garden International Hotel文本,将字体、高度等进行如图3-100和图3-101所示的设置,单击"放置"按钮。

图3-100 图3-101

03 将"花园国际酒店"文字放置在酒店入口处,文字放置在视图中后将自动成组,如图3-102所示。

04 参照如图3-101所示,用同样的方法在"花园国际酒店"文字下方放置Garden International

Hotel文字，如图3-103所示。

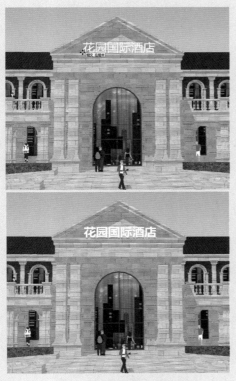

图3-102

图3-103

利用"3D 文本"工具▲为城市酒店创建招牌文字的效果，如图 3-104 所示。

图3-104

3.3 相机工具

在"相机"工具栏中包含"环绕观察"工具、"平移"工具、"缩放"工具、"缩放窗口"工具、"缩放范围"工具、"上一视图"工具、"定位相机"工具、"观察"工具和"漫游"工具，如图 3-105 所示。

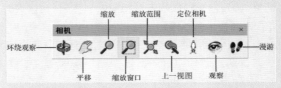

图3-105

3.3.1 环绕观察工具

"环绕观察"工具✦可以使相机绕着模型旋转，默认快捷键为鼠标中间的滚轮。单击"相机"工具栏中的✦按钮，或者执行"相机"|"环绕观察"命令，均可选中"环绕观察"工具✦。

选中"环绕观察"工具，然后按住鼠标左键拖动旋转视图，或者直接按住鼠标中间滚轮旋转视图，如图 3-106 所示。

图3-106

图3-106 （续）

提示：

在绘图区中任意一处双击鼠标中间滚轮，此处
绘图区居中。使用"环绕观察"工具 🖐 时，按住
Ctrl键会增加竖直方向转动的流畅性。

3.3.2 平移工具

"平移"工具 🖐 可以保持当前视图内模型显示
的大小比例不变，整体拖动视图进行任意方向的
调整，以观察当前未显示在视窗内的模型。单击"相
机"工具栏中的 🖐 按钮，或者执行"相机"|"平移"
命令，均可选中平移"工具 🖐。当鼠标指针变为 🖐
状时，拖曳鼠标即可进行视图的平移操作，如图
3-107~ 图 3-109 所示。

图3-107

图3-108

提示：

同时按住Shift键+鼠标中间滚轮，也可以进行平

移。与"环绕视察"工具 🖐 一样，"平移"工具
🖐 在激活状态下，在绘图区某处双击，此处将会
在绘图区居中显示。

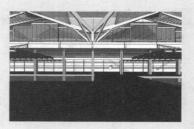

图3-109

3.3.3 缩放工具

"缩放"工具用于调整模型在视图中的大小。
单击"相机"工具栏中的"缩放"按钮 🔍，按住
鼠标左键，从屏幕下方向上方移动是扩大视图，从
屏幕上方向下方移动是缩小视图，如图 3-110~
图 3-112 所示。

图3-110

图3-111

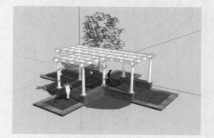

图3-112

提示:

1.选中"缩放"工具 🔍 后,可以在数值文本框中输入数值调整视野角度,如输入45.00度,如图3-113所示,按Enter键确定,表示将相机的视角设置为45°。输入120.00度,如图3-114所示,按Enter键确定,表示将视角设置为120°。2.除了"缩放"工具能进行缩放操作,滚动鼠标滚轮也可以进行缩放操作。3.在模型中漫游时,通常需要调整视野的角度。选中"缩放"工具 🔍,按住Shift键,再向上、下拖动鼠标指针即可改变视野角度。

| 视野 | 45.00 度 |

图3-113

| 视野 | 120.00 度 |

图3-114

3.3.4 缩放窗口工具

"缩放窗口"工具 🔍 用于在视图中划定一个显示区域,位于区域内的模型将在视图内最大化显示。

单击"相机"工具栏中的"缩放窗口"按钮 🔍,然后按住鼠标左键,绘制一个矩形区域后释放鼠标左键,则选框内的图形将充满视图,如图3-115~图3-117所示。

图3-115

图3-116

图3-117

3.3.5 充满视窗工具

"充满视窗"工具可以快速将场景中所有可见模型以屏幕的中心为中心进行最大化显示。其操作步骤非常简单,直接单击"相机"工具栏中的"充满视窗"按钮 ✂ 即可,如图3-118和图3-119所示。

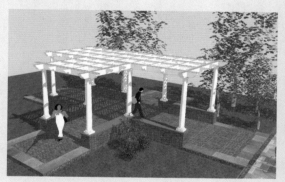

图3-118

图3-119

3.3.6 上一个工具

在进行视图调整时,难免出现误操作,单击"相机"工具栏中的"上一视图"按钮 ✎,可以将视图的操作撤销或返回,如图3-120~图3-122所示。

图3-120

图3-121

图3-122

> **提示:**
>
> "上一视图"命令的默认快捷键为F8,如果需要撤销或返回多次操作,连续按对应快捷键即可。

3.3.7 定位相机工具

"定位相机"工具◉用于在指定的视点高度观察场景中的模型。在视图中单击即可获得与人的视角大致持平的观察效果,通过拖动鼠标可以精确地调整相机的位置。

单击"定位相机"工具按钮◉,或者执行"相机"|"定位相机"命令,均可选中"定位相机"工具◉。"定位相机"工具有两种使用方法,具体的操作步骤如下。

1. 单击

"单击"的方法使用的是当前的视点方向,

通过单击将相机放置在拾取的位置上,并设置相机的高度为通常的视点高度。如果只需要人眼视角的视图,可以使用这种方法。

系统默认高度为1676.4mm,在视图中的某处单击后可以确定相机的新高度,即人眼的高度,如图3-123和图3-124所示。

图3-123

图3-124

2. 单击并拖动

"单击并拖动"的方法可以更准确地定位相机的位置和视线。选中"定位相机"工具◉,单击确定相机(人眼)所在的位置,然后拖动鼠标到要观察的点释放鼠标,如图3-125和图3-126所示。

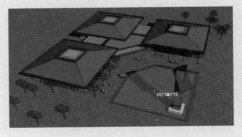

图3-125

> **提示:**
>
> 先使用"卷尺"工具◉和数值文本框放置辅助线,这样有助于更精确地放置相机。放置好相机后,自动选中"环绕观察"工具◈,可以从该点向四处观察。此时也可以再次输入不同的视点高度进行调整。

图3-126

3.3.8 观察工具

"观察"工具使相机以自身为固定点，旋转角度观察模型。该工具在观察模型的内部空间时极为重要，可以在放置相机后用来观察模型的显示效果。

单击"相机"工具栏中的按钮，或者执行"相机"|"观察"命令，均可选中该工具。

选中"观察"工具，在绘图窗口中按住鼠标左键并拖动，即可旋转角度观察模型。使用"观察"工具时，可以在数值文本框中输入数值，从而设置视点距离地面的高度。

提示：

"旋转"工具进行旋转查看时，以模型为中心点，相当于人绕着模型查看；"观察"工具以视点为轴，相当于视点不动，眼睛左右旋转查看。如图3-127和图3-128所示。

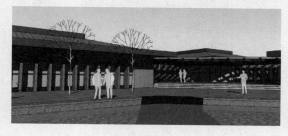

图3-127

图3-128

提示：

通常按鼠标中间滚轮可以选中"旋转"工具，但是在使用"漫游"工具的过程中，按鼠标中间滚轮却会选中"观察"工具。

3.3.9 漫游工具

"漫游"工具可以像巡游一样观察模型，还可以固定视线高度，然后在模型中巡游。只有在激活透视模式的情况下，"漫游"工具才有效。单击"相机"工具栏中的按钮，或者执行"相机"|"漫游"命令，即可选中"漫游"工具。

选中"漫游"工具后鼠标指针变成状，此时通过按住鼠标左键及 Ctrl 键与 Shift 键，即可完成前进、上移、加速、转向等漫游动作。具体的操作步骤如下。

01 选中"漫游"工具，鼠标指针变成状，如图3-129所示。在视图内按住鼠标左键向前拖动，即可产生前进的漫游效果，如图3-130所示。

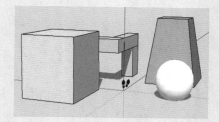

图3-129

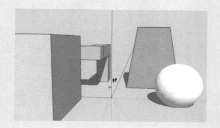

图3-130

02 按住Shift键上、下拖动鼠标，则可以升高或降低相机的视点，如图3-131和图3-132所示。

03 按住Ctrl键拖动鼠标，则会产生加速前进的漫游效果，如图3-133所示。

04 按住鼠标左键左、右拖动鼠标指针，则可以产生转向的漫游效果，如图3-134所示。

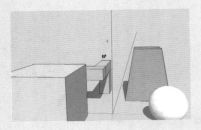

图3-131

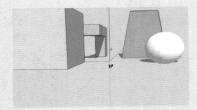

图3-132

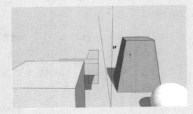

图3-133

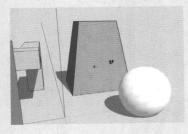

图3-134

3.3.10　实例：漫游博物馆

下面通过实例介绍利用"漫游"工具在博物馆模型外漫游的方法，具体的操作步骤如下。

01　打开配套资源中的"第3章\3.2.10漫游博物馆.skp"素材文件，如图3-135所示，这是一个博物馆模型。

02　为了避免操作失误，造成相机视角无法返回，首先执行"视图"|"动画"|"添加场景"命令，新建一个场景，如图3-136所示。

03　选中"漫游"工具，待鼠标指针变成👣状

后，按住鼠标左键拖动使其前进，如图3-137所示。

图3-135

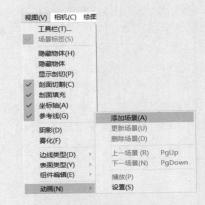

图3-136

图3-137

04　按住鼠标中间滚轮，拖动鼠标指针调整视线方向，此时鼠标指针将由👣变为👁状，如图3-138所示。转到如图3-139所示的画面时，释放鼠标并添加一个场景，以保存当前设置好的漫游效果。

05　按Esc键取消视线方向，鼠标指针由👁变回👣状，此时即可开始在博物馆模型外自由巡游。再次按住鼠标左键向前拖动一段较小的距离，然后向右拖动鼠标指针，使视角向右

转，如图3-140所示。

图3-138

图3-139

图3-140

06 转动至如图3-141所示的画面时释放鼠标，然后添加"场景3"。

图3-141

07 按住鼠标左键向前一直拖动至庭院石笼灯处，完成漫游设置，如图3-142所示，然后添加"场景4"。

图3-142

08 漫游设置完成后，可以右击"场景"名称，在弹出的快捷菜单中选择"播放动画"选项，或者执行"视图"|"动画"|"播放"命令播放漫游动画，如图3-143和图3-144所示。

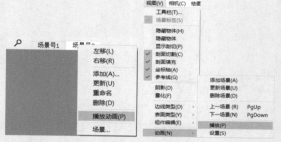

图3-143   图3-144

09 默认参数下动画播放效果通常速度过快，此时可以执行"视图"|"动画"|"设置"命令，如图3-145所示，进入"模型信息"面板中的"动画"选项卡进行参数调整，如图3-146所示。

图3-145

提示：

1.在"动画"选项卡中，"场景转换"下的时间

01
02
03
04
05
06
07
08
09
10

值为每个场景内漫游动作完成的时间，"场景暂停"下的时间值则为场景之间进行衔接的停顿时间；2.在漫步过程中触碰到墙壁，鼠标指针将显示为 ▓ 状，表示无法通过，此时按住Alt键即可穿过墙壁，继续前行。

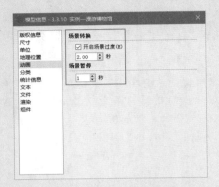

图3-146

3.4 截面工具

为了准确表达建筑内部的结构关系，通常需要绘制平面图、立面图及剖面图。在SketchUP中，运用"截面"工具可以快速获得当前场景模型的平面图、立面图与剖面图；另外，还可以对模型内部进行观察和编辑，展示模型内部的空间关系，减少编辑模型时所需的隐藏操作。

"截面"工具栏包括"剖切面"工具、"显示剖切面"工具、"显示剖面"工具和"显示剖面填充"工具，如图3-147所示。

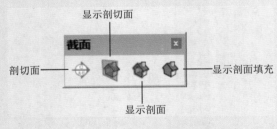

图3-147

※ "剖切面"工具 ⊕：用于创建新剖面。

※ "显示剖切面"工具 ▦：用于快速显示和隐藏所有的剖切面。

※ "显示剖面"工具 ▦：用于在剖面视图和完整模型视图之间进行切换。

※ "显示剖面填充"工具 ▦：用于显示剖面的填充图案。

3.4.1 创建截面

打开模型，如图3-148所示，执行"视图"|"菜单栏"命令，在弹出的"工具栏"对话框中调出"截面"工具栏，如图3-149所示。

图3-148

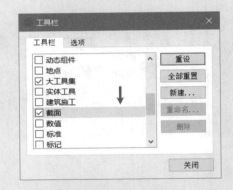

图3-149

在"截面"工具栏中单击"剖切面"工具按钮 ⊕，在场景中拖动鼠标即可创建截面，如图3-150所示。

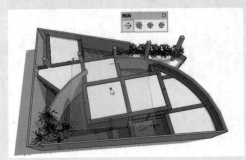

图3-150

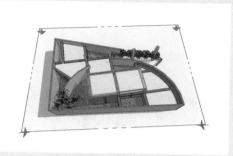

图3-151

3.4.2 编辑截面

1. 移动和旋转截面

和其他实体一样，使用"移动"工具和"旋转"工具可以对剖面进行移动和旋转，以得到不同的截面效果，如图 3-152～图 3-154 所示。

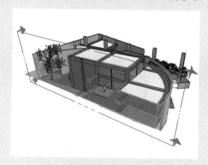

图3-152

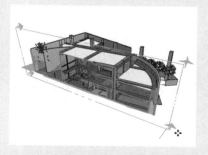

图3-153

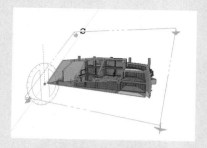

图3-154

2. 隐藏和显示截面

创建截面并调整完截面位置后，单击"截面"工具栏中的"显示剖切面"按钮，即可将截面隐藏并保留截面效果，如图3-155～图3-157所示。再次单击"显示剖切面"按钮，即可重新显示之前隐藏的截面。

图3-155

图3-156

图3-157

此外在截面上右击，在弹出的快捷菜单中选

择"隐藏"命令，同样可以将截面隐藏，如图
3-158和图3-159所示。执行"编辑"|"撤销
隐藏"|"全部"命令，如图3-160所示，同样可
以重新显示隐藏的截面。

图3-158

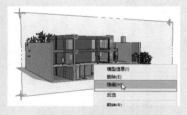

图3-159

图3-160

3. 翻转截面

在截面上右击，在弹出的快捷菜单中选择"翻
转"选项，可以翻转截面的方向，如图3-161~
图3-163所示。

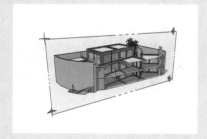

图3-161

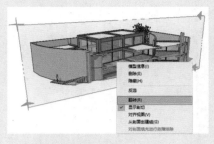

图3-162

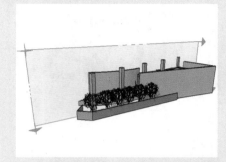

图3-163

4. 激活与冻结截面

在截面上右击，在弹出的快捷菜单中取消选
中"显示剖切"选项，可以将截面效果暂时隐藏，
如图3-164~ 图3-166所示。再次选择该选项，
即可恢复截面效果。

图3-164

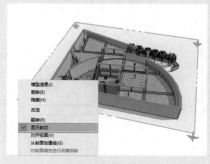

图3-165

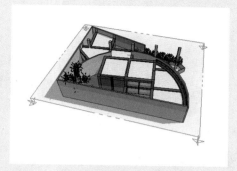

图3-166

技巧：

在"截面"工具栏中单击"显示剖面"按钮，或者在截面上直接双击鼠标右键，可以快速激活或冻结截面。

5. 将截面对齐到视图

在截面上右击，在弹出的快捷菜单中选择"对齐视图"选项，可以将视图自动对齐到截面的投影视图，如图 3-167 和图 3-168 所示。

图3-167

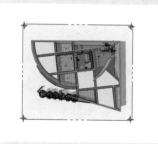

图3-168

提示：

默认情况下，SketchUP为透视显示，因此，只有在执行"相机"|"平行投影"命令后，才能产生绝对的正投影视图效果，如图3-169所示。

图3-169

6. 从剖面创建组

在"截面"上右击，在弹出的快捷菜单中选择"从剖面创建组"选项，如图 3-170 所示，可以在截面位置产生单独截面线的效果，并能进行移动、拉伸等操作，如图 3-171 所示。

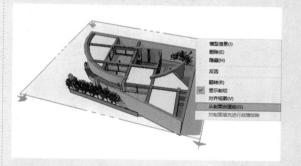

图3-170

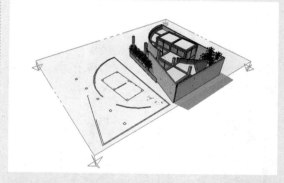

图3-171

7. 创建多个截面

在 SketchUP 中，允许创建多个截面。在侧面创建截面，可以观察到模型的立面截面效果，如图 3-172 所示。

需要注意的是，SketchUP 默认只支持其中一个截面产生作用，即最后创建的截面。此时可以通过右击，在弹出的快捷菜单中选择"显示剖切"选项，即可切换截面效果，如图 3-173 所示。

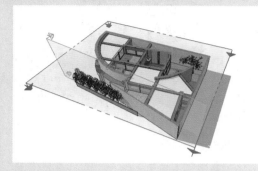

图3-172

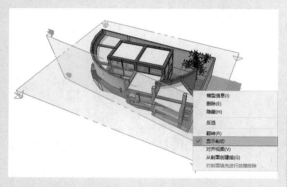

图3-173

8. 导出剖面

SketchUP 中主要有两种导出剖面的方法。

• 导出二维光栅图像

将剖切视图导出为光栅图像文件，只要模型视图中含有激活的剖切面，任何导出的光栅图像都会包括剖切效果，如图 3-174 所示。

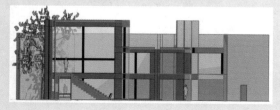

图3-174

• 导出二维矢量图像

SketchUP 可以将激活的剖切面导出为 DWG 或 DXF 格式文件，这两种格式的文件可以直接应用于 AutoCAD 中，如图 3-175 所示。

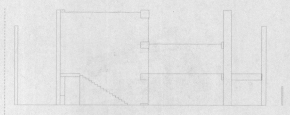

图3-175

3.4.3　实例：导出室内剖面

下面通过实例介绍利用"截面"工具导出室内模型二维矢量剖面的方法，具体的操作步骤如下。

01　打开配套资源中的"第3章\3.4.3导出室内剖面.skp"素材文件，执行"文件" | "导出" | "剖面"命令，如图 3-176 所示。

图3-176

02　在弹出的"输出二维剖面"对话框中设置参数，在文件名文本框中输入名称，设置保存路径，并将文件类型设置为AutoCAD DWG File（*.dwg）格式，如图3-177所示。

03　单击"输出二维剖面"对话框中的"选项"按钮，在弹出的"DWG/DWF输出选项"对话框中设置参数，如图3-178所示。

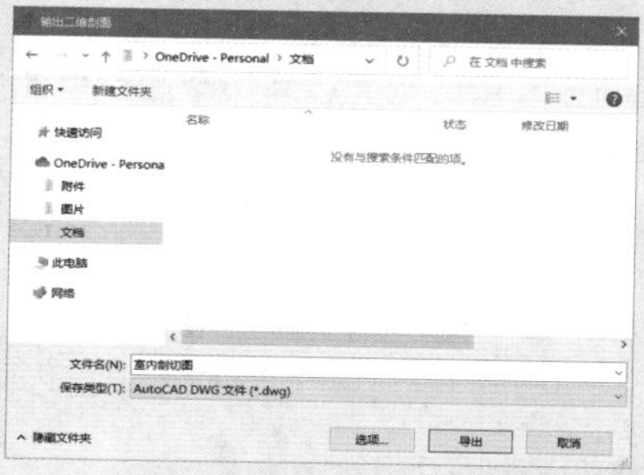

图3-177

图3-178

04 设置完成后单击"好"按钮并返回"输出二维剖面"对话框,然后单击"导出"按钮,完成场景剖面的导出,如图3-179所示。

图3-179

05 将导出的文件在AutoCAD中打开,如图3-180所示。

图3-180

"DWG/DWF 输出选项"对话框中,主要选项含义介绍如下。

※ 足尺剖面(正交):选择此单选按钮,将导出剖切面的正视图。

※ 屏幕投影:选择此单选按钮,将导出当前所看到的透视角度的剖面视图。

※ 图纸比例与大小:选中"全尺寸(1:1)"复选框,表示按真实尺寸导出。

※ 宽度与高度:用于定义导出图像的高度和宽度,可以取消选中"全尺寸"复选框,对"宽度"和"高度"两个数值进行控制。

※ 剖切线:"无"指轮廓线将与其他线条一样,按照标准线宽导出;"有宽度的折线"指导出的轮廓线为多段线实体;"宽线图元"指导出的轮廓线为宽线段,只有在导出 AutoCAD 2000 或以上版本才可以选择(多段线和宽线实体的线宽可以通过右侧的"宽度"值进行设置)。

※ 始终提示剖面选项:选中此复选框,每次导出 DWG/DXF 文件时都会自动打开选项对话框,若不选中则默认与上次导出设置保持一致。

在 SketchUP 中可以对剖面的相关参数进行设置。通过执行"窗口"|"默认面板"|"样式"命令,打开"样式"面板,如图 3-181 所示。在"编辑"选项卡中选择建模设置选项。

图3-181

※ 未激活的剖切面:用于设置未激活剖面的颜色,通过单击右侧的色块■,进入"选择颜色"对话框,并对颜色进行调整,

如图 3-182 所示。

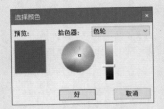

图3-182

※ 激活的剖切面：用于设置已激活剖面的
  颜色，也可以单击右侧的色块■，进入"选
  择颜色"对话框，并对颜色进行调整。

※ 剖面填充：用于设置剖面填充的颜色，
  也可以单击右侧色块■，进入"选择颜色"
  对话框，并对颜色进行调整。

※ 剖切线：用于设置剖切线的颜色，也可
  以单击右侧色块■，进入"选择颜色"对
  话框，并对颜色进行调整。

※ 剖面线宽度：用于设置剖切线的宽度，
  单位为"像素"。

3.5 视图工具

在使用 SketchUP 进行方案推敲的过程中，
会经常需要切换不同的视图模式，以确定模型创
建的位置或观察当前模型的细节效果，因此，熟
练操控视图是掌握 SketchUP 其他功能的前提。
本节主要介绍通过"视图"工具栏查看模型的方法。

3.5.1 在视图中查看模型

"视图"工具栏主要用于将当前视图快速切换
为不同的视图模式，如图 3-183 所示，从左至右
分别为：轴测图、顶视图、前视图、右视图、左视图、
后视图和底视图。

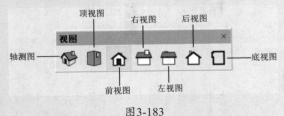

图3-183

在建立三维模型时，平面视图（顶视图）通

常用于模型的定位与轮廓的制作，各个立面图用
于创建对应立面的细节，透视图用于整体模型的
特征与比例的观察与调整。

为了能快捷、准确地绘制三维模型，应该多加
练习，以熟练掌握各个视图的作用。单击某个视
图按钮，即可切换至相应的视图，如图 3-184~
图 3-190 所示为景观亭的 7 种标准视图模式。

图3-184

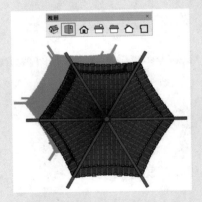

图3-185

图3-186

图3-187

图3-188

图3-189

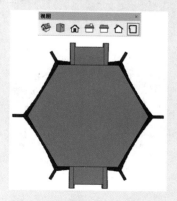

图3-190

3.5.2　透视模式

透视模式是模拟人眼观察物体和空间的三维尺度的效果。透视模式可以通过执行"相机"|"透视显示"命令，或者在"视图"工具栏中单击"轴测图"按钮 激活，如图 3-191 所示。

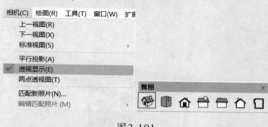

图3-191

切换到透视模式时，相当于从三维空间的某一点来观察模型。所有的平行线会相交于屏幕上的同一个消失点，物体沿一定的放射角度收缩。如图 3-192 所示为透视模式下的景观亭平行线的显示效果。

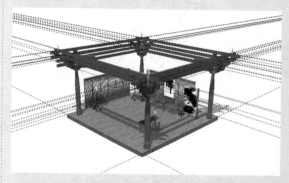

图3-192

> **提示：**
>
> 1.在视图中的模型不只有一个透视模式，透视效果会随着当前场景的视角而发生相应变化，如图3-193～图3-195所示为在不同视角时激活透视模式的效果。2.SketchUP的透视模式即为三点透视，当视线水平时，就能获得两点透视。两点透视的设置可以通过放置相机使视线水平，也可以通过执行"相机"|"两点透视图"命令，将视图切换为两点透视模式。在两点透视模式下，模型的平行线会消失于远处的灭点，显示的物体也会变形，如图3-196所示。

图3-193

图3-194

图3-195

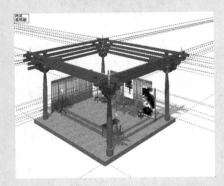

图3-196

3.5.3 等轴模式

　　等轴投影图是模拟三维物体沿特定角度产生的平行投影图，其实只是三维物体的二维投影图。

　　等轴模式可以通过执行"相机"|"平行投影"命令激活，如图3-197所示。

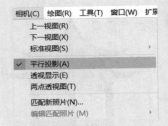

图3-197

　　在等轴模式下，对象有3个可见面。如果用一个正方体来表示一个三维坐标系，那么在等轴视图中，这个正方体只有3个面可见，如图3-198所示。

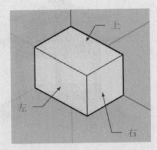

图3-198

　　这3个面的平面坐标系各不相同，因此，在绘制等轴图时，首先要在左、上、右3个面中选择其中一个设置为当前面。

提示：

> SketchUP，默认为透视显示状态，因此，所得到的平面与立面视图都非绝对的投影效果，执行"平行投影"命令，可得到绝对的投影视图。

　　在等轴模式中，物体的投影不像在透视图中有消失点，但是所有的平行线在屏幕上仍显示为平行状态，如图3-199所示。

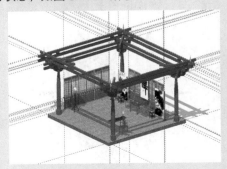

图3-199

3.6 样式工具

SketchUP 是一款直接面向设计的软件，提供了很多种对象显示模式，以满足设计方案的表达需求，让设计师能够更好地理解设计意图。

单击"样式"工具栏中的相应按钮，可以快速切换不同的视图显示效果，如图 3-200 所示。

"样式"工具栏有 7 种显示模式，同时又分为两部分：一部分为"X 射线"和"后边线"样式；另一部分为"线框显示"、"隐藏线"、"着色显示"、"材质贴图"和"单色显示"样式。前部分不能脱离后部分单独使用。

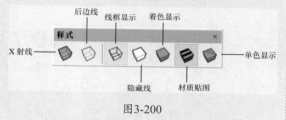

图3-200

3.6.1 X 射线模式

在进行室内或建筑等设计时，有时需要直接观察室内构件及配饰等的效果，如图 3-201 所示为"X 射线"模式与"着色显示"模式的显示效果，此模式下模型中所有的面都呈透明状态，不用隐藏任何模型，即可对内部构件一览无余。

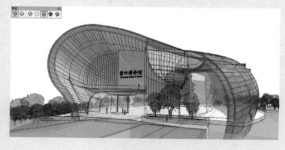

图3-201

3.6.2 后边线模式

"后边线"模式是一种附加的显示模式，单击该按钮可以在当前显示效果的基础上，以虚线的形式显示模型背面无法被观察到的线条，如图 3-202 所示为"后边线"模式与"隐藏线"模式的显示效果。

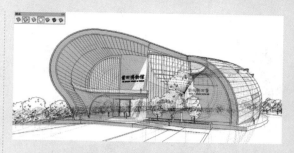

图3-202

3.6.3 线框显示模式

"线框显示"模式是 SketchUP 中最节省系统资源的显示模式，其效果如图 3-203 所示。在该显示模式下，场景中的所有对象均以实线显示，材质、贴图等效果也将暂时失效。

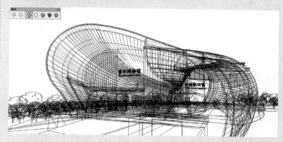

图3-203

3.6.4 隐藏线模式

"隐藏线"模式将仅显示场景中可见的模型面，此时大部分的材质与贴图会暂时失效，仅在视图中体现实体与透明材质的区别，因此是一种比较节省资源的显示方式，如图 3-204 所示。

图3-204

3.6.5 着色显示模式

"着色显示"模式是一种介于"隐藏线"与"材

质贴图"模式之间的显示模式，该模式在可见模型面的基础上，根据场景已经赋予的材质，自动在模型面上生成相近的色彩，如图 3-205 所示。在该模式下，实体与透明材质的区别也有所体现，因此，显示的模型空间感比较强烈。

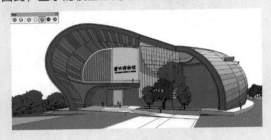

图3-205

技巧：

如果场景模型没有赋予任何材质，则在"着色显示"模式下仅以黄、蓝两色表明模型的正反面。

3.6.6　材质贴图模式

"材质贴图"模式是 SketchUP 中最全面的显示模式，该模式下材质的颜色、纹理及透明效果都将得到充分的体现，如图 3-206 所示。

图3-206

技巧：

"材质贴图"模式十分占用系统资源，因此，该模式通常用于观察材质及模型的整体效果，在进行旋转、平衡视图等操作时，则应尽量使用其他模式，以避免显示卡顿等现象。此外，如果场景中的模型没有赋予任何材质，该模式将无法应用。

3.6.7　单色显示模式

"单色显示"模式是一种在建模过程中经常

使用的显示模式，该种模式用纯色显示场景中的可见模型面，以黑色实线显示模型的轮廓线，在占用较少系统资源的前提下，可以呈现十分强烈的空间立体感，如图 3-207 所示。

图3-207

3.7　课后实训：绘制楼梯施工剖面图

在本节中，介绍制作楼梯施工剖面图的方法。首先在 AutoCAD 中清理施工图，再将其导入 SketchUP 中制作即可，具体的操作步骤如下。

3.7.1　导入 CAD 文件

01　在 AutoCAD 中打开 CAD 文件，如图 3-208 所示。删除填充图层，将所有图元归入"图层 0"，并输入 PU 执行"清理"命令，清理图形文件，整理结果如图 3-209 所示。

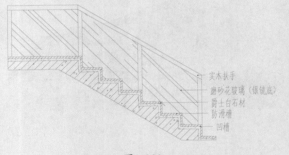

图3-208

02　启动 SketchUP 2023，执行"文件" | "导入"命令，在弹出的"导入"对话框中，选择文件类型为 AutoCAD（*.dwg.*.dxf），如图 3-210 所示。

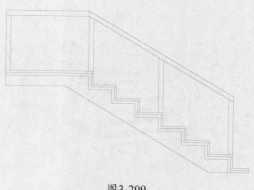

图3-209

图3-210

03 单击"导入"对话框下方的"选项"按钮，将单位改为"毫米"（同AutoCAD中的单位一致），如图3-211所示。双击目标文件或单击"导入"按钮即可导入文件。

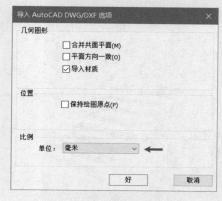

图3-211

3.7.2 构建楼梯模型

01 在SketchUP中导入CAD文件，结果如图3-212所示。

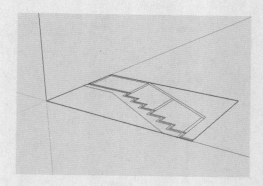

图3-212

02 框选楼梯线框，选中"旋转"工具 ⚙，待鼠标指针变成 ◈ 状时，拖动鼠标指针确定旋转平面，然后在模型表面确定旋转轴与方向，将楼梯线框旋转90°，并将楼梯线框移至原点，如图3-213所示。

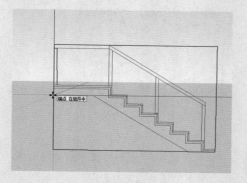

图3-213

03 选中"直线"工具 ✏，将线框转换为面域，并将其创建成群组，然后选择物体，按快捷键Ctrl+C进行复制，如图3-214所示。

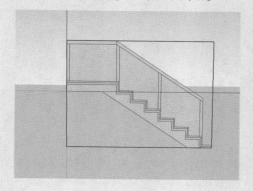

图3-214

04 将原楼梯面隐藏，并执行"编辑"|"定点粘贴"命令，如图3-215所示。

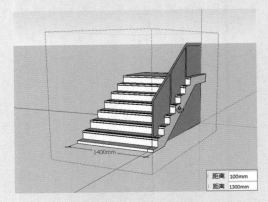

编辑(E)	视图(V)	相机(C)	绘图(R)	工具(T)
撤销 隐藏				Ctrl+Z
重复				Ctrl+Y
剪切(T)				Ctrl+X
复制(C)				Ctrl+C
粘贴(P)				Ctrl+V
定点粘贴(A)				
删除(D)				Del
删除参考线(G)				
全选(S)				Ctrl+A
全部不选 (N)				Ctrl+T
反选 (I)				Ctrl+Shift+I

图3-215

05 双击进入楼梯组件并选择楼梯面，右击，在弹出的快捷菜单中选择"反转平面"选项，将楼梯面反转，如图3-216所示。

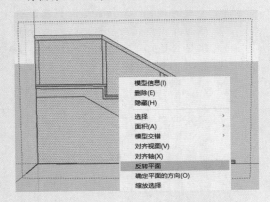

图3-216

06 选中"擦除"工具 ✐，将楼梯的细节部分删除，整理结果如图3-217所示。

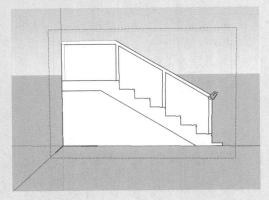

图3-217

07 选中"推/拉"工具 ♣，将楼梯面向两侧推出一段距离，如图3-218所示。

08 继续使用"推/拉"工具 ♣，按住Ctrl键将楼梯栏杆向右推出50mm，如图3-219所示。

图3-218

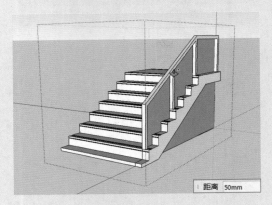

图3-219

09 选中栏杆并右击，在弹出的快捷菜单中选择"反转平面"选项，将其反转至正面，然后选中"推/拉"工具 ♣，将玻璃面向内推20mm，如图3-220所示。

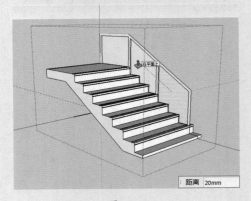

图3-220

10 继续使用"推/拉"工具 ♣，按住Ctrl键将另一侧玻璃面向外推10mm，并删除多余的面，如图3-221所示。

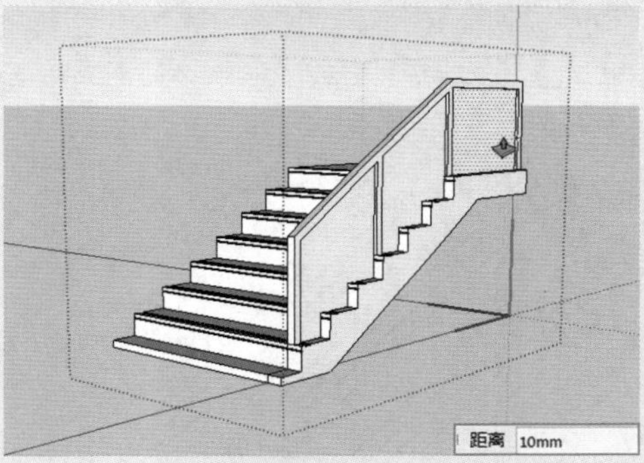

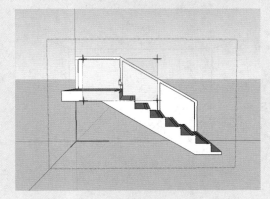

图3-221

11 切换到前视图，并选中"剖切面"工具 ⊖，在如图3-222所示的位置创建剖面，剖切栏杆。

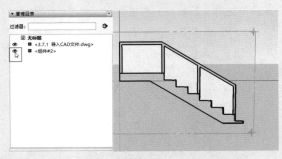

图3-222

12 在视图空白处单击，退出组件编辑状态。执行"窗口"|"默认面板"|"管理目录"命令，打开"管理目录"面板，单击组名称前的 ◎ 按钮，按钮显示为 ● 后显示群组，如图3-223所示。

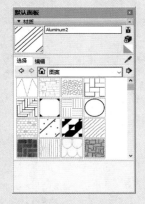

图3-223

3.7.3 铺贴施工图材质

01 双击进入显示的群组，此时外框显示为虚线

状态。选中"材质"工具 ⊗，在弹出的"材质"面板中单击展开按钮 ✓，在弹出的菜单中选择"图案"选项，显示各种类型的图案，如图3-224所示。

图3-224

02 选择"夯实粘土"材质 ◢，填充楼梯底板面并调整其纹理大小为80.000m，如图3-225所示。

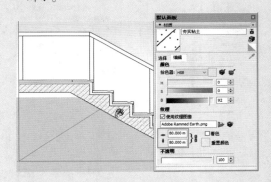

图3-225

03 选择"混凝土浇筑"材质 ，填充至砂浆混凝土层，并调整参数，如图3-226所示。

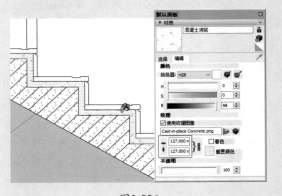

图3-226

04 选择"钢铁"材质 ///，并赋予栏杆，如图
　　3-227所示。

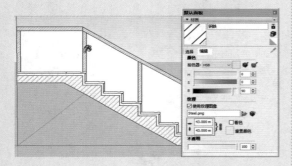

图3-227

05 选择"网纹板"材质 ，并赋予台阶面，如图
　　3-228所示。

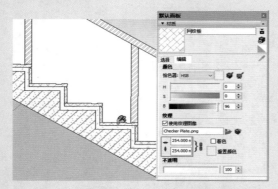

图3-228

06 选择"铝"材质 ///，并赋予玻璃面，如图
　　3-229所示。

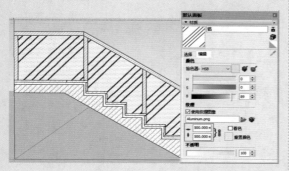

图3-229

07 选择玻璃面并右击，在弹出的快捷菜单中选
　　择"纹理"|"位置"选项，进入纹理编辑
　　状态。再次右击，在弹出的快捷菜单中选择
　　"旋转"|90选项，如图3-230所示。

08 使用"材质"工具 并配合Alt键，单击刚

调整方向的玻璃面，进行材质取样，接着单
击其余玻璃材质表面，将取样的材质赋予表
面，如图3-231所示。

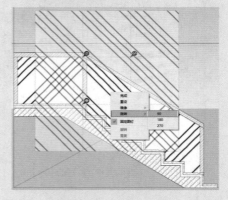

图3-230

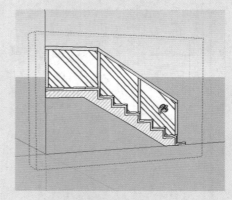

图3-231

09 单击视图空白处退出群组，然后单击"显示
　　剖切面"按钮 ，关闭截面显示，并将视图
　　转换成平行投影下的后视图，即可得到如图
　　3-232所示的楼梯剖面图。

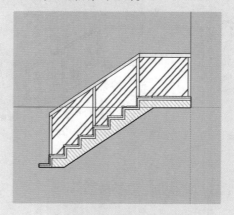

图3-232

10 双击楼梯模型组件，再次单击"显示剖切面"按钮，开启截面显示。在截平面上右击，在弹出的快捷菜单中选择"翻转"选项，即可同时观察楼梯模型与施工图剖面，如图3-233所示。

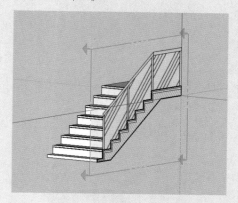

图3-233

3.8 课堂练习

通过使用"3D文本"工具、"擦除"工具、"环绕观察"工具、"缩放窗口"工具，为铅笔添加文字并删除多余线条，如图3-234所示。

图3-234

3.9 课后习题

通过使用"剖切面"工具、"尺寸标注"工具，标注办公桌椅模型，如图3-235所示。

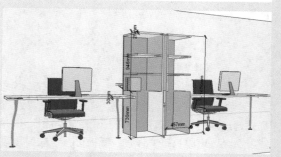

图3-235

117

第4章
SketchUP绘图管理工具

SketchUP 中的绘图管理工具可以对场景中的绘图工具及图元进行管理和设置。将工具和图元进行分类管理，可以使绘图更加方便并显示不同的效果。正确运用 SketchUP 的绘图管理工具，也可以大幅提高工作效率。

4.1 样式设置

SketchUP 提供了多种显示风格，主要通过样式管理器进行设置，执行"窗口"|"默认面板"|"样式"命令，可以打开"样式"面板进行样式设置。

4.1.1 样式面板

"样式"面板中包含关于背景、天空、边线和表面的显示效果等方面的设置，通过选择不同的显示风格，可以让用户的图纸表达更具艺术性，体现强烈的个性。

"样式"面板主要包括"选择""编辑"和"混合"3 个选项卡，如图 4-1 所示。

图4-1

1. "选择"选项卡

"选择"选项卡主要用于设置场景模型的风格样式，SketchUP 默认提供了如图 4-2 所示的 7 种风格，每一种风格中又有不同的显示样式，用户可以通过单击缩略图，将其应用于场景中。

图4-2

在这 7 种风格中又包含多种不同的样式，如图 4-3~ 图 4-9 所示为部分样式的显示效果。

图4-3

图4-4

图4-5

图4-6

图4-7

图4-8

提示：

若没有适合的模板，则可以自行在调整天空背景后，执行"文件"|"另存为模板"命令，如图4-10所示，即可保存设定的模板。再次使用SketchUP时，在向导界面的"模板"选项中选择设置的模板即可。

图4-9

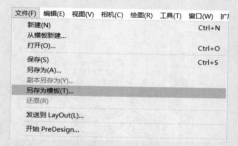

图4-10

2. 编辑"选项卡

"编辑"选项卡包括"边线" 、"平面" 、"背景" 、"水印" 和"建模" 5个选项组，如图 4-11 所示，通过选择各选项组可以对场景模型的显示进行设置。

• 边线设置

"边线"选项组中的选项用于控制几何体边线的显示、隐藏、粗细及颜色，如图 4-12 所示，可以进行更加复杂的边界线类型与效果设置。

图4-11   图4-12

"边线"选项组主要包括边线、后边线、轮廓线、深粗线、出头、端点、抖动和短横，如图 4-13~ 图 4-20 所示。

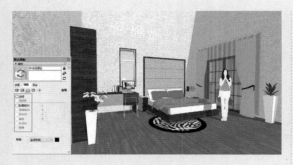

图4-13

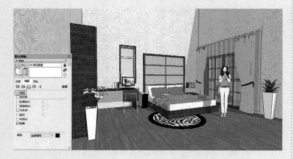

图4-14

图4-15

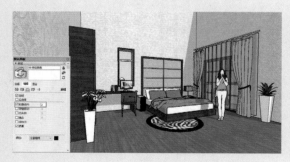

图4-16

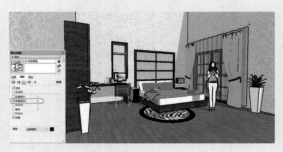

图4-17

图4-18

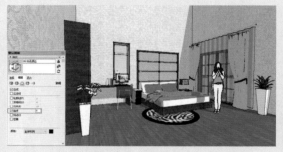

图4-19

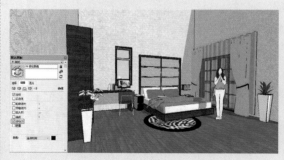

图4-20

选择"抖动"样式，图形的边线显示为不规则的手绘线效果，此时再选中"短横"复选框，可以使手绘边线变得整齐。

"颜色"下拉列表可以控制边线的颜色，其中包含 3 种颜色显示样式。在 SketchUP 中默认的边线颜色为黑色，单击下拉列表右侧的色块■可以进入"选择颜色"对话框，设置边线的颜色，如图 4-21 所示。

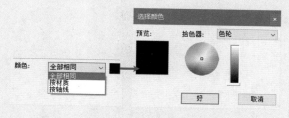

图4-21

• 平面设置

"平面"选项组包含了6种面的显示样式，分别是"以线框模式显示""以隐藏线模式显示""以阴影模式显示""使用纹理显示阴影""使用相同的选项显示有着色显示的内容""以X光透视模式显示"，如图4-22所示。另外，在其中还可以修改材质的正面（前景）颜色和背面（背景）颜色，如图4-23所示。

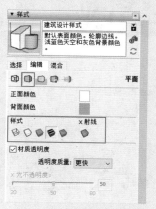

图4-22

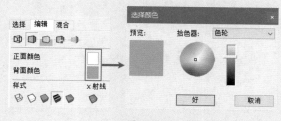

图4-23

• 背景设置

在SketchUP中，可以在背景中展示一个模拟大气效果的渐变天空和地面，以及显示地平线，如图4-24所示。

背景的效果可以在"样式"选项组中设置，只需在"编辑"选项卡中单击"背景"按钮，即可展开"背景"选项组，对背景颜色、天空和地面进行设置，如图4-25所示。

图4-24

图4-25

※ 透明度：该滑块用于显示不同透明等级的渐变地面效果，让用户可以看到地面以下的几何体。建议在使用硬件渲染加速的条件下调整该滑块。

※ 从下面显示地面：选中该复选框后，当相机从地平面下方往上看时，可以看到渐变的地面效果。

• 水印设置

水印特性可以在模型周围放置2D图像，用来创造背景，或者在带纹理的表面上模拟绘画的效果。"水印"选项组如图4-26所示。

图4-26

※ 添加／删除水印 ⊕⊖：单击⊕按钮，可以选择二维图像作为水印图片，并添加在场景模型中。选择不需要的水印图像，单击⊖按钮将其删除。

※ 编辑水印 ✍：用于控制水印的透明度、位置、大小和纹理排布。

※ 调整水印的前后位置 ⬆⬇：用于切换水印图像在场景模型中的位置，作为前景或背景。

• 建模设置

"建模"设置用于对选定模型的颜色、已锁定的模型的颜色、导向器颜色等属性进行修改。如图4-27所示为"建模"选项组，前文已做详解，在此不再赘述。

图4-27

3. "混合"选项卡

"混合"选项卡主要用于设置场景，可以为同一场景设置多种不同的风格，如图4-28所示为"混合"选项卡。

图4-28

4.1.2 实例：设置车房背景

下面通过实例介绍"样式"面板中设置背景

的方法，具体的操作流程如下。

01 打开配套资源中的"第4章\4.1.2设置车房背景.skp"素材文件，这是一个别墅模型，如图4-29所示。

02 执行"窗口"｜"默认面板"｜"样式"命令，弹出"样式"面板，选择"编辑"选项卡，如图4-30所示。

03 设置背景。取消选中"天空"和"地面"复选框，然后单击"背景"选项右侧的色块 ▭，在弹出的"选择颜色"对话框中调整背景颜色，单击"好"按钮，即可改变场景中的背景颜色，如图4-31所示。

图4-29　　　　　　图4-30

图4-31

04 设置天空。选中"天空"复选框后，场景中将显示渐变的天空效果。可以通过单击"天空"复选框右侧的色块 ▭，进入"选择颜色"对话框，调整天空的颜色，单击"好"按钮，选择的颜色将自动应用于天空，如图4-32所示。

图4-32

05 设置地面。选中"地面"复选框后，背景颜色会自动被天空和地面的颜色覆盖，单击"地面"复选框右侧的色块■，进入"选择颜色"对话框，调整颜色后单击"好"按钮，此时地面颜色从地平线开始向下显示指定的颜色，如图4-33所示。

图4-33

4.2 标记设置

SketchUP 2023 中的"标记"是一个强力的模型管理工具，可以对场景中的模型进行有效归类，以便简单地控制颜色与显示状态。本节将详细讲解"标记"工具的相关知识，包括标记的建立、显隐，以及属性的修改等。

4.2.1 标记工具栏

"标记"工具栏主要用于直观地查看场景模型中标记的情况，并方便选择当前标记。

执行"视图"|"工具栏"命令或在工具栏上右击，在弹出的快捷菜单中选择"标记"选项，如图 4-34 所示，弹出如图 4-35 所示"标记"工具栏。

图4-34

单击"标记"工具栏右侧的☑按钮，展开如图4-36 所示的标记列表，其中会出现场景中所有的标记，单击即可选中相应标记。

图4-35　　　　　　图4-36

4.2.2 标记面板

"标记"面板用于查看和编辑模型中的标记，还可以设置模型中所有标记的颜色和可见性。执行"窗口"|"默认面板"|"标记"命令，打开"标记"面板，如图 4-37 和图 4-38 所示。

图4-37　　　　　　图4-38

1. 显示与隐藏标记

显示与隐藏标记的具体操作步骤如下。

01 该场景由人、支架、锥形装饰组成，如图4-39所示。

图4-39

02 打开"标记"面板，可以发现当前场景已经创建了"man30""人""支架"及"锥形装饰"等标记，如图4-40所示。

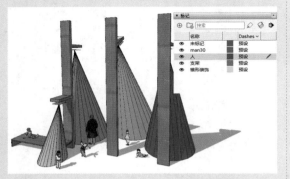

图4-40

技巧：

1.单击"标记"面板右上角的"颜色随标记"按钮，可以使同一标记的所有模型均以标记颜色显示，从而快速区分各个标记中的模型，如图4-41和图4-42所示；2.单击"标记"面板的色块，可以修改标记的颜色，如图4-43和图4-44所示。

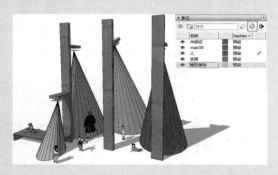

图4-41

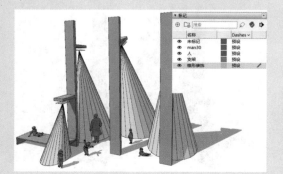

图4-42

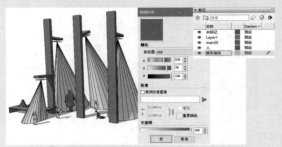

图4-43

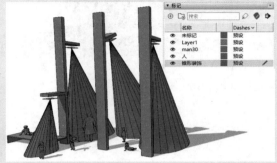

图4-44

03 如果要关闭某个标记，使其不显示在视图中，只需单击该标记前面的 ⊙ 图标，当其显示为 ⊘ 即可，如图4-45所示。再次单击 ⊘ 图标，该标记中的图形又会重新显示出来，如图4-46所示。

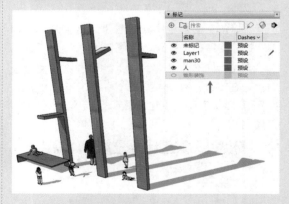

图4-45

技巧：

当前标记不可以隐藏，默认的当前标记为"未标记"。在标记的右侧单击，显示 ✎ 图标，即可将其置为当前。

SketchUP草图绘制从新手到高手（第2版）

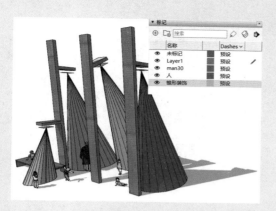

图4-46

04 如果要同时隐藏或显示多个标记,可以按住
Ctrl键多选,然后单击 👁 图标即可,如图4-47
和图4-48所示。

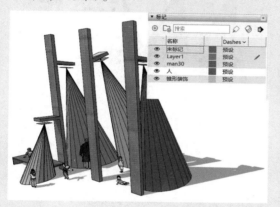

图4-47

图4-48

技巧:

按住Shift键可以进行连续多选,或者单击"标
记"面板右侧的"详细信息"按钮 ➡,在弹出的
快捷菜单中选择"全选"选项,可以选中所有标

记,如图4-49和图4-50所示。

图4-49

图4-50

2. 增加与删除标记

接下来为如图4-51所示的场景新建"室外
座椅"标记,并添加室外座椅组件,从而学习增
加标记和删除标记的方法。

图4-51

01 打开"标记"面板,单击"添加标记"按
钮 ⊕,即可新建标记。将新建标记命名为"室
外座椅",并将其置为当前,如图4-52所示。

图4-52

02 插入室外座椅组件,此时插入的组件即位于

新建的"室外座椅"标记内，如图4-53所示。可以通过该标记将其隐藏或显示，如图4-54所示。

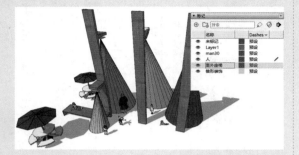

图4-53

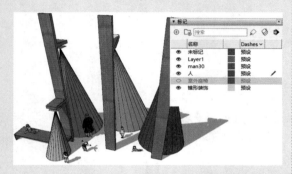

图4-54

03 当某个标记不再需要时，可以将其删除。选择要删除的标记并右击，在弹出的快捷键菜单中选择"删除标记"选项，如图4-55所示。

图4-55

04 如果删除的标记没有包含模型，系统将直接将其删除。如果标记内包含模型，则将弹出"删除包含图元的标记"对话框，如图4-56所示。

图4-56

05 此时选择"分配另一个标记"单选按钮，man30与"室外座椅"两个标记被删除，其中所包含的模型被移至"未标记"标记中。隐藏"未标记"标记后，模型也被隐藏，如图4-57和图4-58所示。如果选择"删除图元"单选按钮，则将标记与模型同时删除。

图4-57

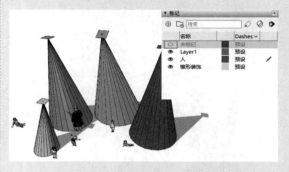

图4-58

06 如果要将删除标记内的模型转移至非默认标记中，可以先将另一标记设为当前，如图4-59所示。在"删除包含图元的标记"对话框中展开"分配另一个标记"下拉列表，选择标记，如图4-60所示。

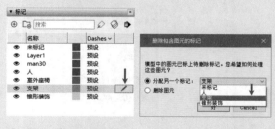

图4-59   图4-60

技巧：

1.如果场景内包含空白标记，可以单击"标记"面板右侧的"详细信息"按钮 ，在弹出的菜单中选择"清除"选项，如图4-61所示，即可自动删除所有空白标记，如图4-62所示；2.在"标记"面板中双击要修改的标记，输入新的标记名称，按Enter键确定即可重命名标记。

图4-61

图4-62

4.2.3　修改标记属性

　　模型信息包括所选模型所在的标记、名称、类型等属性，这些信息可直接进行修改。其中修改标记的操作步骤如下。

01　选择要改变标记的模型并右击，在弹出的快捷菜单中选择"模型信息"选项，如图4-63所示。

图4-63

02　在弹出的"图元信息"面板中展开"标记"下拉列表，选择"未标记"选项，如图4-64所示。

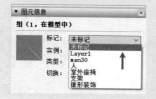

图4-64

提示：

模型移至另一标记的其他方法：选择要移动的模型，单击"标记"工具栏右侧的向下箭头按钮☑，在展开的标记列表中选择目标标记，模型则移至指定标记，如图4-65所示，同时指定标记也将变为当前标记。

图4-65

4.3　雾化和柔化边线设置

　　在SketchUP中，雾化和柔化边线都起到了丰富画面的作用，雾化是可以烘托场景氛围，柔化边线可以丰富实体。本节将详细讲解"雾化"和"柔化边线"工具的使用方法。

4.3.1　雾化设置

　　雾化效果在SketchUP中主要用于表现鸟瞰图，制造远景效果，"雾化"面板如图4-66所示。

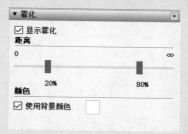

图4-66

※　显示雾化：选中该复选框后，在场景中将显示雾化效果。

※　距离：通过拖动滑块，调节场景中雾化效果的浓淡。

※　颜色：用于设置雾化效果的颜色。选中"使用背景颜色"复选框即可使用默认背景色，可以通过单击右侧的色块设置颜色。

4.3.2　实例：添加雾化效果

　　下面通过实例介绍为湖面添加雾化效果的方法，具体的操作步骤如下。

01　打开配套资源中的"第4章\4.3.2添加雾化效果.skp"素材文件，当前场景内阳光明媚，如图4-67所示。执行"窗口"|"默认面板"|"雾化"命令，如图4-68所示。

图4-67

图4-68

02　在弹出的"雾化"面板中选中"显示雾化"复选框，如图4-69所示。

图4-69

03　调整"距离"滑块，调整近处的雾气细节，如图4-70所示。

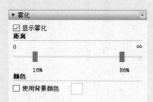

图4-70

04　默认设置下，雾气的颜色与背景颜色一致，取消选中"使用背景颜色"复选框，然后单击色块□，弹出"选择颜色"对话框并调整颜色，单击"好"按钮即可改变雾气的颜色，如图4-71所示。

图4-71

4.3.3 柔化边线设置

SketchUP 的边线可以进行柔化和平滑，从而使有折面的模型看起来圆润、光滑。边线柔化后，在拉伸的侧面上的边线会自动隐藏。柔化的边线还可以进行平滑，从而使相邻的表面在渲染中能均匀地渐变过渡。

如图 4-72 所示为一套茶具的模型，标准边线显示显得十分粗糙，下面对其进行柔化边线操作，具体的操作步骤如下。

图4-72

01 选择需要柔化边线的模型，执行"窗口"|"默认面板"|"柔化边线"命令，或者右击，在弹出的快捷菜单中选择"柔化/平滑边线"选项，两者均可柔化边线，如图4-73所示为"柔化边线"面板。

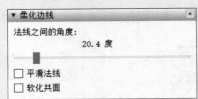

图4-73

02 拖动"法线之间的角度"滑块，可以调节光滑角度的下限值，超过此数值的夹角将被柔化，柔化的边线会被自动隐藏，如图4-74所示。

03 选中"平滑法线"复选框，限定角度范围内的模型，得到光滑和柔化效果，如图4-75所示。

04 选中"软化共面"复选框，将自动柔化共面，并连接共面表面之间的交线，如图4-76所示。

图4-74

图4-75

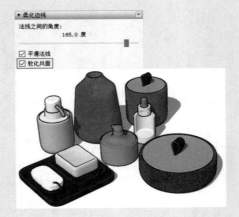

图4-76

提示:

在SketchUP中，过多的柔化处理会增加计算机的计算负担，从而影响工作效率。建议结合实际找到一个平衡点，从而对较少的几何体进行柔化，即可得到相对较好的显示效果。

4.4 SketchUP 群组工具

SketchUP 提供了具有管理功能的"群组 / 组件"工具，可以对模型进行分类管理。用户之间还可以通过群组进行资源共享，并且容易修改。本节将系统介绍群组的相关知识，包括群组的创建、编辑等。

4.4.1 群组的特点

"群组"又被简称为"组"，"群组"具有以下 5 个特点。

1. 快速选择

凡是成组的实体，只需在模型范围内单击，即可选中组内的所有元素。

2. 协助组织模型

在已有组的基础上再创建组，形成具有层级关系的组，这样管理起来更加方便。如图 4-77 所示为门模型，包含门扇（图 4-78）、门锁（图 4-79）、门套（图 4-80）三个群组。

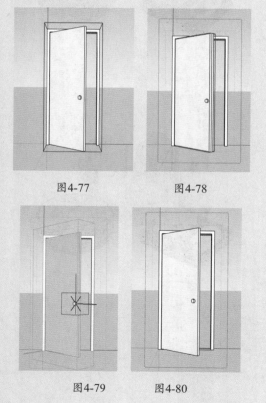

图4-77　　　　　图4-78

图4-79　　　　　图4-80

3. 隔离模型

组内的模型和组外的模型相互隔离，操作互不影响。

4. 加快建模速度

用组来管理和组织模型，有助于节省计算机资源，提高建模和显示速度。

5. 快速赋予材质

选中群组后赋予材质，群组中所有的面将会被赋予同一材质，并由组内使用默认材质的几何体继承，而事先赋予了材质的几何体不受影响，这样可以大幅提高赋予材质的效率。

4.4.2 创建与分解组

创建组，可以方便进行移动、复制、旋转等操作；分解组，有利于独立编辑指定的组中的模型。

1. 创建组

创建组的具体操作步骤如下。

01 选中要创建为群组的模型元素，执行"编辑"|"创建群组"命令，如图4-81所示。或者右击，在弹出的快捷菜单中选择"创建群组"选项，如图4-82所示。

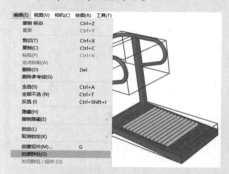

图4-81

图4-82

SketchUP草图绘制从新手到高手（第2版）

02 创建群组后，群组外侧将生成蓝色高亮显示
    的边界框，如图4-83所示。

图4-83

2. 组的分解

选择需要分解的群组，执行"编辑"|"撤销 组"命令，如图4-84所示。或者右击，在弹出的快捷菜单中选择"炸开模型"选项即可，如图4-85和图4-86所示。

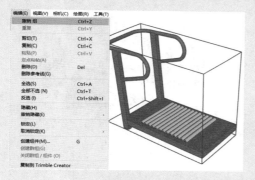

图4-84

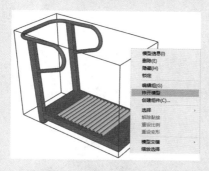

图4-85

> **提示：**
>
> 在分解群组时，若选中的是层级群组，则需要多次选择"炸开模型"选项，才能取消层级群组中的各级群组。

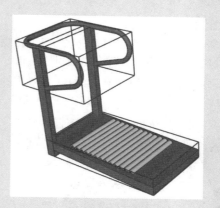

图4-86

4.4.3 锁定与解锁组

1. 锁定组

暂时不需要编辑的组可以将其锁定，以避免错误的操作。

选择需要锁定的群组并右击，在弹出的快捷菜单中选择"锁定"选项，即可锁定当前群组，如图4-87所示。锁定后的群组以红色线框显示，此时不可对其进行选择以及其他操作，如图4-88所示。

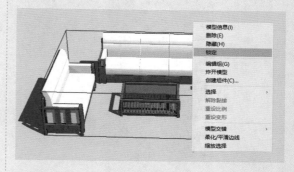

图4-87

图4-88

2. 解锁组

群组在锁定的状态下无法进行任何编辑，若要对群组进行编辑，必须要将其解锁。

选择需要解锁的群组并右击，在弹出的快捷菜单中选择"解锁"选项，如图4-89所示。

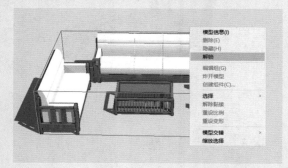

图4-89

提示：

除了可以使用右击弹出的快捷菜单进行"锁定"与"解锁"，也可以直接执行"编辑"|"锁定"/"取消锁定"|"选定项"/"全部"命令，如图4-90所示。

图4-90

4.4.4　编辑组

当多个模型被纳入群组后，即成为一个整体，在保持组不变的情况下，对组内的模型元素进行增加、减少、修改等单独的编辑，即为组的编辑。

1. "编辑组"命令

执行"编辑组"命令，可以暂时打开组，从

而对组内的模型进行单独调整，调整完成后又可以恢复组的状态，具体的操作步骤如下。

01　选择需要编辑的组并右击，在弹出的快捷菜单中选择"编辑组"选项，如图4-91所示。

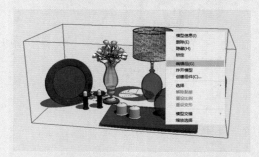

图4-91

02　暂时打开的组以虚线框显示，如图4-92所示，此时可以单独选择组内的模型并进行调整。

图4-92

03　调整完成后，在视图空白处单击，或者执行"编辑"|"关闭群组/组件"命令，即可恢复组，如图4-93和图4-94所示为调整前和调整后的模型。

技巧：

在组上双击，可以快速执行"编辑组"命令。

图4-93

SketchUP草图绘制从新手到高手（第2版）

图4-94

2. 从组中移出模型

在组中移动模型会将组扩大，却不能直接将模型移出组。因此，从组中移出模型，需使用剪切＋粘贴的方法完成，具体的操作步骤如下。

01　双击进入组的编辑状态，选择其中的模型（或组），如图4-95所示，按快捷键Ctrl+X，可以暂时将其剪切出组，如图4-96所示。

图4-95

图4-96

02　此时在空白处单击，关闭组，按快捷键Ctrl+V，将剪切的模型（或组）粘贴进场景，即可将其移出组，如图4-97所示。

图4-97

3. 向组中增加模型

在组中，可以执行"炸开模型"命令取消组，添加实体后再重新创建为组，操作过于烦琐，一般情况下，使用粘贴的方式更加简便，具体的操作步骤如下。

01　选择要增加到组中的模型，如图4-98所示。

图4-98

02　按快捷键Ctrl+X，将模型剪切，双击进入组，再按快捷键Ctrl+V粘贴即可，如图4-99所示。

图4-99

4. 文件之间运用组件

利用 SketchUP 绘图时，若想将曾经制作过的模型文件添加到正在创建的场景中，可以通过复制、粘贴组的方法，使组在文件之间交错应用。

5. 组的快捷菜单

选择组后右击，将出现如图 4-100 所示的快捷菜单。

※ 模型信息：选择此选项弹出"组"面板，在其中浏览和修改组的属性参数，如图 4-101 所示。

图4-100　　　　　　　图4-101

» 颜料 ◨：单击色块即可弹出"选择颜料"对话框，用于显示和编辑颜料参数。

» 标记：用于显示和更改组所在标记。

» 实例：用于编辑组的名称。

» 类型：显示所选组的类型。

» 隐藏 ◉：单击该按钮，将隐藏选中的组。

» 解锁 ◖ / 锁定 ◗：单击 ◗ 按钮，选中的组将被锁定，锁定后的组将突出显示，且边框为红色。单击 ◖ 按钮，解除锁定状态。

» 不接收阴影 ◔ / 接收阴影 ◕：单击 ◔ 按钮，群组不受场景中其他模型阴影的影响；单击 ◕ 按钮，组接收其他模型的阴影，即其他模型的阴影将会显示在组上。

» 不投射阴影 ◒ / 投射阴影 ◓：单击 ◒ 按钮，组不会投射阴影；单击 ◓ 按钮，组按照场景设置的参数投射阴影。

※ 删除：删除选中的组。

※ 隐藏：隐藏选中的组，场景中将不会显示模型，如图 4-102 所示。通过执行"视图"|"隐藏物体"命令，则隐藏的实体将以网格显示并可以被选择，如图 4-103 所示。

图4-102

图4-103

※ 炸开模型：用于将组炸开为独立的模型元素。

※ 创建组件：用于将选中的组转换为组件。

※ 解除贴接：用于解除与选中组相黏接的其他模型。

※ 重设比例：用于取消对选中组的所有缩放操作，恢复原始比例和尺寸。

※ 重设变形：用于恢复对选中组的扭曲变形操作。

6. 为组赋予材质

在 SketchUP 中创建的模型都具有软件系统默认的材质，默认材质在"材质"面板中以色块 ◨ 显示。创建组后，可以对组的材质进行编辑，此时组的默认材质将会更新，而事先指定的材质不会受到影响。如图 4-104 所示。

图4-104

4.4.5 实例：添加躺椅

下面通过实例介绍添加躺椅的方法。

01 打开配套资源中的"第4章\4.4.5添加躺椅.skp"素材文件，这是一个室外泳池模型，如图4-105所示。

图4-105

02 执行"文件"|"导入"命令，如图4-106所示，弹出"导入"对话框，打开配套资源提供的素材文件"躺椅.skp"，单击"导入"按钮即可将模型导入场景中，如图4-107所示。

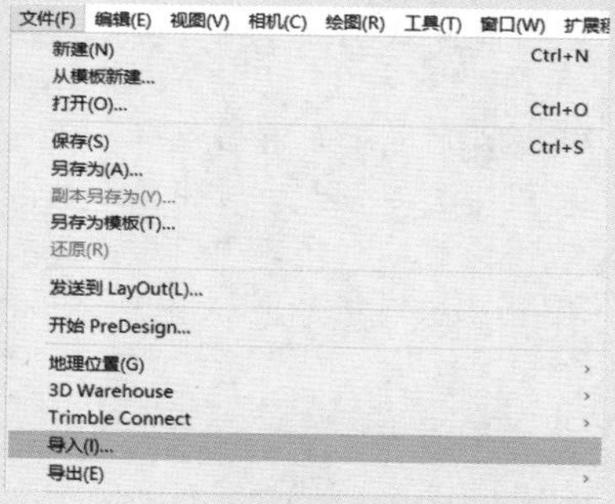

图4-106

图4-107

03 将躺椅模型导入场景后，鼠标指针变为✥状，如图4-108所示，移动躺椅至合适位置，单击

确定即可，如图4-109所示。

图4-108

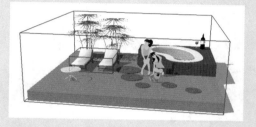

图4-109

04 将躺椅组加入室外泳池组内。选择躺椅模型，按快捷键Ctrl+X将其剪切，如图4-110所示。双击进入室外泳池组内，再按快捷键Ctrl+V粘贴即可，如图4-111所示。

图4-110

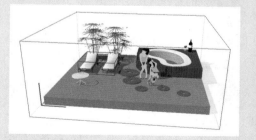

图4-111

技巧：

加入躺椅组的另一种方法为：分别打开配套资源

中的"4.4.5添加躺椅.skp"和"躺椅.skp"素材文件，在躺椅模型文件中，选择躺椅组，按快捷键Ctrl+C复制。在泳池室外场景模型中，按快捷键Ctrl+V，单击即可添加。

4.5 SketchUP 组件工具

组与组件类似，都是一个或多个对象的集合。组件可以是任何模型元素，也可以是整个场景的模型。

4.5.1 组件的特点

除了包括组的特点，组件自身还具备6个特点，分别如下。

1. 独立性

组件可输出后缀为 .skp 的 SketchUP 文件，可以在任何文件中以组件的形式调用，也可以以单独文件的形式存在。

2. 关联性

对一个组件进行编辑时，与其关联的组件将会同步更新。

3. 可替代性

组件可以被其他组件统一替换，以满足不同绘图阶段对模型的要求。

4. 与其他文件链接

组件除了存在于创建它们的文件中，还可以导出到别的 SketchUP 文件中。

5. 特殊的对齐方式

组件可以对齐到不同的表面，并且在附着的表面上挖洞开口。组件还拥有自己内部的坐标系。

6. 附带组件库

SketchUP 中自带丰富的组件库，有大量常用组件可以使用。同时还支持自建组件库，只需要将自建的模型自定义为组件，并保存至安装目录的 Components 文件夹中即可。查看组件库的位置，可以通过执行"窗口"|"系统设置"命令，在弹出的对话框中选择"文件"选项进行查看，如图4-112所示。

图4-112

4.5.2 删除组件

组件不同于组，组件在 SketchUP 中以文件的形式存在。在制图过程中，对于不需要的组件，可以通过以下3种方式删除。

1. 选中需要删除的组件，按 Delete 键即可将组件删除。利用这种方法删除组件后，只是在场景中不再显示，但在"组件管理器"中仍存在。

2. 执行"窗口"|"默认面板"|"组件"命令，弹出"组件"面板，单击"在模型中"按钮⌂，显示当前场景中的所有组件，然后选择不需要的组件并右击，在弹出的快捷菜单中选择"删除"选项，即可将组件从场景中彻底删除，如图4-113所示。

3. 若想快速删除场景中未使用的组件，可执行"窗口"|"模型信息"命令，在弹出的"模型信息"对话框中进入"统计信息"选项卡，并取消选中"显示嵌套组件"复选框，设置完成后单击"清除未使用项"按钮即可，如图4-114所示。

图4-113　　　　　　　图4-114

4.5.3 锁定与解锁组件

组件跟组一样可以进行锁定与解锁，但是由于组件具有组所没有的关联性，相同名称的组件中，如果一个被锁定，其余多个组件也将被锁定。

组件的锁定与组的锁定类似，这里就不重复讲解了，如图4-115和图4-116所示。

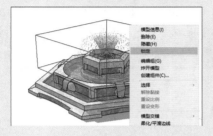

图4-115

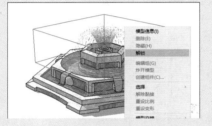

图4-116

4.5.4 实例：锁定组件

下面通过实例介绍锁定组件的独特性，具体的操作步骤如下。

01 打开配套资源中的"第4章\4.5.4锁定组件.skp"素材文件，场景中的椅子模型为预设组件，选择一个椅子组件，如图4-117所示。

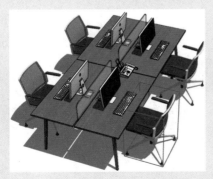

图4-117

02 右击，在弹出的快捷菜单中选择"锁定"选项，此时椅子组件外框由蓝色变为红色，如图4-118所示。

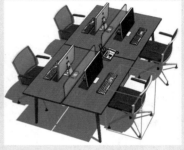

图4-118

03 双击另一个椅子组件，此时将弹出如图4-119所示的提示对话框，单击"设定为唯一"按钮，即可进入编辑状态进行独立编辑，如图4-120所示。

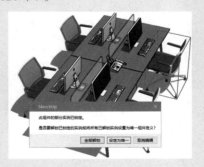

图4-119

提示：

1.出现实例中的情况是因为组件之间具有组之间不具备的关联性，在对一个组件进行操作时，其余相同名称的组件，将会得到相应的操作变化。

2.单击"全部解锁"按钮，场景中已有的锁定全部解锁，方便对所有的组件进行编辑，并保持组件的关联性。

3.单击"设置为唯一"按钮，将会单独编辑当前组件，而且与其他组件之间的关联性消失。

图4-120

4.5.5 编辑组件

右击组件弹出的快捷菜单中有多个选项与组的快捷菜单相似，如图 4-121 所示，在此只对常见命令进行讲解。

图4-121

※ 设定为唯一：由于组件的关联性，当只需对其中一个进行单独编辑时，就需要选择该选项进行编辑，这样不会影响其他组件。

※ 更改轴：用于重新设置组件的坐标轴。

※ 重设比例 / 重设变形 / 缩放定义：组件的缩放与普通模型的缩放有所不同。若直接对一个组件进行缩放，不会影响其他组件的大小。而进入组件内部再进行缩放，则会改变所有相关联的组件。缩放组件后，组件将会倾斜变形，此时选择"重设比例"或"重设变形"选项，即可恢

复组件原型。

1. 组件的关联性

在 SketchUP 场景中，对组件进行单独编辑时，可以同时编辑场景中所有其他相同名称的组件，这就是组件特殊的关联性，如图 4-122 所示为利用组件的关联性修改窗户的效果，可以快速对其相关的组件进行修改，大幅提高了工作效率。

图4-122

2. 组件的替代性

在 SketchUP 场景中，若采用了某一组件，成图后要求统一变换样式，可以利用组件的整体替代性更换组件，而无须将要变换的组件删除后再逐个调用，组件的这一特性最大限度地提高了作图速度。

4.5.6 组件的淡化显示

执行"窗口"|"模型信息"命令，在弹出的"模型信息"对话框中选择"组件"选项卡，如图 4-123 所示，可以设置在组或组件编辑时模型的显示效果。

图4-123

※ 淡化类似组件：移动滑块可以设置被编辑组件外部的相同组件在此组件内观察时显示的淡化程度，越往浅色方向拖动颜色越淡，如图 4-124 所示为窗户组件的淡化显示效果。

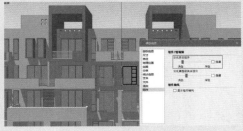

图4-124

图4-126

※ 淡化模型的其余部分：拖动滑块可以设
置被编辑组件外部其余组件在此组件内
观察时显示的淡化程度，越往浅色方向
拖动滑块颜色越淡，如图4-125所示为对
场景中其余组件的淡化显示效果。

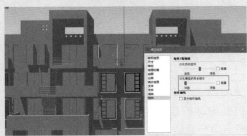

图4-125

※ 隐藏：选中该复选框后，在编辑一个组件
时，隐藏场景中其他相同或不同的模型。

※ 显示组件轴线：选中该复选框后，可以
在场景中显示组件的坐标轴，如图4-126
所示。

4.5.7　插入组件

在SketchUP中主要有两种插入组件的方法：
通过"组件"对话框插入和通过执行"文件"|"导
入"命令插入。将事先制作好的组件插入正在创
建的场景模型中，可以起到事半功倍的作用。

1. 组件管理器

执行"窗口"|"默认面板"|"组件"命令，
调出"组件"面板，然后在"选择"选项卡中选
择一个组件，接着在绘图区单击，即可将选中的
组件插入当前视图，如图4-127所示。

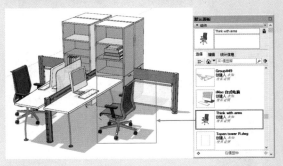

图4-127

"选择"选项卡：

※ 查看选项⊞▾：单击该按钮后将弹出菜单，
包含"小缩略图""大缩略图""详细
信息""列表"4种图标显示方式和"刷
新"命令，选择显示图标的类型后，组

件的显示方式将随之改变，如图4-128~
图4-131所示。

图4-128   图4-129

图4-130   图4-131

※ 在模型中 ：单击该按钮后将显示当前
　模型中正在使用的组件，如图4-132所示。

※ 导航 ：单击该按钮后将弹出菜单，用于
　切换"在模型中"和"组件"命令中显
　示的模型目录，如图4-133所示。

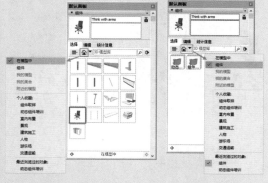

图4-132   图4-133

※ 详细信息 ：选中一个模型组件后，单
　击该按钮即可弹出菜单，如图4-134所示。

"另存为本地集合"命令用于将选中的
组件保存；"清除未使用项"选项用于
清理多余的组件，以减小文件的大小。

图4-134

提示：

1."组件"对话框底部的显示框，左右两侧的箭
头按钮用于前进或后退浏览组件库，如图4-135
所示；2.保存组件还有另一种方法，在"组件"
面板中选择需要保存的组件并右击，在弹出的快
捷菜单中选择"另存为"选项即可，如图4-136
所示。

图4-135   图4-136

"编辑"选项卡，如图4-137所示，在选中
模型中的一个组件后，可以在"编辑"选项卡中
对组件的黏接至、切割开口、朝向以及保存路径
进行设置和查看。

※ 载入来源：在"组件"面板中选中一个
　组件后，进入"编辑"选项卡，单击如
　图4-138所示的文件夹按钮 ，弹出"打
　开"对话框，即可导入组件。

"统计信息"选项卡，如图4-139所示，选
中模型中的一个组件后，可以在"统计信息"选
项卡中查看组件中包含模型元素的信息。

图4-137　　图4-138

图4-139

2. 通过文件插入组件

在 SketchUP 中，组件可以以文件的形式存在，故可以通过导入文件的方式，将组件插入场景中。

执行"文件"|"导入"命令，弹出如图4-140所示的"导入"对话框，选择文件，单击"导入"按钮，即可将组件导入 SketchUP 场景中。

图4-140

茶几是室内设计经常用到的模型，本节将讲解木制特色茶几的制作方法。制作茶几模型分为创建模型及填充材质两个阶段。

4.6.1　创建茶几模型

通过简单的分析，可以将茶几模型分为茶几桌面与茶几支架两部分，因此创建模型分为两个阶段进行，具体的操作步骤如下。

1. 绘制茶几桌面

01　选中"矩形"工具▣，绘制一个尺寸为1180mm×600mm的矩形，并用"推/拉"工具◈推出200mm，如图4-141所示。

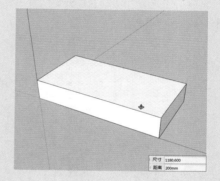

图4-141

02　选中"圆弧"工具⟋，在矩形的4个角绘制桌面的弧形轮廓，圆弧半径为55mm，如图4-142所示。

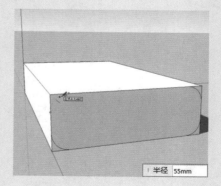

图4-142

03　选中"推/拉"工具◈，推空立方体的4个直角，使桌角边缘呈圆滑态，如图4-143所示。

第4章　SketchUP绘图管理工具

141

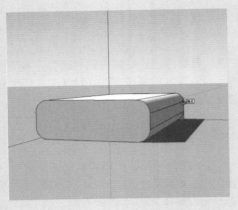

图4-143

04 创建组件并柔化表面。按快捷键Ctrl+A选中
所有模型，右击并在弹出的快捷菜单中选
择"创建群组"选项。双击打开群组，选择
"擦除"工具✐，并按住Ctrl键，柔化多余线
条，如图4-144所示。

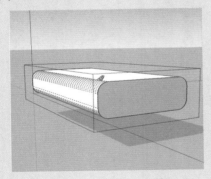

图4-144

05 选择"偏移"工具⚒，向内偏移12mm，如图
4-145所示。

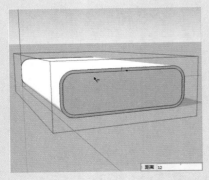

图4-145

06 选中"推/拉"工具⬆，推空茶几内部，如图
4-146所示。

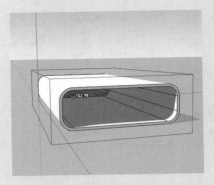

图4-146

07 选中"擦除"工具✐，并按住Ctrl键选择线
条，将内表面柔化。选中"矩形"工具▦，
绘制830mm×300mm的辅助矩形。选中"圆
弧"工具⌒绘制半径为55mm的圆弧，如图
4-147所示。

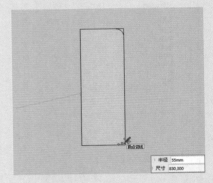

图4-147

08 选中"推/拉"工具⬆，将辅助平面推出一定
高度，右击并在弹出的快捷菜单中选择"创
建群组"选项，将其创建为群组。然后用
"移动"工具✥将其对齐至茶几桌面一侧的中
心，如图4-148所示。

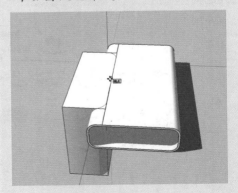

图4-148

09 重复相同的操作，沿绿轴移动复制一个辅助几何体。选中"缩放"工具▣，选择中心面将辅助几何体镜像复制，如图4-149所示。

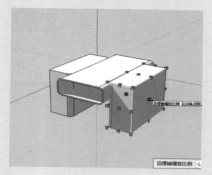

图4-149

10 单击"实体"工具栏中的"差集"按钮▣，减去多余模型。分别以两个辅助几何体为第一个实体，茶几桌面为第二个实体，结果如图4-150所示。

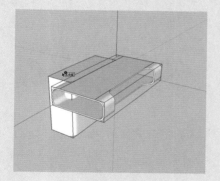

图4-150

11 使用"直线"工具✐和"圆"工具●，在桌面一角绘制桌面分界线，并绘制4个对称半径为8mm的铆钉，如图4-151所示。

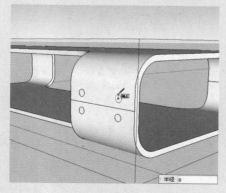

图4-151

12 绘制固定铆钉的钉架。使用"矩形"工具▣绘制120mm×13mm的矩形，使用"直线"工具✐绘制中心线，使用"圆"工具●绘制半径为3mm的圆，并用"推/拉"工具◆推出1.5mm，如图4-152所示。

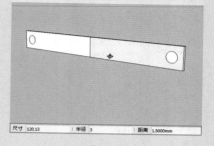

图4-152

13 选中"旋转"工具♻，按住Ctrl键，旋转复制钉架，并旋转十字钉架至水平状态，如图4-153所示。

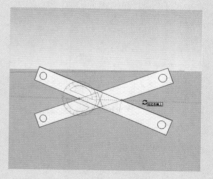

图4-153

14 选中"直线"工具✐，绘制一条茶几内部切割线。使用"移动"工具◆，移动十字钉架中心到切割线的中点，并选择十字钉架与铆钉，如图4-154所示。

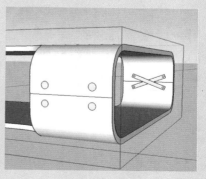

图4-154

15 在茶几面上绘制一条中心辅助线，选中"旋转"工具 ↻，按住Ctrl键将选中模型旋转180°，即可完成铆钉和十字钉架的复制，如图4-155所示。

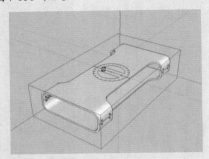

图4-155

2. 绘制茶几支架

01 使用"卷尺"工具 ⊿，绘制茶几支架位置的辅助线，横向偏移406mm，竖向偏移60mm，整体向内移动96mm，并移至中心位置，如图4-156所示。

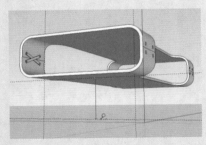

图4-156

02 将茶几桌面向上移动7mm，并使用"矩形"工具 ▣ 以辅助线的交点为端点绘制矩形。选中"圆弧"工具 ⌒，绘制半径为58mm的圆角，如图4-157所示。

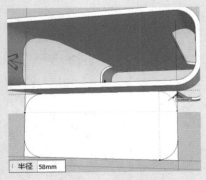

图4-157

03 删除多余的线，选中"圆"工具 ◯，并捕捉垂直于矩形的面后，绘制一个半径为7mm的圆形，如图4-158所示。

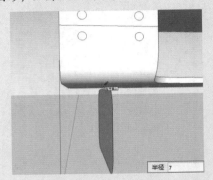

图4-158

04 使用"选择"工具 ▶，选择矩形边线为放样路径。选中"路径跟随"工具 ⟳，在圆形截面上单击，圆形截面则会沿矩形边线跟随支架，如图4-159所示。

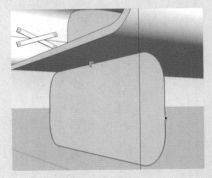

图4-159

05 选择支架，选中"擦除"工具 ✎ 并按住Ctrl键，选择线条将其柔化，并删除多余面，如图4-160所示。

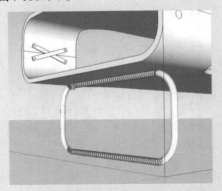

图4-160

06 选择支架，使用"旋转"工具 ⟳，将其沿茶
    几桌面中心旋转复制，如图4-161所示。

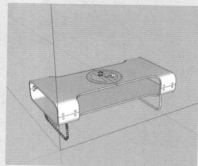

图4-161

07 选中"选择"工具 ▸，按住Ctrl键分别在两
    个支架上右击，并在弹出的快捷菜单中选择
    "创建群组"选项，如图4-162所示。

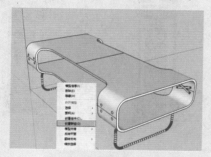

图4-162

08 单击"X光透视"按钮 ▣，切换视图模式，
    删除多余的线条，以完善模型，如图4-163
    所示。

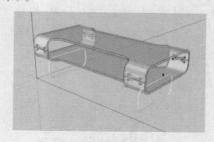

图4-163

4.6.2 铺贴材质

　　通过前文创建的茶几模型可以分析出，茶几
有桌面、铆钉以及支架共3类材质，其中桌面的
木纹材质不属于 SketchUP 中自带的材质。为方

便填充材质，应先关闭"X光透视"模式。

01 双击进入茶几桌面群组，执行"文件"|"导
    入"命令，在弹出的"导入"对话框中选
    择图片文件并选中"纹理"单选按钮，如
    图4-164所示，单击"导入"按钮即可导入
    图片。

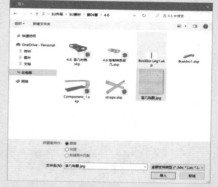

图4-164

02 此时鼠标指针呈 状，木纹材质图片出现在
    鼠标指针处，点选材质的放置位置，再拖出
    材质的大小，如图4-165所示。

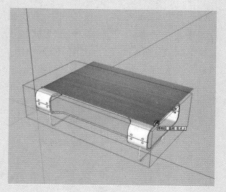

图4-165

03 铺贴完成后，可以发现当前填充的面已经
    铺贴上该材质。选中"材质"工具 ，按

住Alt键吸取木纹材质，然后按住Ctrl键并单击，填充茶几桌面的其他部分，如图4-166所示。

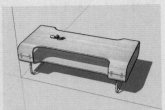

图4-169

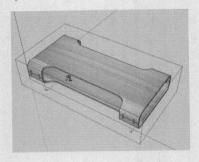

图4-166

04 单击"X光透视"按钮 ◈，切换视图模式。选择铆钉与十字钉架，选中"材质"工具 ◈，在弹出的"材质"面板中，通过单击下拉按钮进入颜色文件夹，并选择该文件夹中的浅灰色材质（颜色M01），单击选中区域，完成铆钉与十字钉架的材质填充，如图4-167所示。

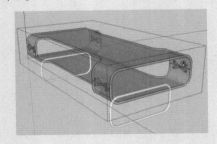

图4-167

05 重复相同的操作，在弹出的"材质"面板中通过单击下拉按钮进入颜色文件夹，并选择该文件夹中的银灰色材质（颜色M02），单击支架群组，填充支架材质，如图4-168所示。

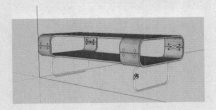

图4-168

06 最后对材质的颜色进行微调，完成材质的填充，最终效果如图4-169所示。

4.7 课堂练习

通过为宫灯创建组件和群组，练习快捷菜单中"组件"和"群组"选项的使用方法，结果如图4-170所示。

图4-170

4.8 课后习题

通过为花园设置背景和雾化效果，练习"样式"和"雾化"命令的使用方法，结果如图4-171所示。

图4-171

第5章
SketchUP常用插件

在前文的命令讲解及实例练习中，为了让大家熟悉 SketchUP 的基本功能和使用技巧，没有使用 SketchUP 基本工具以外的插件。但是在制作一些复杂的模型时，使用 SketchUP 基本工具来建模会非常复杂，此时使用插件制作相同的模型会起到事半功倍的作用。

本章将介绍在 SketchUP 中应用较多的 SUAPP 建筑插件，该插件是一款强大的工具集，极大地提高了 SketchUP 的建模能力，弥补了 SketchUP 本身的一些缺陷。

5.1 SUAPP 插件的安装

下面通过实例介绍安装SUAPP插件的方法，具体的操作步骤如下。

01 双击配套资源中提供的SUAPPv3.7.6.7软件安装文件⑤，此时将弹出"安装向导"对话框，如图5-1所示，单击"安装"按钮进入安装程序。随后会显示插件的安装过程，如图5-2所示。

图5-1

02 在稍后弹出的对话框中选择"离线模式"选项，单击"启动SUAPP"按钮结束安装，同时启动插件，如图5-3所示。

图5-2

图5-3

5.2 SUAPP 插件的基本工具

SUAPP 插件安装完成后，启动 SketchUP 软件，此时界面中将出现 SUAPP 基本工具栏，如图 5-4 所示。该工具栏中选取了常用且具有代表性的插件工具，通过按钮的方式显示，方便用户使用。

图5-4

将鼠标指针置于工具按钮之上，在其右下角将显示工具的名称及功能，如图 5-5 所示。

图5-5

图5-5 （续）

SUAPP 的绝大部分核心功能都整理分类在"扩展程序"菜单中，SUAPP 的增强菜单如图5-6 所示。

为了方便操作，SUAPP 在子菜单中扩展了更多功能，如图 5-7 所示。

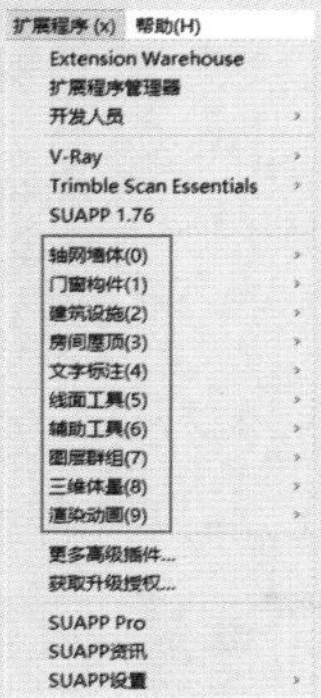

图5-6 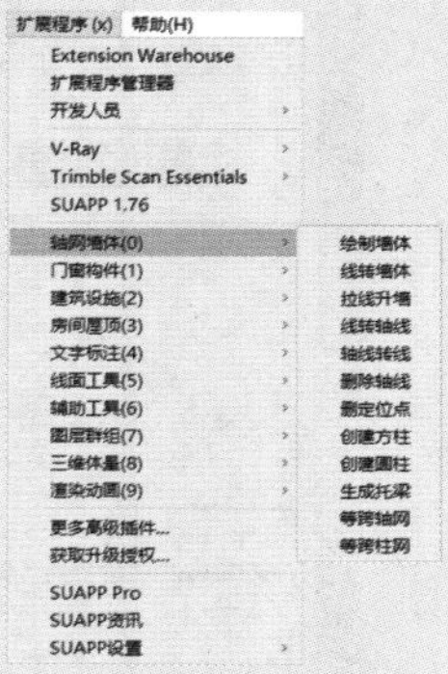　　　　图5-7

由于插件工具较多，此处只选取 SUAPP 的部分功能进行简单讲解，如果对其余插件工具感兴趣可以自行探索。

5.2.1　镜像物体

"镜像物体"插件工具⚐与 AutoCAD 中的"镜像"命令⚐有异曲同工之妙，操作方法大体相同，只是将操作对象从二维改为三维而已。"镜像物体"插件工具通过对称点、线、面来镜像物体，可用于组及组件中，如图 5-8 所示。SketchUP 中的"缩放"工具也可以对物体进行镜像，但是不保留源模型，没有"镜像物体"插件工具操作方便，如图 5-9 所示。

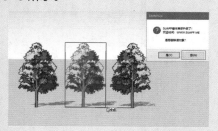

图5-8

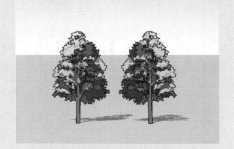

图5-9

5.2.2　实例：创建廊架

下面通过实例介绍利用"镜像物体"插件工具创建廊架的方法，具体的操作步骤如下。

01　打开配套资源中的"第5章\5.2.2创建廊架.skp"素材文件，这是一个廊架的半成品模型，如图5-10所示。

02　选中"直线"工具✐，在廊架地面矩形上绘制中线作为辅助线，如图5-11所示。

图5-10

图5-11

03　选择左侧廊柱，并选中"镜像物体"插件工具⚐，此时状态栏中将出现SUAPP提示信息，以辅助线的中点为第一个对称点，如图5-12所示。

04　沿蓝轴方向拖动鼠标并单击，确定第二个对称点，然后按Enter键确定，此时弹出SUAPP提示信息对话框，单击"否"按钮，即可镜像廊柱，如图5-13和图5-14所示。

图5-12

图5-13

图5-14

05 接下来完善廊架，为廊架添加顶面，最终效果如图5-15所示。

图5-15

5.2.3 生成面域

　　"生成面域"插件工具 ▣ 主要用于将所有单线自动生成为面域，在导入 AutoCAD 文件时非常有用，可以快速将导入的文件生成为平面，如图5-16 所示。

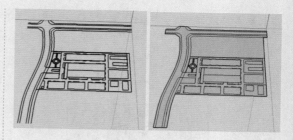

图5-16

5.2.4 实例：生成面域

　　下面通过实例介绍利用"生成面域"插件工具进行封面的方法，具体的操作步骤如下。

01 执行"文件"|"导入"命令，将配套资源中的"第5章\5.2.4古城公园规划.dwg"素材文件导入场景，如图5-17所示。

图5-17

02 框选导入的CAD图像，选中"生成面域"插件工具 ▣，或者执行"扩展程序"|"线面工具"|"生成面域"命令，此时状态栏中将出现进度条，如图5-18所示。

图5-18

03 生成面域后自动弹出"结果报告"对话框，单击"确定"按钮，如图5-19所示。

图5-19

04 关闭对话框后，此时导入的CAD图形中的大部分线段构成的面已被封为面域，仍存在少部分曲线段构成的面未被封面的情况，如图5-20所示。

图5-20

05 选择CAD图像，执行"扩展程序"|"文字标注"|"标记线头"命令，通过标记图形中有线头的地方，方便找到断线的位置，如图5-21所示。

图5-21

06 选中"直线"工具✐，将标记有线头的地方链接；并删除线头标记，生成面域的最终结果如图5-22和图5-23所示。

图5-22

图5-23

提示：

在对较复杂的模型使用"生成面域"插件工具◻时，并不一定可以封闭每一个面，这是插件的局限之处，因此，尽量把CAD图像绘制完整，不要出现断线等状况。

5.2.5 拉线成面

"拉线成面"插件工具▣主要用于将线段沿指定方向拉伸一定的高度并生成面，如图5-24所示。"拉线成面"插件工具多用于创建曲线面。

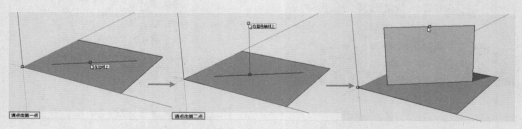

图5-24

5.2.6 实例：创建窗户

下面通过实例介绍利用"拉线成面"插件工具创建窗户的方法，具体的操作步骤如下。

01 选中"矩形"工具▣，在平面中绘制一个4300mm×1800mm的矩形，并用"推拉"工具♣将其向上推拉2500mm，如图5-25所示。

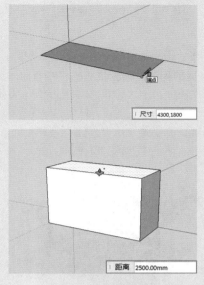

图5-25

02 在长方体上选择需要开窗的矩形面，在 SUAPP基本工具栏中单击"墙体开窗"按钮 回，在弹出的"参数设置[SUAPP.ME]"对话框中设置窗户的相关参数，单击"好"按钮，如图5-26和图5-27所示。

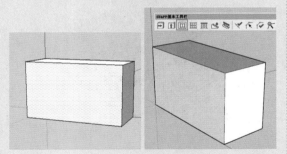

图5-26

图5-27

03 此时模型中出现窗户构件，鼠标指针自动变成 ✥ 状，将窗户移至合适位置后单击确定即可，如图5-28所示。

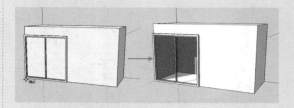

图5-28

04 采用同样的方法并参照图5-27设置参数，在模型的两侧添加窗户，如图5-29所示。

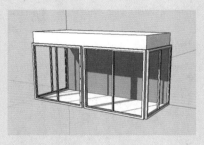

图5-29

05 利用"橡皮擦" ◢ 工具删除多余的矩形平面，完善结果如图5-30所示。

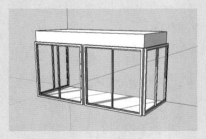

图5-30

06 为飘窗添加窗帘。选中"手绘线"工具 ⩘，在窗户的一侧绘制一条自由曲线，如图5-31所示。

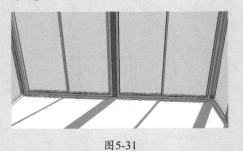

图5-31

07 选择绘制的自由曲线，执行"扩展程序"|"线面工具"|"拉线成面"命令，然后在曲线上单击，并沿蓝轴方向移动鼠标指针，如图5-32所示。

图5-32

08 在数值文本框中输入2100，并按Enter键确定，即可生成高度为2100mm的窗帘，如图5-33所示。

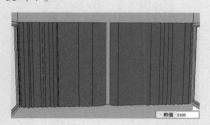

图5-33

09 采用同样的方法，为窗户两侧添加窗帘，如图5-34所示。

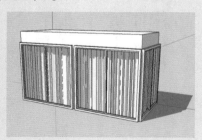

图5-34

10 选中"油漆桶" 工具，为窗户赋予材质，如图5-35所示。

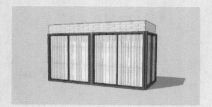

图5-35

5.3 课堂实训：线转栏杆

在本节中，练习SUAPP插件中"线转栏杆"插件工具的用法。智能生成的栏杆有时候因为无法识别路径，而出现构件缺失的情况，此时，利用绘图工具完善栏杆即可，具体的操作步骤如下。

01 打开配套资源中的"第5章\5.3亭子.skp"素材文件，亭子平台缺少栏杆，如图5-36所示。

图5-36

02 选中"偏移"工具 ，选择面并向内偏移45mm，如图5-37所示。

图5-37

03 按住Shift键依次选中偏移得到的轮廓线，如图5-38所示。

图5-38

04 执行"扩展程序"|"建筑设施"|"线转栏
杆"命令，如图5-39所示。

图5-39

05 在弹出的"参数设置[SUAPP.ME]"对话框中
设置参数，如图5-40所示。

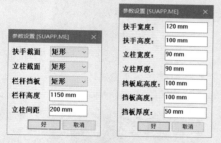

图5-40

06 单击"好"按钮，系统沿选定路径生成栏
杆。观察结果可以发现，存在扶手缺失的问
题，如图5-41所示。

图5-41

07 双击进入扶手组件，选中"推/拉"工具，
选择面并向外推拉90mm，如图5-42所示。

08 利用"直线"工具，绘制线段划分面，如

图5-43所示。

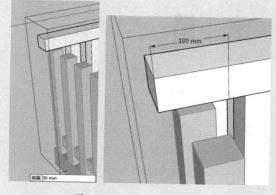

图5-42   图5-43

09 选中"推/拉"工具，选择划分好的面进行
推拉，与顶头的栏杆相接，如图5-44所示。

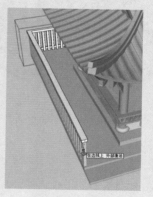

图5-44

10 采用相同的操作方法，为另一侧的栏杆添加
扶手，如图5-45所示。

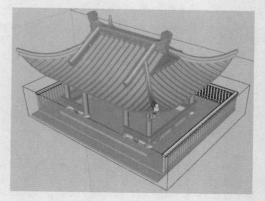

图5-45

11 选中"材质"工具，在"材质"面板中设置
材质参数，并为栏杆扶手赋予材质，结果如

图5-46所示。

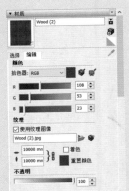

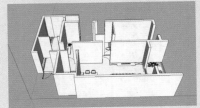

图5-47 （续）

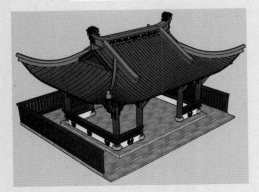

图5-46

5.4 课后练习

    本节通过创建如图5-47所示的室内墙体，练习"生成面域"工具🔲、"拉线成面"工具🔢的使用方法。

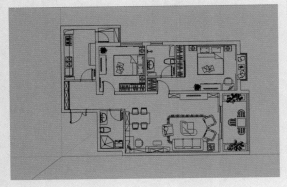

图5-47

5.5 课后习题

    本节练习使用"镜像物体"工具◪创建对象副本的方法，如图5-48所示。

图5-48

第6章
SketchUP材质与贴图

SketchUP 拥有强大的材质库，可以应用于边线、表面、文字、剖面、组和组件中，并实时显示材质效果，所见即所得。而且可以在赋予材质后，快速修改材质的名称、颜色、透明度、尺寸及位置等属性。本章将学习 SketchUP 的材质和贴图功能的使用方法，包括提取材质、填充材质、创建材质和贴图技巧等。

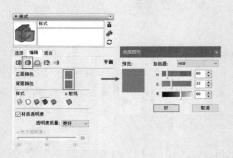

图6-1

6.1 填充材质

材质是模型在渲染时产生真实质感的前提，配合灯光系统能使模型表面体现出颜色、纹理、明暗等效果，从而使虚拟的三维模型具备真实物体的质感。

SketchUP 的特色在于设计方案的推敲与手绘效果的表现，在写实渲染方面其能力并不出色，一般只需为模型添加颜色或纹理即可，然后通过风格设置得到各种手绘效果。

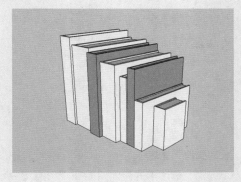

图6-2

6.1.1 默认材质

在 SketchUP 中创建模型，系统会自动赋予其默认材质。由于 SketchUP 使用的是双面材质，所以默认材质的正反面显示的颜色是不同的。双面材质的特性可以帮助用户更容易区分表面的正反朝向，以方便在导入其他建模软件时调整面的方向。

默认材质正反两面的颜色可以通过执行"窗口"|"默认面板"|"样式"命令，在弹出的"样式"面板中选择"编辑"选项卡，在"平面设置"选项组中进行设置，如图6-1和图6-2所示。

6.1.2 材质编辑器

单击"材质"工具按钮，或者执行"工具"|"材质"命令，均可打开"材质"面板，如图6-3所示。在"材质"面板中有"选择"和"编辑"两个选项卡，这两个选项卡用于选择与编辑材质，也可以浏览当前模型中使用的材质。

※ 点击开始使用这种颜料绘图：该图标用于预览材质，选择或提取一种材质后，在该图标中会显示这种材质，同时会自动选中"材质"工具。

※ 名称：选择一种材质并赋予模型后，在该文本框中将显示该材质的名称，可以

在这里为材质重命名，如图6-4所示。

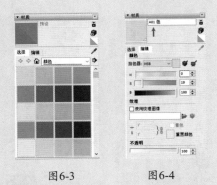

图6-3   图6-4

※ 创建材质🖌：单击该按钮即可弹出"创建
   材质"对话框，在其中可以对材质的名称、
   颜色、大小等属性进行设置，如图6-5和
   图6-6所示。

图6-5   图6-6

1. "选择"选项卡

"选择"选项卡的界面如图6-7所示。

※ 后退、前进◁▷：在浏览材质库时，单
   击这两个按钮可以向前或向后浏览材质
   列表。

※ 在模型中⌂：单击该按钮后，可以快速显
   示当前场景中的材质列表。

※ 样本颜料🖊：单击该按钮可以从场景中
   提取材质，并将其设置为当前材质。

※ 详细信息▶：单击按钮将弹出一个菜单，
   如图6-8所示。

   » 打开和创建材质库：用于载入一个
      已经存在的文件夹或创建一个文件
      夹到"材质"面板中。选择该选项，
      弹出的对话框中不能显示文件，只
      能显示文件夹。

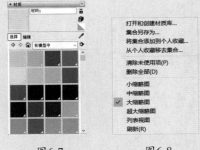

图6-7   图6-8

» 集合另存为 / 将集合添加到个人收
   藏：用于将选中的文件夹添加到相
   应的收藏夹中。

» 删除全部：选择该选项，将选中的
   文件夹从收藏中删除。

» 小缩略图 / 中缩略图 / 大缩略图 / 超
   大缩略图 / 列表视图："列表视图"
   选项用于将材质图标以列表状态显
   示，其余4个选项用于调整材质图标
   显示的大小，如图6-9~图6-13所示。

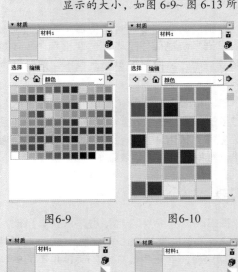

图6-9   图6-10

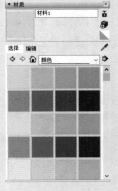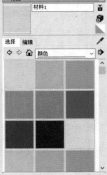

图6-11   图6-12

图6-13

2. "编辑"选项卡

"编辑"选项卡如图6-14所示,下面对其进行详细介绍。

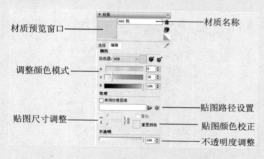

图6-14

• 材质名称

新建材质后需要为其起个易于识别的名称,材质的命名应该规范、简短,如"水纹""玻璃"等,也可以以拼音首字母进行命名,如SW、BL等。

如果场景中有多个类似的材质,则应该添加后缀,加以简短的区分,如"玻璃_半透明""玻璃_磨砂"等,此外也可以根据材质的模型进行区分,如"水纹_溪流""水纹_水池"等。

• 材质预览窗口

通过材质预览窗口可以快速查看当前新建的材质效果,在材质预览窗口内可以对颜色、纹理及透明度进行实时预览,如图6-15～图6-17所示。

图6-15　　　　图6-16　　　　图6-17

• 调整颜色模式

对"颜色"拾色器的介绍将在后文详细讲解,在此不再赘述。

• 贴图路径设置

单击"纹理图像路径"后的"浏览"按钮，,将打开"选择图像"对话框,选择并加载纹理图像,如图6-18和图6-19所示。

图6-18

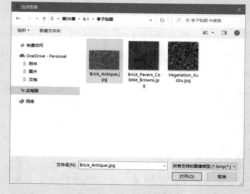

图6-19

> **提示:**
>
> 通过上述过程添加纹理图像后,"使用纹理图像"复选框将自动选中,此外通过选中"使用纹理图像"复选框,也可以直接进入"选择图像"对话框。如果要取消使用纹理图像,则取消选中该复选框即可。

• 贴图尺寸调整

默认的纹理图像的尺寸并不一定适合场景中的模型,如图6-20所示,此时可以通过调整纹理图像的尺寸,得到比较理想的贴图效果,如图

6-21 所示。

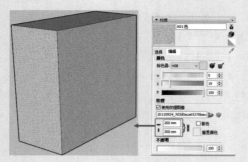

图6-20

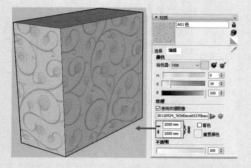

图6-21

默认设置下，纹理图像的长宽比被锁定，如果将纹理图像的宽度设置为 1000mm，长度会自动调整为 1000mm，如图 6-22 所示，保持长宽比不变。如果需要单独调整纹理图像的长度和宽度，可以单击后面的"解锁"按钮 ，再分别输入长度和宽度，如图 6-23 和图 6-24 所示。

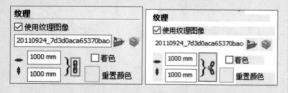

图6-22   图6-23

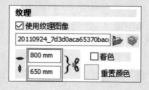

图6-24

执行"纹理"命令。

• 贴图颜色校正

除了可以调整纹理图像的尺寸与比例，选中"着色"复选框，还可以校正贴图图像的色彩。单击其中的"重置颜色"色块，即可还原颜色，如图 6-25 ~ 图 6-27 所示。

图6-25

图6-26

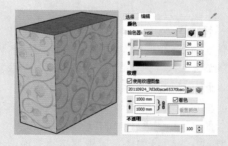

图6-27

• 不透明度调整

用于设置贴图的不透明度。

6.1.3 填充材质

单击"材质"工具 ，可以为模型中的实体填充材质，既可以为单个实体上色，也可以填充一组相连的表面，同时还可以覆盖模型中的某些材质。

SketchUP 分门别类地制作了一些材质，直接单击文件夹或通过列表按钮即可进入该类材质，如图6-28和图6-29所示。

图6-28　　　　　图6-29

6.1.4　实例：填充材质

下面通过实例介绍利用"材质"工具为模型填充材质的方法，具体的操作步骤如下。

01　打开配套资源中的"第6章\6.1.4填充材质.skp"素材文件，这是一个没有赋予材质的亭子模型，如图6-30所示。

图6-30

02　选中"选择"工具，选择需要填充的面。利用"材质"工具，首先导入纹理图像，即可为选中的面赋予材质，如图6-31所示。如果事先选中了多个模型，则可以同时为选中的模型填充材质，这种填充方法即为"单一填充"。

图6-31

03　按住Ctrl键，此时鼠标指针变为状，在亭顶表面上单击，此时与所选中表面相邻的表面将被赋予颜色E01□材质，重复填充的结果如图6-32所示，这种填充方法即为"邻接填充"。

图6-32

04　按住Shift键，此时鼠标指针将变为状，在赋予了材质的亭顶上单击，此时模型中所有赋予颜色E01□材质的模型都被替代为颜色F01□，如图6-33所示，这种填充方法即为"替换材质填充"。

图6-33

05　重复上一步操作，为地面赋予铺装材质，亭子模型填充的最终效果如图6-34所示。

图6-34

提示：

选中"材质"工具的同时按住Alt键，当鼠

标指针变成 ✎ 状时,单击模型中的实体,就能提取该实体的材质。按住Ctrl+Shift键,当鼠标指针变成 ✎ 状时,单击即可实现"邻接填充"。

6.2 色彩取样器

在SketchUP的任意颜色样板上单击"材质"工具按钮 ✎,在弹出的"材质"面板中对"颜色"进行设置,包括颜色的"拾色器""还原颜色更改""匹配模型中对象的颜色" ✎ 和"匹配屏幕上的颜色" ✎。

※ 拾色器:单击"颜色模式"列表按钮,在弹出的列表中可以选择"色轮"、HLS、HSB、RGB这4种颜色模式,如图6-35~图6-38所示。

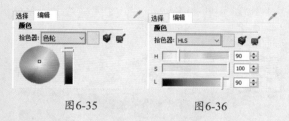

图6-35   图6-36

图6-37   图6-38

» 色轮:使用这种颜色模式,可以从色盘上直接取色。色盘右侧的滑块可以调节色彩的明度,越往上拖动滑块明度越高,越往下拖动滑块明度越低。

» HLS:H、L、S分别代表色相、亮度和饱和度,这种颜色模式适用于调整灰度值。

» HSB:H、S、B分别代表色相、饱和度和明度,这种颜色模式适用于调整非饱和度颜色。

» RGB:R、G、B分别代表红色、绿色和蓝色,RGB颜色模式拥有很宽的颜色范围,是SketchUP最有效的颜色吸取器。用户可以在右侧的文本框中输入数值从而调节颜色。

※ 还原颜色更改:若对调节后的颜色不满意,可以通过单击 □ 色块,对修改后的颜色进行还原处理。

※ 匹配模型中对象的颜色 ✎:单击该按钮,可以从模型中取样。

※ 匹配屏幕上的颜色 ✎:单击该按钮,可以从屏幕中取样。

6.3 材质透明度

SketchUP中材质的不透明度介于0%~100%,"不透明度"值越大,材质越不透明,如图6-39和图6-40所示。在调整不透明度时,可以通过拖动滑块进行调节,有利于不透明度的实时观察。

图6-39

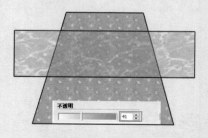

图6-40

提示:

SketchUP通过70%临界值来决定表面是否产生投影,不透明度大于等于70%的表面,可以产生投影，小于70%则不产生投影，如图6-41和图6-42所示。如果没有为模型赋予材质，那么模型在默认材质下，是无法改变不透明度的。SketchUP的阴影设计为每秒渲染若干次，因此基本上无法提供照片级的真实阴影效果，如需要更真实的阴影效果，可以将模型导出至其他渲染软件中进行渲染。

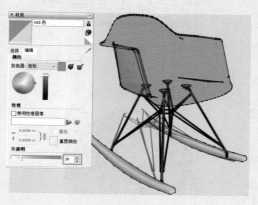

图6-41

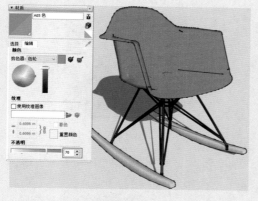

图6-42

6.4 贴图坐标

SketchUP的贴图是作为平铺对象应用的，无论表面是垂直的、水平的，还是倾斜的，贴图都附着在表面上，不受表面位置的影响。SketchUP的贴图坐标主要包括两种模式："固定图钉"模式和"自由图钉"模式。

在模型的贴图上右击，在弹出的快捷菜单中选择"纹理"|"位置"选项，可以对纹理图像进行移动、旋转、扭曲、拉伸等操作。

6.4.1 实例："固定图钉"模式

"固定图钉"模式可以按比例缩放、斜切、剪切和扭曲贴图。每个图钉都有一个邻近的图标，这些图标代表其功能的含义。

下面通过实例介绍固定图钉模式的使用方法，具体的操作步骤如下。

01 打开配套资源中的"第6章\6.4.1固定图钉模式.skp"素材文件，选择赋予纹理图像的屋顶模型表面并右击，在弹出的快捷键菜单中选择"纹理"|"位置"命令，显示用于调整纹理图像的半透明平面与四色图钉，如图6-43和图6-44所示。

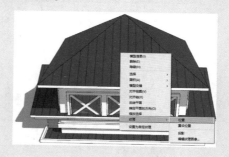

图6-43

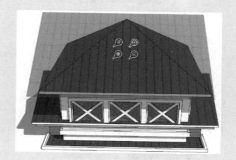

图6-44

02 默认状态下鼠标指针为⬉状，此时按住鼠标左键（此时鼠标指针显示为✋状）即可平移纹理图像的位置，如果将鼠标指针置于某个图钉上，系统将显示该图钉的功能介绍，如图6-45和图6-46所示。

03 四色图钉中的红色图钉🔴为纹理图像"移动"工具，执行"位置"命令后，默认启用该功能，此时可以将图像进行任意方向的移动，如图6-47和图6-48所示。

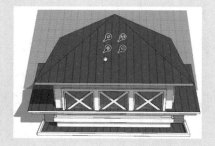

图6-45

图6-46

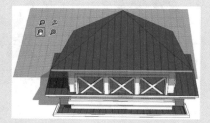

图6-47

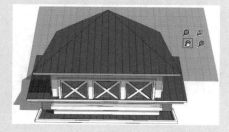

图6-48

提示：

半透明平面内显示了整幅纹理图像的分布状态，可以配合纹理图像"移动"工具，轻松地将目标纹理图像区域移至模型表面。

04　四色图钉中的绿色图钉　为纹理图像"旋转/缩放"工具，单击按住该图钉并在水平方向移动，将对纹理图像进行等比例缩放，垂直

移动则对纹理图像进行旋转，如图6-49~图6-51所示。

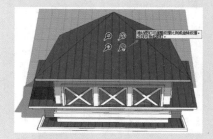

图6-49

图6-50

图6-51

05　四色图钉中的黄色图钉　为纹理图像"扭曲"工具，单击按住该图钉向任意方向拖动，将对纹理图像进行对应方向的扭曲，如图6-52~图6-54所示。

图6-52

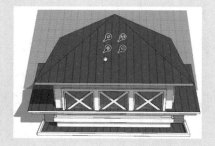

SketchUP草图绘制从新手到高手（第2版）

162

图6-53

图6-54

06 四色图钉中的蓝色图钉 为纹理图像"缩放/移动"工具，单击按住该图标并水平拖动，可以增加纹理图像在垂直方向上的重复次数，垂直拖动则改变纹理图像的平铺角度，如图6-55~图6-57所示。

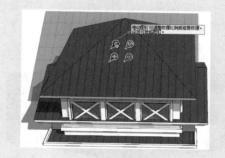

图6-55

图6-56

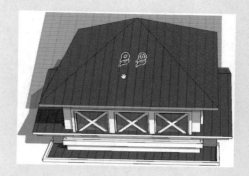

图6-57

07 调整完成后右击，弹出如图6-58所示的快捷菜单，选择"完成"选项则结束调整，选择"重设"选项则取消当前的调整，恢复至调整前的状态。

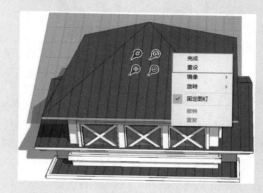

图6-58

08 通过选择"镜像"子菜单中的选项，可以快速对当前纹理图像进行左/右或上/下翻转，如图6-59所示。

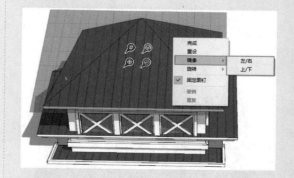

图6-59

09 通过"旋转"子菜单，可以快速对当前纹理图像进行90°、180°、270°这3种角度的旋转，如图6-60和图6-61所示。

图6-60

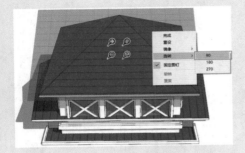

图6-61

6.4.2　自由图钉模式

"自由图钉"模式主要用于设置和消除照片的扭曲状态。在"自由图钉"模式下,图钉之间不会互相限制,这样可以将图钉拖至任何位置。

在模型贴图上右击,在弹出的快捷菜单中取消选中"固定图钉"选项,即可将"固定图钉"模式调整为"自由图钉"模式,如图6-62所示。此时四色图钉都会变成相同的黄色图钉,可以通过移动图钉的方式调整贴图,如图6-63所示。

选择"撤销"选项,撤销上一步的操作。选择"重复"选项,则删除"撤销"的结果,恢复原来的显示状态。

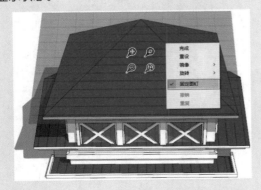

图6-62

图6-63

6.5　贴图技巧

在SketchUP中使用普通填充的方法为模型赋予材质时,会产生许多不尽如人意的效果,如贴图破碎、连接错误、比例难以控制等。在SketchUP中,可以通过借助辅助键、贴图坐标等对贴图进行调整。编辑贴图的技巧主要包括转角贴图、贴图坐标、隐藏几何体、曲面贴图、投影贴图。

6.5.1　转角贴图

SketchUP的贴图可以包裹模型转角。在工作中经常会遇到在多个转折面需要赋予相关材质的情况,如直接赋予材质,效果通常会不理想,运用转角贴图技巧可以形成理想的衔接效果,如图6-64和图6-65所示。

图6-64

图6-65

6.5.2 实例：创建魔盒

下面通过实例介绍利用转角贴图技巧创建魔盒的方法，具体的操作步骤如下。

01 打开配套资源中的"第6章\6.5.2创建魔盒.skp"素材文件，如图6-66所示。

图6-66

02 选中"材质"工具◢，在弹出的"材质"面板中选择"编辑"选项卡，在该选项卡中单击"浏览"按钮◢，然后导入配套资源中的"转角贴图.jpg"图片，并将贴图材质赋予魔盒的一个面，如图6-67和图6-68所示。

图6-67

图6-68

03 在贴图表面上右击，在弹出的快捷菜单中选择"纹理"|"位置"选项，进入贴图坐标编辑状态，对贴图材质的位置进行调整。调整到合适的位置后右击，在弹出的快捷菜单中选择"完成"选项，如图6-69~图6-71所示。

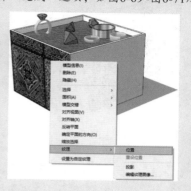

图6-69

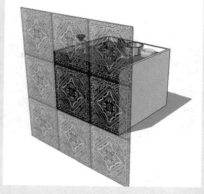

图6-70

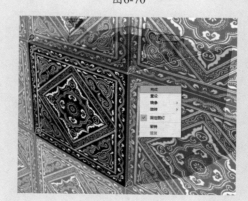

图6-71

04 单击"材质"面板中的"样本颜料"按钮✐（或者使用"材质"工具◢并配合Alt键），然后单击被赋予材质的面，进行材质取样，

165

如图6-72所示。

图6-72

05 单击其相邻的表面，将取样的材质赋予相邻
表面上，此时赋予的材质贴图会自动无错位
相接，并进行调整，结果如图6-73所示。

图6-73

6.5.3 贴图坐标和隐藏物体

在为圆柱体赋予材质时，有时虽然材质能够

完全地包裹住物体，但是在连接时还可能出现错
位的情况，出现这种情况时可以运用"贴图坐标"
和"隐藏物体"两个工具来解决，如图6-74和
图6-75所示。

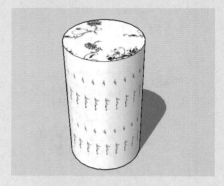

图6-74

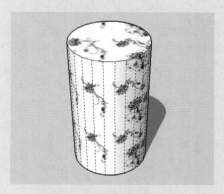

图6-75

6.5.4 实例：创建笔筒花纹

下面通过实例介绍利用贴图坐标和隐藏物体
技巧创建笔筒花纹的方法，具体的操作步骤如下。

01 打开配套资源中的"第6章\6.5.4创建笔筒花纹
.skp"素材文件，如图6-76所示。

图6-76

02 选中"材质"工具⚙，在弹出的"材质"面板中单击"编辑"选项卡，在该选项卡中单击"浏览"按钮▦，然后导入配套资源中的"6.5.4圆柱贴图.jpg"图片，将贴图赋予笔筒并调整贴图的大小。此时转动笔筒会发现明显的错位现象，如图6-77和图6-78所示。

图6-77   图6-78

03 执行"视图"|"隐藏物体"命令，将物体的网格线显示出来，如图6-79所示。

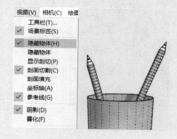

图6-79

04 在圆柱体的其中一个分面上右击，在弹出的快捷菜单中选择"纹理"|"位置"选项，重设其贴图坐标。再次右击，在弹出的快捷菜单中选择"完成"选项，如图6-80和图6-81所示。

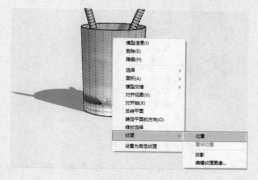

图6-80

图6-81

05 选中"材质"工具⚙，按住Alt键，此时鼠标指针变为✎态，如图6-82所示。在刚编辑的圆柱分面上单击，进行材质取样，接着为圆柱体的其他分面重新赋予材质，此时贴图没有出现错位现象，笔筒花纹的效果如图6-83所示。

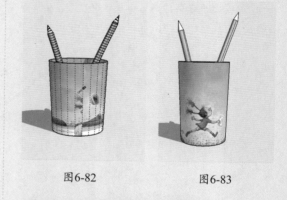

图6-82   图6-83

6.5.5 曲面贴图与投影贴图

在运用SketchUP建模时，经常会遇到地形起伏的状况，使用普通赋予材质的方式会使材质赋予不完整。SketchUP提供了曲面贴图和投影贴图技巧来解决这一问题，如图6-84和图6-85所示。

图6-84

图6-85

6.5.6 实例：创建地球仪

下面通过实例介绍利用曲面贴图与投影贴图技巧创建地球仪的方法，具体的操作步骤如下。

01 绘制球体。选中"圆"工具⬤，绘制两个互相垂直、大小一致的圆，然后将其中一个圆的面删除，只保留边线，如图6-86所示。

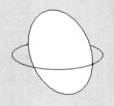

图6-86

02 选择边线，选中"跟随路径"工具🌀，单击平面圆的面，即可生成球体，如图6-87所示。

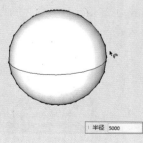

半径	5000

图6-87

03 利用"旋转矩形"工具▨，创建一个竖直的矩形平面，矩形面的尺寸与球体直径一致，如图6-88所示。

04 选中"材质"工具▨，在"材质"面板中选中"使用纹理图像"复选框，导入配套资源中的"6.5.6 曲面贴图.jpg"图片，并将贴图赋予矩形平面，如图6-89所示。

长度	10000mm
角度 宽度	0.0, 10000mm

图6-88

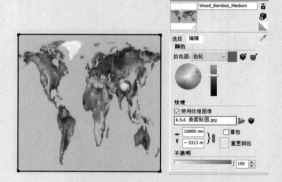

图6-89

05 在矩形面的贴图上右击，在弹出的快捷菜单中选择"纹理"|"投影"选项，如图6-90所示。

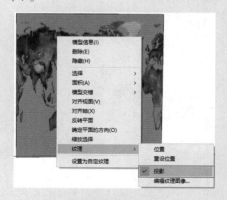

图6-90

06 选中球体，选中"材质"工具▨，在"材质"面板中进入"选择"选项卡，然后单击"提取材质"按钮 ✐，接着单击矩形平面的纹理图像，进行材质取样，最后将提取的材质赋予球体，如图6-91和图6-92所示。

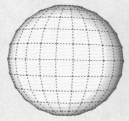

图6-91

图6-92

07　将虚显的球体边线隐藏，并将制作完成的地球放置到架子上，完成地球仪的制作，效果如图6-93和图6-94所示。

图6-93　　　　图6-94

　课堂实训：填充树池材质

　　根据本章所学知识，在本节中介绍赋予树池材质的方法，具体的操作步骤如下。

01　选中"材质"工具 ✐，在"材质"面板中选择"草坪"材质，单击拾取填充区域，填充材质的效果如图6-95所示。

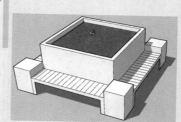

图6-95

02　选择"石材"材质，自定义尺寸，为指定的区域赋予材质，如图6-96所示。

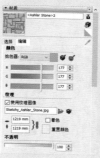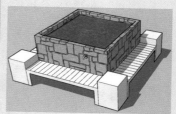

图6-96

03　选择"木纹"材质，为座椅赋予材质，如图6-97所示。

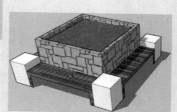

图6-97

04　选择"花岗岩"材质，为支柱赋予材质，如图6-98所示。

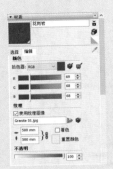
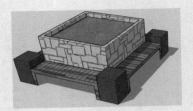

图6-98

6.7 课堂练习

根据本章所学知识，在本节中练习制作亭子材质的方法。

选中"材质"工具 ✍，在"材质"面板中设置参数，如图 6-99 所示，为亭子赋予材质。右击，在弹出的快捷菜单中选择"纹理"|"位置"选项，通过选择图钉去调整材质贴图的显示效果，操作完成后右击，在弹出的快捷菜单中选择"完成"选项。按住 Alt 键吸取材质并填充其他面，调整材质贴图的效果如图 6-100 所示。

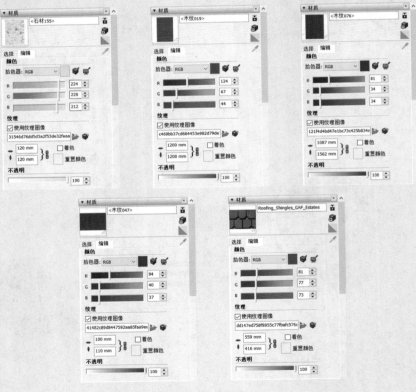

图6-99

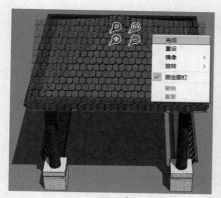 

图6-100

课后习题

在本节中,通过创建如图6-101所示红酒瓶标签,复习"贴图坐标"和"隐藏物体"命令的使用方法。

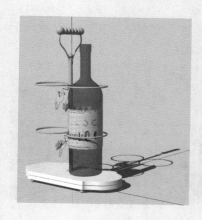 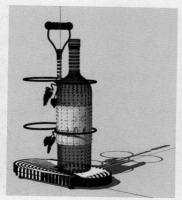 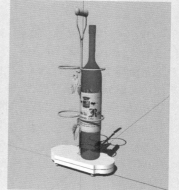

图6-101

SketchUP 通 过 文 件 的 导 入 与 导 出 功能，可 以 很 好 地 与 AutoCAD、3ds Max、Photoshop、Piranesi 等常用软件进行紧密协作，同时建立的模型可以使用 V-Ray 等专业渲染软件渲染成写实的效果图，也可以导出至 3ds Max 中进行更为精细的调整和渲染输出。

7.1 V-Ray 模型渲染

SketchUP 虽然建模功能灵活，易于操作，但渲染能力非常有限。在材质上，只能控制贴图、颜色及透明度，不能设置真实世界物体的反射、折射、自发光、凹凸等属性，因此，只能表达建筑的大概效果，无法生成真实的照片级效果。

SketchUP 只有阳光系统，没有其他灯光系统，无法表达夜景及室内灯光效果。SketchUP 仅提供了阴影模式，只能对受光面、背光面进行简单的亮度划分。

V-Ray for SketchUP 渲染插件的出现，弥补了 SketchUP 渲染功能不足的短板。只要掌握了正确的渲染方法，使用 SketchUP 也能制作出照片级的效果图。在本章中将介绍 V-Ray 渲染插件的概念，并详细讲解 V-Ray 渲染插件的使用方法。

7.1.1 V-Ray 简介

1.V-Ray 渲染的概念与发展

V-Ray for SketchUP 是将 V-Ray 整体嵌入 SketchUP，沿袭了 SketchUP 的日照和贴图操作方式，使其在方案表现上得到最大限度的延续。V-Ray 渲染器的参数较少，材质调节灵活，灯光系统简单而强大。

在 V-Ray for SketchUP 插件发布之前，处理 SketchUP 效果图的方法通常是将 SketchUP 模型导入 3ds Max 中，并调整模型的材质，然后借助 V-Ray for MAX 对效果图做进一步完善，增加空间的光影关系，获得逼真的效果图。

V-Ray 作为一款功能强大的全局光渲染器，应用在 SketchUP 中的时间并不长。在 2007 年，推出了第一个正式版本 V-Ray for SketchUP 1.0，此后，根据用户反馈的意见和建议，V-Ray 继续完善和改进。如图 7-1 和图 7-2 所示为 V-Ray 渲染的效果图。

图7-1

图7-2

2.V-Ray 渲染器的功能特点

V-Ray 的应用之所以日趋广泛，受到越来越多的用户青睐，主要是因为其具有独特、强大的功能，具体如下。

※ V-Ray 拥有优秀的全局照明系统和超强的渲染引擎，可以快速计算出比较自然的灯光关系效果，并且同时支持室外、室内及机械产品的渲染。

※ V-Ray 支持各种主流三维软件，如 3ds Max、Maya、Rhino 等，而且使用方式及界面相似。

※ V-Ray 以插件的形式存在于 SketchUP 中，实现了对 SketchUP 场景的渲染，同时也做到了与 SketchUP 的无缝整合，使用起来非常方便。

※ V-Ray 支持高动态贴图（HDRI），能完整表现出真实世界的真正亮度，模拟环境光源。

※ V-Ray 拥有强大的材质系统，庞大的用户群提供的教程、资料、素材也极为丰富，遇到问题，可以通过网络搜索轻松找到答案。开发了 V-Ray 与 SketchUP 的插件接口的 ASGVIS 公司，已经在 2011 年被 ChaosGroup 公司收购，相对于 FRBRMR 等渲染器来说，V-Ray 的用户群非常大，很多网站都开辟了 V-Ray 渲染技术讨论区，便于用户进行技术交流。

7.1.2　V-Ray for SketchUP 主工具栏

在 SketchUP 软件中安装好 V-Ray 插件后，会在界面上出现 V-Ray 主工具栏和光源工具栏，在此先介绍 V-Ray for SketchUP 主工具栏，如图 7-3 所示。

图7-3

V-Ray for SketchUP 工具栏中各按钮的功能介绍如下。

※ 资源编辑器◎：单击该按钮用于打开"V-Ray 资源编辑器"，对场景中 V-Ray 材质、灯光以及渲染参数进行设置。

※ 材质 / 模型◎：单击该按钮打开对话框，在其中可以选择材质或模型。

※ 渲染☺：开始或终止非互动式渲染。

※ 交互式渲染◎：开始或终止交互式渲染。

※ 使用 Chaos Cloud 渲染◎：使用 Chaos Cloud 渲染场景。

※ 启动 V-Ray 窗口◎：单击该按钮，打开"V-Ray 窗口"，观察渲染结果。

※ 视口渲染▣：在 SketchUP 的视口中进行互动式渲染。

※ 视口渲染区域▣：开启或关闭视口区域渲染。允许在视口中选择渲染区域，按住 Shift 键的同时创建选框，可以增加渲染区域。

※ 帧缓存视口▣：显示 V-Ray 帧缓存窗口。

※ 批量渲染▣：开始或停止批量渲染，开启时批量渲染每一个场景记录的内容。

※ Chaos Cloud 批量渲染▣：开始或停止批量渲染，并将每一个场景上传至 Chaos Cloud。

※ 锁定摄影机方向▣：在 SketchUP 中移动摄影机时，允许互动式渲染窗口停止镜头更新。

7.1.3　V-Ray for SketchUP 材质编辑器

V-Ray for SketchUP 的材质编辑器用于创建材质并设置材质的属性。单击 V-Ray 主工具栏中的"资源编辑器"工具按钮◎，打开"V-Ray-资源编辑器"面板，如图 7-4 所示。

图7-4

在左上角的工具栏中单击"材质"按钮，显示材质编辑区域。左侧为材质列表，显示各种材质类型的名称，右侧为材质参数设置区。在材质列表中选择任意一种材质后，右侧区域将会显示与之对应的材质设置参数。

1. 材质预览视窗

单击材质预览视窗右上角的"预览一次当前资源"按钮，资源编辑器将根据材质参数的设置，渲染并显示效果，以便观察材质是否合适，如图7-5所示。

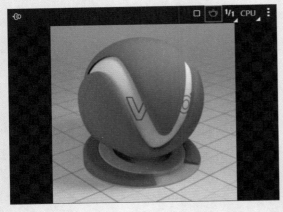

图7-5

2. 材质快捷菜单

右击材质，弹出的快捷菜单主要用于查看和管理场景材质，如选择场景中的对象、应用到选择物体、应用到层、重命名等。在左侧的材质列表中，选择一种材质，在名称上右击，弹出如图7-6所示的快捷菜单。

图7-6

材质快捷菜单中主要的选项含义如下。

※ 选择场景中的对象：选中场景中使用此材质的全部对象。

※ 应用到所选：将当前材质赋予选中的物体。

※ 应用到图层：将材质赋予到所选标记的全部物体（在 SketchUP 2020 中，将图层更改为标记，但是作用不变）。

※ 复制：复制选中的材质。

※ 重命名：对材质重命名，方便查找和管理。

※ 重复：复制材质，并且自动添加序号，方便在此材质的基础上创建新材质。

※ 另存为：将材质保存到指定路径。

※ 删除：删除不需要的材质。

※ 用作替换材质：将材质设置为替代材质。

※ 标记：在"标记"子菜单中选择"新"选项，将创建一个标记，其中包含选定的材质，如图7-7所示。默认名称为"标记1""标记2"，以此类推。双击标记名称可以重命名。

图7-7

3. 材质参数设置区

在材质预览视窗的下方，显示材质的"通用"选项区，如图7-8所示，包括"漫反射""反射""折射"等。单击右上角的按钮，显示隐藏的选项，如"布料光泽层""薄膜""倍增值"卷展栏，如图7-9所示。

图7-8

图7-9

展开卷展栏,如图 7-10 所示,在各选项中调整参数。单击颜色色块,打开 V-Ray Color Picker 对话框,如图 7-11 所示,定义材质的颜色。

图7-10

图7-11

4. 创建 V-Ray 材质

在"V-Ray 资源编辑器"的左下角单击 button 按钮,在弹出的菜单中选择""材质"|"通用"选项,如图 7-12 所示,创建名称为"通用"的材质,并显示与之对应的参数设置面板,如图 7-13 所示。

在各卷展栏中设置参数,重定义材质。如设置"漫反射"颜色后,单击"预览一次当前资源"按钮 button,在预览窗口中查看设置参数的结果,如图 7-14 所示。

图7-12

图7-13

图7-14

在材质列表中选择材质,单击下方的"删除"按钮 button,如图 7-15 所示,将材质删除。

图7-15

图7-17

7.1.4 V-Ray for SketchUP 材质类型

　　V-Ray for SketchUP 的材质包括通用材质、自发光材质、双面材质、毛发材质、卡通覆盖材质等，如图 7-16 所示。本小节对常用的几种材质进行介绍。

图7-16

1. 通用材质

　　通用材质是最常用的材质类型，可以模拟大多数物体的表面属性，其他材质类型都是以通用材质为基础的。"通用"材质参数中包含"漫反射""反射""折射""清漆层""布料光泽层""薄膜""不透明度""凹凸""倍增值""关联"，如图 7-17 所示。

通用材质主要参数卷展栏的含义如下。

※　漫反射："漫反射"卷展栏如图 7-18 所示。在其中设置漫反射的颜色，通过拖动滑块，调整不透明度。单击右侧的█按钮，在菜单中选择选项，为漫反射通道添加贴图。

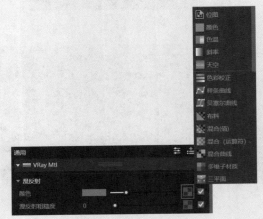

图7-18

※　反射："反射"卷展栏如图 7-19 所示。在其中可以设置"反射颜色""反射光泽度"以及"各向异性""反射变暗距离"等各项参数。

※　折射：该卷展栏用来设置"烟雾颜色""深度""半透明"等属性。实现折射效果需要设置不透明参数，也就是折射的亮度，否则折射效果无法表现出来。"折射"

卷展栏如图 7-20 所示。

图7-19

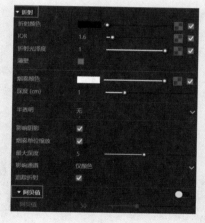

图7-20

※ 清漆层："清漆层"卷展栏如图 7-21 所示，通过输入数值或者拖动滑块，定义"清漆层强度""清漆层颜色"等参数。通过载入贴图，模拟清漆层凹凸效果。

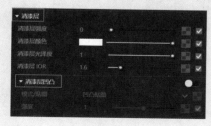

图7-21

※ 布料光泽层："布料光泽层"卷展栏如

图 7-22 所示，在其中设置"布料光泽层颜色"及"布料光泽度"。

图7-22

※ 薄膜：单击该卷展栏右侧的开关按钮 ⬤，使参数栏可编辑，如图 7-23 所示。拖动滑块或输入参数，为对象添加"薄膜"效果，类似在对象上添加一层覆盖物。

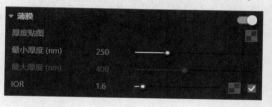

图7-23

※ 不透明度："不透明度"卷展栏如图 7-24 所示。拖动滑块调整参数值，单击 ■ 按钮，可以添加贴图。在"自定义来源"和"模式"选项中单击，在弹出的菜单中选择相应的选项即可。

图7-24

※ 凹凸："凹凸"卷展栏如图 7-25 所示。在"模式/贴图"中选择模式，单击 ■ 按钮，添加贴图，在"强度"选项中设置凹凸值。

图7-25

※ 倍增值："倍增值"卷展栏如图 7-26 所

示。该卷展栏默认被隐藏，单击参数面板右侧的 ☰ 按钮，可以显示 / 隐藏"倍增值"卷展栏。在其中调整选项的倍增值，还可以在通道中添加位图。

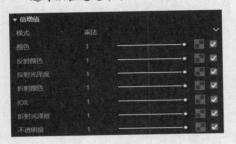

图7-26

※ 关联："关联"卷展栏如图7-27所示。通过调整开关按钮，选择需要关联的选项。在"纹理模式"列表中选择模式，默认选择"自动"。

图7-27

2. 自发光

利用自发光材质模拟物体的发光效果，经常用来制作计算机屏幕、电视机屏幕的渲染效果。自发光材质的颜色默认为白色，可以自定义颜色类型，还可以调整强度、透明度，选择是否需要背面发光等，如图 7-28 所示。

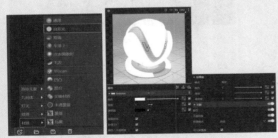

图7-28

3. 双面材质

用于模拟半透明的薄片效果，如纸张、灯罩等。V-Ray 的双面材质是一个较特殊的材质，它由两个子材质组成，通过调整半透明值可以控制两个

子材质的显示比例。这种材质可以用来制作窗帘、纸张等薄的、半透明的材质，如果与 V-Ray 的灯光配合使用，还可以制作出非常漂亮的灯罩和灯箱效果，如图 7-29 所示为双面材质设置参数。

图7-29

4. 毛发材质

毛发材质用来模拟物体表面毛茸茸的效果，设置参数如图 7-30 所示。通过设置参数，如整体颜色、透明度以及首次高光等，可以得到较为逼真的毛发效果，多用来制作毛绒玩具、毛巾、地毯等纺织品效果。

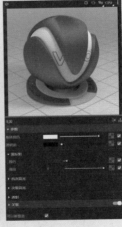

图7-30

5. 卡通覆盖材质

卡通覆盖材质用于将物体渲染成卡通效果。V-Ray 的卡通覆盖材质在制作模型的线框效果和概念设计中非常有用，其创建方法与角度混合材质等的创建方法相同，创建好材质后，为其设

置一个基础材质就可以渲染出带有比较规则轮廓线的默认卡通材质效果，卡通覆盖材质参数如图7-31所示。

图7-31

7.1.5 V-Ray for SketchUP 灯光工具栏

V-Ray for SketchUP 的灯光工具栏包括"矩形灯""球灯""聚光灯""IES 灯""泛光灯""穹顶灯"工具，如图 7-32 所示。本节将对常用的几种光源设置方法进行介绍。

图7-32

工具栏中主要工具的使用说明如下。

※ 灯光生成器：单击该按钮，打开"V-Ray 灯光生成器"对话框。

※ 矩形灯：在场景中创建矩形灯光。

※ 球灯：在场景中创建球形灯，可以对内陷的表面实施均匀照明。

※ 聚光灯：在场景中创建聚光灯。

※ IES 灯：在场景中创建光域网灯。

※ 泛光灯：在场景中创建泛光灯。

※ 穹顶灯：在场景中创建穹顶灯，可以对弯曲的表面实施均匀的照明。

※ 转换网格灯：转换 SketchUP 组或组件物体为网格灯光。

1. 矩形灯

V-Ray for SketchUP 提供了矩形灯，在 V-Ray 灯光工具栏上单击"矩形灯"工具按钮，在场景中创建矩形灯，如图 7-33 所示。

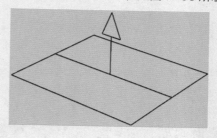

图7-33

在"V-Ray 资源编辑器"面板中单击"灯光"按钮，在"灯光"列表中显示场景中所有的光源。选择矩形灯光，右侧显示与之对应的参数面板，如图 7-34 所示。修改参数，调整矩形灯光在场景中的效果。

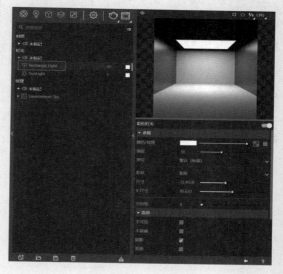

图7-34

提示：

矩形灯的照明精度和阴影质量要明显高于泛光灯，但其渲染速度较慢，所以不要在场景中过多使用高细分值的矩形灯。

2. 球灯

V-Ray for SketchUP 提供了球灯，在 V-Ray 灯光工具栏上单击"球灯"工具按钮，在场景中创建球灯，如图 7-35 所示。

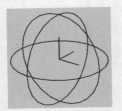

图7-35

　　在"V-Ray资源编辑器"面板中选择球灯，在右侧设置参数，如图7-36所示，调整球灯在场景中的效果。

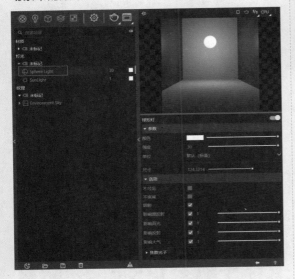

图7-36

3. 聚光灯

　　V-Ray for SketchUP 提供了聚光灯，在 V-Ray 灯光工具栏上单击"聚光灯"工具按钮，在场景中创建聚光灯，如图7-37所示。

　　在"V-Ray资源编辑器"面板中选择聚光灯，在右侧设置参数，如图7-38所示，调整聚光灯在场景中的效果。

图7-37

图7-38

4.IES 灯

　　V-Ray for SketchUP 提供了 IES 灯（光域网光源），在 V-Ray 灯光工具栏上单击"IES 灯"工具按钮，在视图区单击即可创建光域网光源，如图7-39所示。

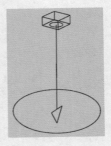

图7-39

　　在"V-Ray资源编辑器"面板中选择 IES 灯，在右侧设置参数，如图7-40所示，调整 IES 灯在场景中的效果。

5. 泛光灯

　　V-Ray for SketchUP 提供了泛光灯，在 V-Ray 灯光工具栏上单击"泛光灯"工具按钮，在场景中创建泛光灯，如图7-41所示。

　　泛光灯像 SketchUP 模型一样，以实体形式存在，可以对其进行移动、旋转、缩放和复制等操作，泛光灯的实体大小与灯光的强弱和阴影无关，也就是说任意改变泛光灯实体的大小和形状都不会影响其对场景的照明效果。

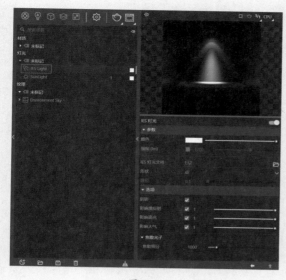

图7-40

图7-41

在"V-Ray 资源编辑器"面板中单击"光源"按钮，在"光源"列表中显示场景中所有的光源。选择泛光灯，右侧显示与之对应的参数选项，如图 7-42 所示。修改参数，调整泛光灯在场景中的效果。

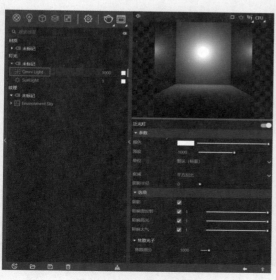

图7-42

6. 穹顶灯

V-Ray for SketchUP 提 供 了 穹 顶 灯，在 V-Ray 灯光工具栏上单击"穹顶灯"工具按钮，在视图区单击即可创建穹顶灯光，如图 7-43 所示。

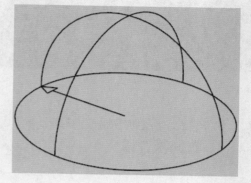

图7-43

在"V-Ray 资源编辑器"面板中选择穹顶灯，在右侧设置参数，如图 7-44 所示，调整穹顶灯光在场景中的效果。

图7-44

7. 太阳光

V-Ray for SketchUP 提供的 V-Ray 太阳光，可以模拟真实世界的太阳光，也可以自定义天空模型，如标准晴空、阴天等，参数设置面板如图 7-45 所示。V-Ray 太阳光主要用于控制季节（日期）、时间、大气环境、阳光强度和色调的变化。

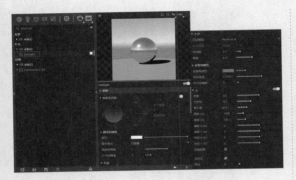

图7-45

7.1.6 V-Ray for SketchUP 渲染设置面板介绍

在"V-Ray 资源编辑器"面板中单击"设置"按钮，出现 V-Ray 渲染设置参数，由多个参数卷展栏组成，如图 7-46 所示。本节只选取常用的卷展栏进行讲解。

图7-46

1. 全局照明

V-Ray 的"全局照明"卷展栏主要通过对灯光的整体控制来满足特定的要求，设置参数如图 7-47 所示。

图7-47

"全局照明"卷展栏中的主要参数含义如下。

※ 首次射线：显示场景主要光线的类型，一共有3种，分别是发光贴图、强算（Brute force）、灯光缓存。

※ 次级射线：显示场景次要光线的类型，分别是无、强算（Brute force）、灯光缓存。选择不同的类型，显示与之对应的设置参数。

※ 细分：将"次级光线"的类型设置为"灯光缓存"时，显示"灯光缓存"卷展栏。在选项中设置灯光的细分值，值越大，所需要的渲染时间就越长。

※ 样本尺寸：系统在渲染的过程中根据所设定的尺寸对物体进行采样操作。值越小，系统按照尺寸划分物体，逐一渲染所需的时间就变得越长。

※ 倍增值：设置光子映射的倍增值。值越大，占用的系统资源越多。

※ 最大光子数：设置投射到物体的光子数量。初期测试渲染时，可以设置较小的参数值，以免占用过多的渲染时间。

※ 反射焦散／折射焦散：选中相应复选框后，渲染时将计算贴图或材质中光线的反射／折射效果。

"全局照明"卷展栏中的参数设置，在灯光调试阶段特别有用，例如可以取消选中"反射焦散"／"折射焦散"复选框，这样在测试渲染阶段就不会计算材质的反射和折射，因此，可以大幅提高渲染速度。

2. 摄影机

在使用摄影机拍摄景物时，可以通过调节光圈、快门或使用不同的感光度获得正常曝光的照片。摄影机的自平衡调节功能，还可以对因色温变化引起的影片偏色现象进行修正。

V-Ray 也具有相同功能的摄影机，可以调整渲染图像的曝光和色彩等，以达到真实摄影机拍摄的效果，其参数设置如图 7-48 所示。

图7-48

"摄影机"卷展栏主要参数介绍如下。

※ 类型：指相机类型，共有3种类型可供选择，分别是标准、VR球形全景、VR立方体。

※ 曝光值（EV）：根据场景的实际情况，调整值的大小，防止拍摄的视频过暗或过亮。

※ 补偿：单击"曝光值（EV）"选项右侧的"自动"按钮，激活该参数，补偿因为曝光过度产生的不良效果。

※ 白平衡：单击该选项右侧的"自动"按钮，激活该选项。单击色块，可以自定义颜色。

※ 失焦：指光线不在焦点汇聚，而是呈发散状。调整参数值，实时观察光线发散的效果，找到最合适的值即可。

※ 焦点来源：设置摄像机焦点的来源，有3种方式可选，分别是固定距离、相机目标、固定焦点。

※ 对焦距离：设置焦距值。焦距越小，视野越宽，取景范围越广，能拍摄的画面就越多；焦距越大，视野越窄，取景范围也就越窄，能拍摄的画面就越少。

※ 暗角：调整参数值，为场景的四角添加暗角，制作晕影效果。

3. 抗锯齿过滤器

"抗锯齿过滤器"卷展栏主要用于处理渲染图像的抗锯齿效果，如图7-49所示，其中提供了6种尺寸/类型，应合理设置参数值，并非越大越好。

图7-49

4. 色彩管理

"色彩管理"卷展栏可以用来调整曝光的控制方式，如图7-50所示。

图7-50

5. 渲染质量

"渲染质量"卷展栏用于设置渲染成像的效果，如图7-51所示。适当地调整"噪点限制"值，可以提升图像质量，参数值不宜过大或过小。自定义"最大细分""最小细分"值，值越大对计算机的配置要求越高。"阴影比率"值通常保持默认设置，也可以根据情况进行调整。

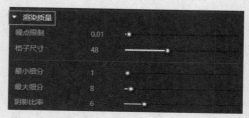

图7-51

6. 渲染输出

在最终渲染前，在"渲染输出"卷展栏中设置参数，如图7-52所示。

开启"安全框"选项，在场景中显示安全框，位于框内的内容被渲染输出。

在"图像宽度/高度"选项中设置图像尺寸。在"宽高比"列表中选择系统提供的尺寸比例，选择"自定义"选项，可以自定义图像大小。

在"文件路径"中设置存储最终图像的位置。

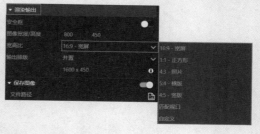

图7-52

7.2 室内渲染实例

在了解了 V-Ray for SketchUP 的材质、

灯光和渲染的基本知识后，本节将通过实例介绍V-Ray渲染器在表现室内空间时的渲染流程和方法。

7.2.1　测试渲染

在进行正式渲染之前，需要对场景的灯光效果进行测试，以达到最好的光照效果。

1. 添加光源并设置灯光参数

01　打开配套资源中的"V-Ray室内渲染应用.skp"素材文件，这是一个现代风格室内模型，场景模型的客厅中拥有4盏顶灯、1盏吊灯、1盏台灯，餐厅中拥有1盏吊灯和4盏顶灯，如图7-53所示。

图7-53

02　调整场景。执行"窗口"|"默认面板"|"阴影"命令，在弹出的"阴影"设置面板中设置参数，将时间设为"08:27 上午"，并单击"显示/隐藏阴影"按钮开启阴影效果，如图7-54所示。

图7-54

03　将场景调整至合适的视角，并执行"视图"|"动画"|"添加场景"命令，保存当前场景，如图7-55所示。

04　为餐厅的每盏吊灯添加泛光灯。打开"V-Ray资源编辑器"面板，单击按钮，切换至光源选项。在光源列表中选择泛光灯

Omni Light，在右侧的区域中设置参数，如图7-56所示。

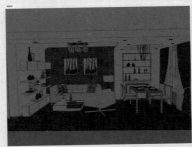

图7-55

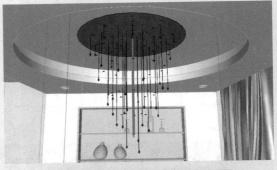

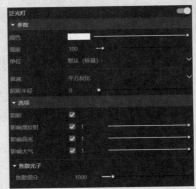

图7-56

05 采用同样的方法，在客厅、餐厅的每个顶灯
组件中添加泛光灯※，并设置相关参数，如图
7-57所示。

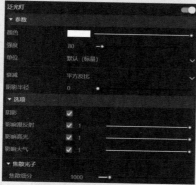

图7-57

06 在客厅台灯中放置一盏泛光灯※，并设置相关
参数，如图7-58所示，灯光颜色的RGB值为
255,255,202。

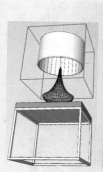

图7-58

07 由于场景中亮度不够，需要添加光域网光源
以增强场景的亮度，提升室内空间的品质
感。首先，在客厅、餐厅的吊灯上方分别添

加4个光域网光源※，如图7-59所示。

图7-59

08 在参数卷展栏中设置相关参数，灯光颜色的
RGB值为255,249,125，如图7-60所示。

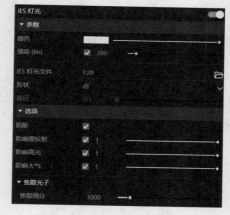

图7-60

09 采用同样的方法，在客厅沙发、座椅、过道
等处分别添加光域网光源，并设置相关参
数，以提亮客厅和餐厅空间，如图7-61和图
7-62所示。

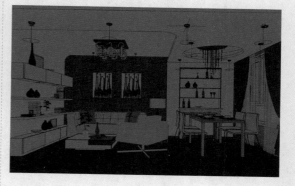

图7-61

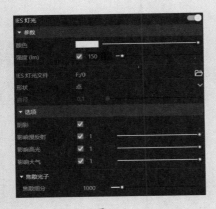

图7-62

10 在餐厅窗户、厨房门上添加一盏矩形灯⊓，如图7-63所示。

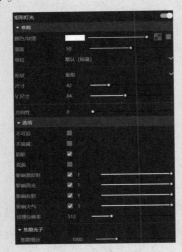

图7-63

11 在"参数"卷展栏中设置相关参数，如图7-64所示。

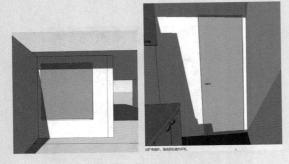

图7-64

2. 设置测试渲染参数

光源设置完毕后，即可开始测试渲染，看室内

空间中的亮度是否合适。在"V-Ray资源编辑器"面板中单击"设置"按钮▦，设置测试渲染参数，具体的操作步骤如下。

01 开启"材质覆盖"展卷栏，将"覆盖颜色"的RGB值设置为200,200,200，如图7-65所示。

图7-65

02 在"抗锯齿过滤器"展卷栏下，设置"尺寸/类型"为Catmull Rom，如图7-66所示。

图7-66

03 打开"渲染输出"展卷栏，设置"宽高比"为"自定义"，设置"宽度"值为600，"高度"值为375，并设置渲染文件保存的路径，如图7-67所示。

图7-67

04 在"色彩管理"展卷栏中设置参数，如图7-68所示。

图7-68

05 在"灯光缓存"展卷栏中设置"细分"值为200，如图7-69所示。

图7-69

06 测试渲染参数设置完成后，单击"开始渲染"按钮⬛，开始渲染场景，渲染完成后的效果如图7-70所示。

图7-70

数，如图7-72所示。

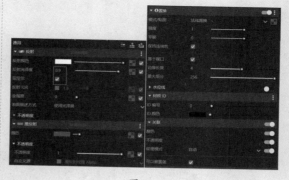

图7-72

提示：

在很多情况下，一次的测试渲染是不够的，需要多次测试渲染以达到最好的效果。

7.2.2 设置材质参数

灯光效果设置完成后，即可设置场景中材质参数，营造空间的真实感，具体的操作步骤如下。

01 在V-Ray for SketchUP工具栏中单击"资源编辑器"工具按钮⬛，用"材质"面板上的"吸管"工具去吸取餐厅吊灯材质，如图7-71所示，此时可以快速在"V-Ray资源编辑器"面板的材质列表中找到相应的材质。

03 采用同样的操作方法，设置客厅吊顶材质参数。用"吸管"工具吸取材质，如图7-73所示。在"V-Ray资源编辑器"面板中的材质列表找到对应的材质，在右侧的参数面板中将反射颜色的RGB值设置为139,139,139，其余参数设置如图7-74所示。

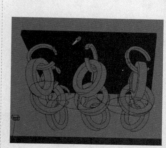

图7-73

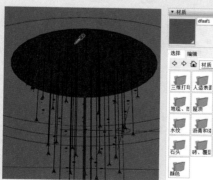

图7-71

02 在右侧的参数区设置"反射光泽度"值为0.9，选中"菲涅耳"复选框，并设置相应参

图7-74

04 采用同样的方法设置地板材质参数。用"吸管"工具🖋吸取材质，在"V-Ray资源编辑器"面板的材质列表中找到对应的材质，在右侧的参数区中设置"反射光泽度"值，选中"菲涅耳"复选框。在漫反射通道中添加位图，其余参数设置如图7-75所示。

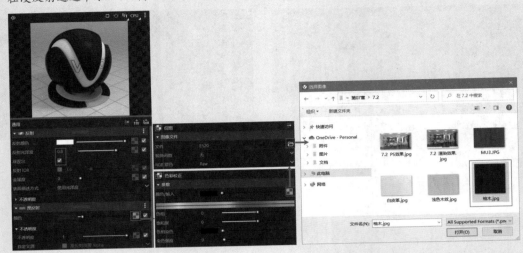

图7-75

05 采用同样的方法设置客厅墙面木纹材质参数。用"吸管"工具🖋吸取材质，在"V-Ray资源编辑器"面板的材质列表中找到对应的材质，在右侧的参数区设置"反射光泽度"值，选中"菲涅耳"复选框。在漫反射通道中添加位图，其余参数设置如图7-76所示。

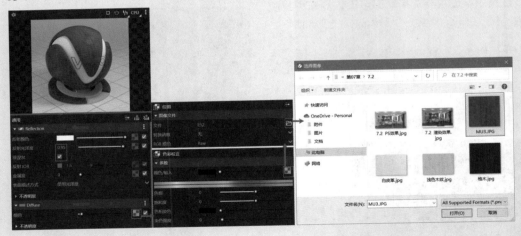

图7-76

06 采用同样的方法设置客厅沙发皮革材质参数。用"吸管"工具🖋吸取材质，在"V-Ray资源编辑器"面板的材质列表中找到对应的材质，在右侧的参数区中设置"反射光泽度"值，选中"菲涅耳"复选框。将漫反射颜色的RGB值设置为230,230,230，并在漫反射通道中添加位图，如图7-77所示。

07 采用同样的方法设置客厅台灯茶几材质参数。用"吸管"工具🖋吸取材质，在"V-Ray资源编辑器"面板的材质列表中找到对应的材质，在右侧的参数区中设置"反射光泽度"值，选中"菲涅耳"复选框。将漫反射颜色的RGB值设置为206,166,104，并在"漫反射"通道中添加位图，如图7-78所示。

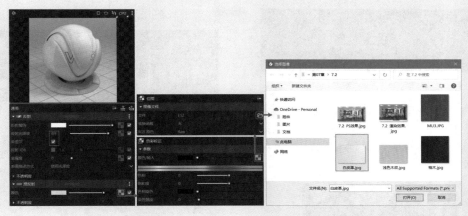

图7-77

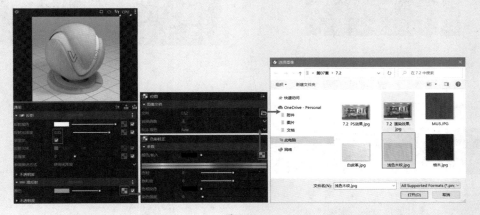

图7-78

提示：

如果要营造更逼真的效果，需要对场景材质进行更精细的设置，但这样对渲染速度有一定的影响。

7.2.3 设置最终渲染参数

在调整好场景中主要的材质参数后，即可开始设置最终的渲染参数，并执行"渲染"命令进行最终效果的渲染。为了得到高质量的渲染图，设置参数要做到精益求精，但是渲染时间也会相应变长，具体的操作步骤如下。

01 在V-Ray for SketchUP工具栏中单击"资源编辑器"工具按钮❤，打开"V-Ray资源编辑器"面板。单击"设置"按钮❤，在"环境"展卷栏中设置参数，如图7-79所示。

02 在"抗锯齿过滤器"展卷栏中，设置"尺寸/类型"为"面积"，细分值为8，如图7-80所示。

图7-79

图7-80

03 打开"色彩管理"展卷栏，将"高光混合"值设为0.8，如图7-81所示。

图7-81

04 打开"渲染输出"展卷栏,设置"宽高比"为"自定义"选项,设置高度为3000,宽度为1875,并设置渲染文件保存的路径,如图7-82所示。

图7-82

05 在"全局照明"展卷栏中设置"首次射线"为"发光贴图(辐照度图)","次级射线"为"灯光缓存",如图7-83所示。

图7-83

06 在"发光贴图"展卷栏中设置"最小比率"值为−4,"最大比率"值为−1,"颜色阈值"为0.3,如图7-84所示。

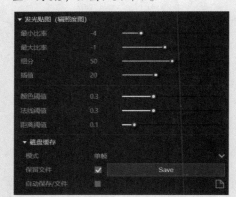

图7-84

07 在"灯光缓存"展卷栏中设置"细分"值为500,"重追踪"值为4,如图7-85所示。

08 设置完成后,单击"关闭"按钮,关闭设置面板。单击"渲染"按钮 ,开始渲染场

景,最终渲染效果如图7-86所示。

图7-85

图7-86

7.3 SketchUP 导入功能

SketchUP 通过导入功能,可以很好地与 AutoCAD、3ds Max、Photoshop 等常用软件紧密协作。本节将详细介绍 SketchUP 与几种常用软件的协作方法,以及不同格式文件的导入方法等。

7.3.1 导入 AutoCAD 文件

作为方案推敲工具,SketchUP 必须支持方案设计的全过程操作。粗略抽象的概念设计是重要的,但精确的图纸也同样重要。因此,SketchUP 一开始就支持 AutoCAD 的 DWG/DXF 格式文件的导入和导出。如图 7-87 和图 7-88 所示为通过导入 AutoCAD 文件制作的高精确、高细节的三维模型。

图7-87

SketchUP草图绘制从新手到高手(第2版)

190

图7-88

7.3.2 实例：绘制教师公寓墙体

下面通过实例介绍将 AutoCAD 图纸文件导入 SketchUP 场景中并创建教师公寓的方法，具体的操作步骤如下。

01 执行"文件"|"导入"命令，如图7-89所示。

图7-89

02 在弹出的"导入"对话框中，选择配套资源中的"绘制教师公寓墙体.dwg"文件，如图7-90所示。

图7-90

03 单击"导入"对话框中的"选项"按钮，在弹出的"导入AutoCAD DWG/DXF选项"对话框中，设置"单位"为"毫米"，单击"好"按钮，如图7-91所示。

图7-91

04 根据要求设置完参数后，单击"导入"按钮即可导入文件。文件成功导入后，弹出"导入结果"对话框，如图7-92所示。

图7-92

05 单击"导入结果"对话框中的"关闭"按钮，即可将教师公寓墙体文件导入SketchUP中，结果如图7-93所示。

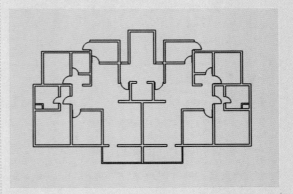

图7-93

06 选择导入的CAD文件图形，单击"生成面域"插件按钮 □，即可将线段封成面域，并选中"矩形"工具 ▨ 绘制辅助地面，结果如图7-94所示。

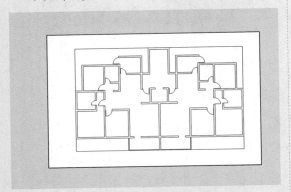

图7-94

07 封面完成后，选中"推/拉"工具 ◈，将教师公寓的墙体向上推拉3000mm，如图7-95所示。

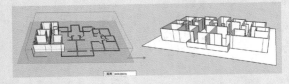

图7-95

7.3.3 实例：导入3ds文件

SketchUP支持导入3ds格式的三维文件，下面通过实例介绍导入3ds文件的方法，具体的操作步骤如下。

01 执行"文件"|"导入"命令，如图7-96所示。

图7-96

02 在弹出的"导入"对话框中选择3ds文件，如图7-97所示。

图7-97

03 在"导入"对话框中单击"选项"按钮，打开"3DS导入选项"对话框，如图7-98所示。

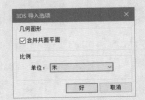

图7-98

04 根据要求在"3DS导入选项"对话框中设置参数，单击"好"按钮返回"导入"对话框，单击"导入"按钮，即可导入文件，如图7-99和图7-100所示。文件成功导入后的效果如图7-101所示。

图7-99

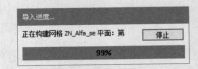

图7-100

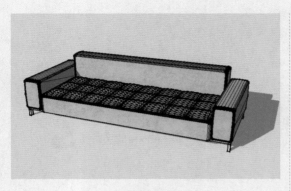

图7-101

附近，如图7-106所示。

图7-103   图7-104

> **提示:**
>
> 将3ds Max中的模型线条导入SketchUP之后，会
> 十分粗糙，需要进行"软化/平滑边线"操作。

图7-105

7.3.4 实例：导入二维图像

在 SketchUP 中，经常需要将二维图像导入场景中作为场景底图，再在底图上进行描绘，将其还原为三维模型。SketchUP 允许导入的二维图像文件包括 JPG、PNG、TGA、BMP 和 TIF。下面通过实例介绍导入二维图像的方法，具体的操作步骤如下。

01 执行"文件"|"导入"命令，如图7-102所示。

图7-102

02 在弹出的"导入"对话框中，在文件类型下拉列表中可以选择多种二维图像格式，通常直接选择"全部支持类型"选项，如图7-103所示。

03 选择类型后，在"导入"对话框的下方选中"图像"单选按钮，如图7-104所示。

04 双击目标图片文件，或者单击"导入"按钮，如图7-105所示，然后将图像放置于原点

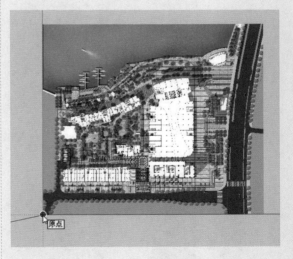

图7-106

05 此时拖动鼠标指针可以调整导入图像的宽度和高度，也可以在数值文本框中输入精确的数值，按Enter键确定，如图7-107所示。二维图像放置完成后，即可作为参考底图，用于SketchUP辅助建模，如图7-108所示。

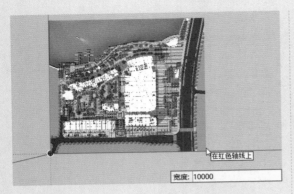

图7-107

图7-110

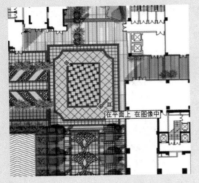

图7-108

提示：

1.导入二维图像后将自动成组，编辑前需要先分解。右击，在弹出的快捷菜单中选择"分解"选项即可；2.导入图像文件的宽高比在默认情况下将保持原始比例，如图7-109所示。在对宽高比进行调整时，可以借助Shift键对图像文件进行等比调整，如图7-110所示。如果按Ctrl键则平面中心将与放置点自动对齐，如图7-111所示。

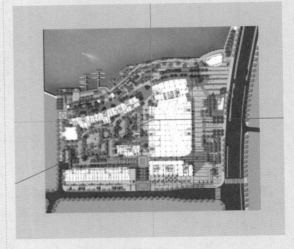

图7-111

7.4 SketchUP 导出功能

SketchUP 属于初步设计阶段常用的三维软件，在设计过程中经常需要结合使用其他软件，进一步修改 SketchUP 模型。同时，将 SketchUP 中创建的模型导出到其他软件中，也可以为设计创作提供很大的方便，更清晰地展示了设计方案。

7.4.1 导出 AutoCAD 文件

SketchUP 可以将场景内的三维模型以 DWG/DXF 两种格式导出为 AutoCAD 可用文件，

执行"文件"|"导出"|"二维图形"命令，在弹出的"输出二维图形"对话框中选择"保存类型"为 AutoCAD DWG 文件（*.dwg），然后单击"选项"按钮，在弹出的"DWG/DXF 输出

图7-109

选项"对话框中对输出文件进行参数设置，如图7-112和图7-113所示。

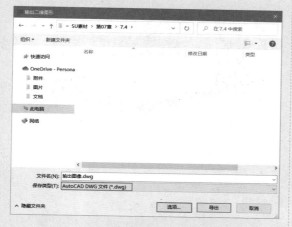

图7-112

图7-113

7.4.2 实例：导出 AutoCAD 二维矢量图文件

下面通过实例介绍导出 AutoCAD 二维矢量图文件的方法，具体的操作步骤如下。

01 打开配套资源中的"第7章\7.4.2导出 AutoCAD图形.skp"素材文件，这是一个景观天桥模型，如图7-114所示。

02 执行"相机"|"平行投影"命令，如图7-115所示。

03 执行上述操作后，将视图模式切换为平行投影下的前视图模式，如图7-116所示。

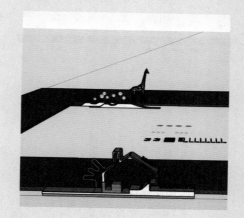

图7-114

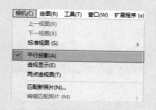

图7-115

图7-116

04 执行"文件"|"导出"|"二维图形"命令，如图7-117所示。

图7-117

05 在"输出二维图形"对话框中选择"保存类型"为"AutoCAD DWG 文件（*.dwg）"，

单击"选项"按钮,如图7-118所示。

图7-118

06 打开"DWG/DFX输出选项"对话框,根据导出要求设置参数,单击"好"按钮,如图7-119所示。

图7-119

07 在保存路径中找到导出的DWG文件,即可使用AutoCAD打开,如图7-120所示。

图7-120

7.4.3 实例:导出 AutoCAD 三维模型文件

下面通过实例介绍导出 AutoCAD 三维模型文件的方法,具体的操作步骤如下。

01 打开配套资源中的"第7章\7.4.3导出DWG图形.skp"素材文件,如图7-121所示。

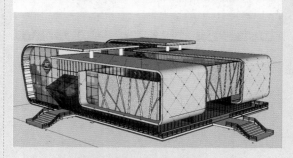

图7-121

02 执行"文件"|"导出"|"二维图形"命令,如图7-122所示。

图7-122

03 打开"输出二维图形"对话框,选择文件类型为"AutoCAD DWG 文件(*.dwg)",单击"选项"按钮,如图7-123所示。

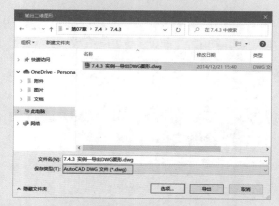

图7-123

04 打开"DWG/DFX输出选项"对话框,根据导出要求设置参数,单击"好"按钮,如图7-124所示。

05 在"输出二维图形"对话框中单击"导出"按钮,即可导出DWG文件,结果如图7-125所示。

图7-124

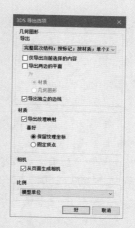

图7-127

"3DS 导出选项"对话框包括 4 个选项区,具体含义如下。

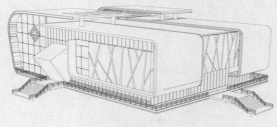

图7-125

7.4.4 导出常用三维文件

SketchUP 除了可以导出 DWG 格式文件,还可以导出 3DS、OBJ、WRL、XSI 等常用三维格式文件。3DS 格式支持 SketchUP 输出的材质、贴图和相机,比 DWG 格式更能完美地转换模型文件。

执行"文件"|"导出"|"三维模型"命令,在弹出的"输出模型"对话框中单击"选项"按钮,即可在弹出的"3DS 导出选项"对话框中对输出文件进行参数设置,如图7-126和图7-127所示。

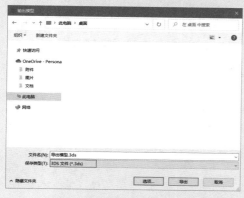

图7-126

※ 几何图形:该选项区用于设置导出模式,包含以下 4 选项。

  » 完整层次结构;按标记;按材质;单个对象:用于将 SketchUP 模型文件按组与组件的层级关系导出。导出时只有最高层次的物体会转换为物体。也就是说,任何嵌套的组或组件只能转换为一个物体。

  » 按标记:用于将 SketchUP 模型文件按同一标记上的物体导出。

  » 按材质:用于将 SketchUP 模型按材质贴图导出。

  » 单个对象:用于将 SketchUP 中模型导出为已命名文件,在大型场景模型中应用较多,例如导出一个城市规划效果图中的某单体建筑。

  » 仅导出当前选择的内容:选中该复选框,将只导出当前选中的模型。

  » 导出两边的平面:选中该复选框,将激活下面的"材质"和"几何图形"单选按钮。

  » 导出独立的边线:用于创建细长的矩形来模拟边线。因为独立边线是大部分三维软件所没有的功能,所以无法经由 3DS 格式直接转换。

※ 材质:用于激活 3DS 材质定义中的双面

标记。

  » 导出纹理映射：用于导出模型中的贴图材质。

  » 保留纹理坐标：用于导出 3DS 文件后不改变贴图坐标。

  » 固定顶点：用于保持对齐贴图坐标与平面视图。

※ 相机：选中"从页面生成相机"复选框后，将保存、创建当前视图为镜头。

※ 比例：用于指定导出模型使用的比例单位，一般情况下使用"米"。

7.4.5 实例：导出三维模型文件

  下面通过实例介绍导出三维模型文件的方法，具体的操作步骤如下。

01 打开配套资源中的"第7章\7.4.5导出三维模型文件.skp"素材文件，如图7-128所示，该场景为一个高层楼房建筑模型。

图7-128

02 执行"文件"|"导出"|"三维模型"命令，如图7-129所示。

图7-129

03 在弹出的"输出模型"对话框中选择文件类型为"3DS文件（*.3ds）"，单击"选项"

按钮，如图7-130所示。

图7-130

04 在弹出的"3DS导出选项"对话框中根据需要设置参数，如图7-131所示。

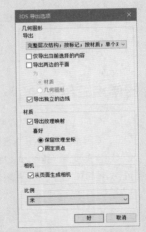

图7-131

05 在"输出模型"对话框中单击"导出"按钮即可进行导出，"导出进度"对话框如图7-132所示。

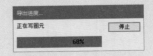

图7-132

06 成功导出3DS文件后，SketchUP将弹出如图7-133所示的"3DS导出结果"对话框，显示相关信息。

07 在导出路径中找到导出的3DS文件，即可在3DS Max中查看，如图7-134所示。

图7-133

图7-134

08 导出的3DS文件不但有完整的模型文件,还创建了对应的摄影机,调整构图比例进行默认渲染,渲染效果如图7-135所示,可以看到模型相当完好。

图7-135

7.4.6 导出二维图像文件

在方案初步设计阶段,设计师与甲方需要进行方案的沟通与交流,把 SketchUP 三维模型导出为 JPG 格式文件为其沟通提供了方便。SketchUP 支持导出的二维图像文件格式有 JPG、BMP、TGA、TIF、PNG 等。

通过执行"文件"|"导出"|"二维图形"命令,在弹出的"输出二维图形"对话框的"保存类型"中选择"JPEG图像(*.jpg)"选项,然后单击"选项"按钮,即可在弹出的"输出选项"对话框中设置输出文件的参数,如图7-136和图7-137所示。

图7-136

图7-137

"输出选项"对话框的部分选项含义介绍如下。

※ 使用视图大小:默认状况下该复选框被选中,此时导出的二维图像的尺寸等同于当前视图的大小。取消选中复选框,则可以自定义图像尺寸。

※ 渲染:选中"消除锯齿"复选框后,SketchUP 将对图像进行平滑处理,从而减少图像中的线条锯齿,同时需要更长的导出时间。

※ JPEG 压缩:通过拖动滑块可以控制导出 JPG 文件的质量,越向右拖动图像质量越高,导出时间越多,图像效果越理想。

7.4.7 实例：导出二维图像文件

下面通过实例介绍导出二维图像文件的方法，具体的操作步骤如下。

01 打开配套资源中的"第7章\7.4.7导出二维图像文件.skp"素材文件，如图7-138所示，为一个室外场景模型。

图7-138

02 执行"文件"|"导出"|"二维图形"命令，如图7-139所示。

图7-139

03 在"输出二维图形"对话框中选择"保存类型"为"JPEG图像（*.jpg）"，单击"选项"按钮，如图7-140所示。

图7-140

04 在弹出的"输出选项"对话框中设置图像尺寸，如图7-141所示。

图7-141

05 在"输出二维图形"对话框中单击"导出"按钮，即可将SketchUP当前视图效果导出为JPG文件，如图7-142所示。

图7-142

7.4.8 导出二维剖面文件

通过执行"剖开"命令，可以将SketchUP中的截面图形导出为可以在AutoCAD中使用的DWG/DXF格式文件，从而在AutoCAD中加工成施工图纸。

在场景中添加一个剖面，并执行"文件"|"导出"|"剖面"命令，在弹出的"输出二维剖面"对话框的"保存类型"下拉列表中选择"AutoCAD DWG（*.dwg）"选项，然后单击"选项"按钮，即可在弹出的"DWG/DXF 输出选项"对话框中设置输出文件参数，如图7-143和图7-144所示。

图7-143

图7-144

7.4.9 实例：导出二维剖切文件

下面通过实例介绍导出二维剖切文件的方法，具体的操作步骤如下。

01 打开配套资源中的"第7章\7.4.9导出二维剖面文件.skp"素材文件，这是一个小区规划模型，如图7-145所示。

图7-145

02 选中"剖切面"工具 ⬦，在水平方向对模型进行剖切，如图7-146所示。

图7-146

03 执行"文件"|"导出"|"剖面"命令，弹出"输出二维剖面"对话框，将类型设置为"AutoCAD DWG文件（*.dwg）"选项，如图7-147和图7-148所示。

04 在"输出二维剖面"对话框中单击"选项"按钮，打开"DWG/DXF输出选项"对话框，设置相关参数如图7-149所示，单击"好"

按钮。

图7-147

图7-148

图7-149

05 在"输出二维剖面"对话框中单击"导出"按钮，即可导出DWG文件，结果如图7-150所示。

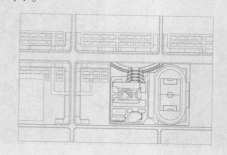

图7-150

7.5 课堂实训：渲染卧室场景

在本节中，通过渲染卧室场景，练习为场景添加灯光与材质的方法，具体的操作步骤如下。

01 执行"窗口"|"默认面板"|"阴影"命令，在弹出的"阴影"面板中设置参数，如图7-151所示。

图7-151

02 执行"视图"|"动画"|"添加场景"命令，添加场景如图7-152所示。

图7-152

03 在卧室中添加泛光灯❋，然后在吊顶上方添加IES灯♈，再为窗户添加一盏矩形灯♈，并对光源参数进行调整，如图7-153~图7-155所示。

图7-153

图7-154

04 在V-Ray for SketchUP工具栏中单击"V-Ray资源编辑器"按钮，在"V-Ray资源编辑器"面板中设置吊顶、地板、床、柜子等的材质参数（在此只对地板材质进行详细讲解），如图7-156所示。

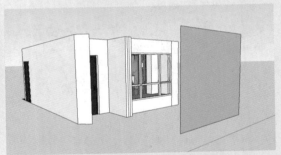

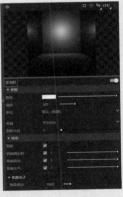

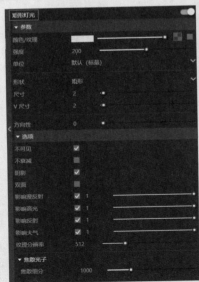

图7-155

SketchUP草图绘制从新手到高手（第2版）

图7-156

05 在"V-Ray资源编辑器"的工具栏中单击"设置"按钮🔘，设置最终渲染参数，接着单击"渲染"按钮🔘渲染场景，渲染结果如图7-157所示。

图7-157

7.6 课后练习

本节通过导出如图 7-158 所示夜景图片，复习导出二维图形的方法。

图7-158

7.7 课后习题

　　本节通过执行"文件"｜"导出"｜"三维模型"命令，将 SketchUP 模型导出为 AutoCAD 三维模型文件，如图 7-159 所示。

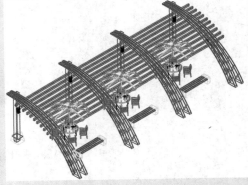

图7-159

第8章
创建基本建筑模型

基本的建筑模型，如门窗、桌椅、墙体、屋顶等是构筑一个大场景的基础。对设计师来说，有时候从网络上下载的模型与设计的理念大相径庭，很难运用到设计方案中，所以有时候需要自己制作模型。

本章将讲解一些基本建筑模型的创建方法，使读者能更好地理解 SketchUP 各项命令的操作方法，并且知道如何使用 SketchUP 创建各类模型。

8.1 制作景观廊架模型

本节介绍景观廊架模型的制作方法，先绘制支柱，再绘制顶棚，接着绘制座椅，最后赋予材质结束绘制，效果如图 8-1 所示。

图8-1

8.1.1 绘制廊架支柱

绘制廊架支柱的具体操作步骤如下。

01 选中"矩形"工具 ▦，绘制支柱的底面，如图 8-2所示。

02 利用"推/拉"工具 ◆，向上推出支柱的高度，如图8-3所示。

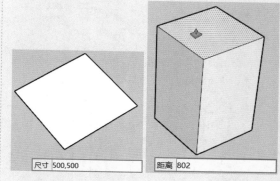

图8-2   图8-3

03 选中"缩放"工具 ▦，选择顶面，激活角点，在数值文本框中输入缩放倍数为0.8，向内缩小顶面，如图8-4所示。

04 选择"推/拉"工具 ◆，向上推出50mm，如图8-5所示。

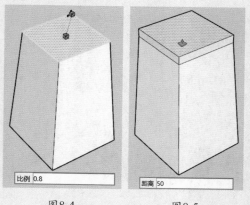

图8-4   图8-5

05 选中"偏移"工具 ◀，选择顶面，将其向内偏移83mm，如图8-6所示。

06 利用"推/拉"工具 ◆，选择偏移得到的面，向上推出1450mm，如图8-7所示。

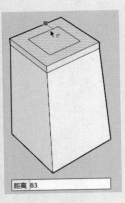
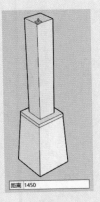

图8-6   图8-7

07 选择顶面边线，使用"移动"工具✛，将边线
    向下移动80mm，如图8-8所示。

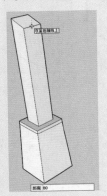

图8-8

08 选中"卷尺"工具🖋，以顶面边线为基础，向
    内拖动鼠标指针，在距离边线67mm的位置创
    建参考线，如图8-9所示。

09 利用"直线"工具✏，拾取点并绘制直线，
    如图8-10所示。

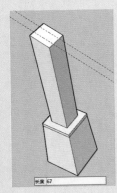
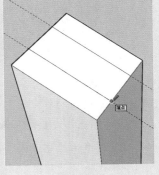

图8-9   图8-10

10 利用"推/拉"工具♦，选择划分出来的面，
    向上推出170mm，如图8-11所示。

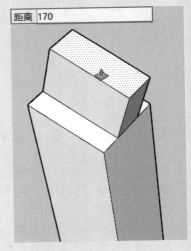

图8-11

11 继续利用"推/拉"工具♦，选择面并推拉，
    如图8-12所示。

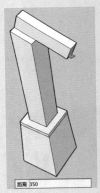
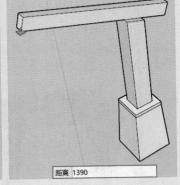

图8-12

12 选择"圆弧"工具⌐，在面上绘制圆弧，如
    图8-13所示。

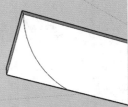

图8-13

13 使用"推/拉"工具♦，选择划分出来的面，
    将其推空，结果如图8-14所示。

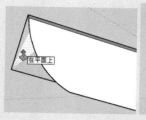

图8-14

14 利用"卷尺"工具 ，在模型面上创建参考线，如图8-15所示。

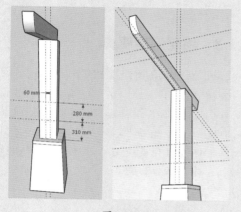

图8-15

15 利用"直线"工具 ，拾取参考线的交点并绘制直线，最终绘制一个面，如图8-16所示。

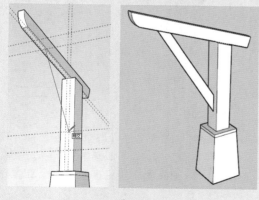

图8-16

16 使用"推/拉"工具 ，选择面，将其推出60mm，结果如图8-17所示。

17 选择支柱，使用"移动"工具 ，向右拖动鼠标指针，输入"距离"值为2500，份数为2x，按Enter键进行复制，结果如图8-18所示。

图8-17

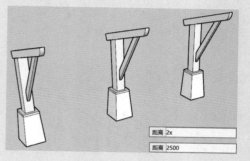

图8-18

8.1.2 绘制廊架顶棚

绘制廊架顶棚的具体操作步骤如下。

01 使用"直线"工具 绘制一个封闭面，如图8-19所示。右击，在弹出的快捷菜单中选择"创建组件"选项，将面创建成组件。

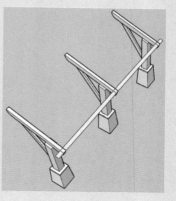

图8-19

02 双击进入组件，使用"推/拉"工具 ，选择面，将其推出90mm，结果如图8-20所示。

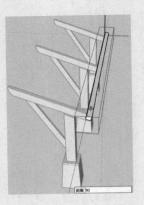

图8-20

03 选择组件,使用"移动"工具❖,向上拖
动鼠标指针,输入"距离"值为500,份数
为3x,按Enter键进行复制,结果如图8-21
所示。

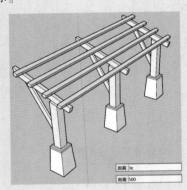

图8-21

04 使用"直线"工具✐,绘制一个封闭面,并
将其创建为组件,如图8-22所示。

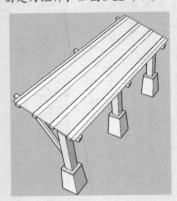

图8-22

05 双击进入组件,使用"推/拉"工具◈,选择
面,将其推出15mm,结果如图8-23所示。

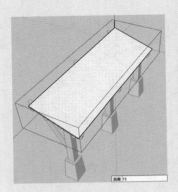

图8-23

8.1.3 绘制廊架座椅

绘制廊架座椅的操作步骤如下。

01 选择"矩形"工具▣,绘制一个90mm×
400mm的矩形,并将其创建成组件,如图
8-24所示。

02 双击进入组件,使用"推/拉"工具◈选择
面,并向上推出350mm度,结果如图8-25
所示。

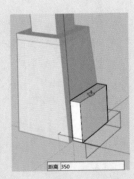

图8-24   图8-25

03 选择组件,使用"移动"工具❖,向右拖
动鼠标指针,输入"距离"值477,份数
为5x,按Enter键进行复制,结果如图8-26
所示。

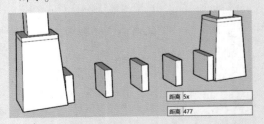

图8-26

04 使用"推/拉"工具 ✋，选择顶面，向上推出
50mm，结果如图8-27所示。

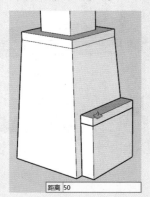

图8-27

05 继续使用"推/拉"工具 ✋，选择面并向右推
拉，直至与右侧支柱相接，如图8-28所示。

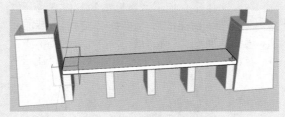

图8-28

06 选择座椅，使用"移动"工具 ✛，向右拖动鼠
标指针进行复制，如图8-29所示。

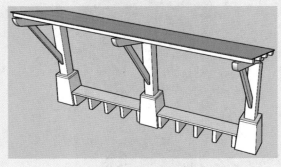

图8-29

8.1.4 为廊架赋予材质

为廊架赋予材质的操作步骤如下。

01 选择"材质"工具 🎨，在"材质"面板中
选择材质，为支柱底座赋予材质，如图8-30
所示。

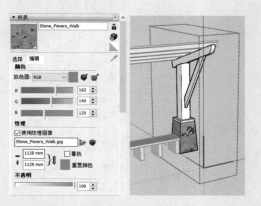

图8-30

02 选择石材材质，为底座顶面赋予材质，如图
8-31所示。

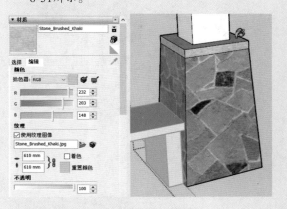

图8-31

03 选择木纹材质，为支柱赋予材质，如图8-32
所示。

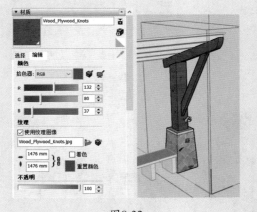

图8-32

04 选择玻璃材质，为顶棚赋予材质，如图8-33
所示。

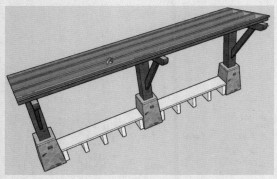

图8-33

05 选择石材材质，为座椅赋予材质，如图8-34
所示。

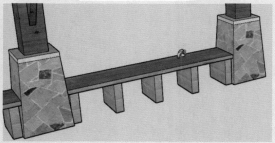

图8-34

06 执行"视图" | "阴影"命令，为模型添加阴
影，绘制结果如图8-35所示。

图8-35

8.2 制作小木屋模型

在本节中，介绍小木屋模型的制作方法，包
括创建地面、搭建框架、创建门窗洞口、添加屋
顶、设置扶手与楼梯等。最后为小木屋添加材质，
并开启阴影，旋转视图观察小木屋，效果如图8-36
所示。

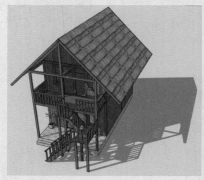

图8-36

8.2.1 创建地面

创建地面的操作步骤如下。

01 选择"矩形"工具▣，绘制一个7540mm×4060mm的矩形，如图8-37所示。

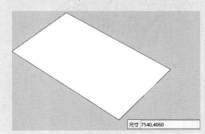

图8-37

02 使用"推/拉"工具◈，选择矩形向上推出400mm，结果如图8-38所示。

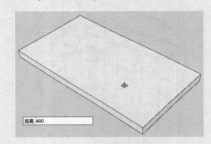

图8-38

03 使用"直线"工具✎，绘制直线以划分面，如图8-39所示。

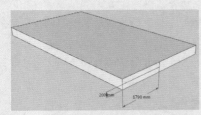

图8-39

04 使用"推/拉"工具◈，选择面并向外推拉绘制台阶，结果如图8-40所示。

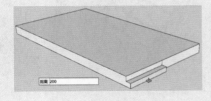

图8-40

05 使用"材质"工具✎，在"材质"面板中选择材质，为地面赋予材质，如图8-41所示。

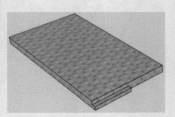

图8-41

8.2.2 搭建框架

搭建框架的具体操作步骤如下。

01 选择"矩形"工具▣，绘制一个120mm×80mm的矩形。使用"推/拉"工具◈，选择矩形向上推出4750mm，结果如图8-42所示。

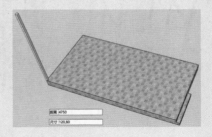

图8-42

02 选择"材质"工具✎，在"材质"面板中选择材质，为支架赋予材质。选择"移动"工具✥，按住Ctrl键移动并复制支架，如图8-43所示。

图8-43

第8章 创建基本建筑模型

211

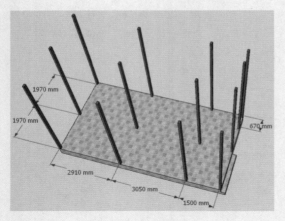

图8-43 （续）

图8-46所示。

03 重复相同的操作，继续搭建框架，如图8-44 所示。

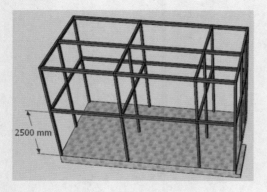

图8-44

04 使用"推/拉"工具❖，选择支架的顶面向上 推出2000mm，如图8-45所示。

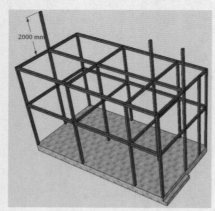

图8-45

05 使用"旋转"工具❸，旋转复制支架，并利 用"推/拉"工具❖调整其长度，搭建效果如

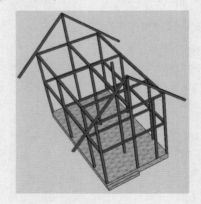

图8-46

06 继续添加支架，完善框架的效果如图8-47所示。

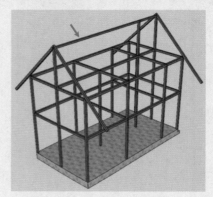

图8-47

07 绘制墙面。选中"矩形"工具▣，拾取点并绘 制矩形，楼板的绘制结果如图8-48所示。

08 继续使用"矩形"工具▣，在支架的一侧绘 制一个40mm×2500mm的矩形，如图8-49 所示。

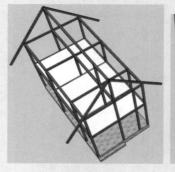 

图8-48   图8-49

09 使用"推/拉"工具❖，选择矩形并向右推

SketchUP草图绘制从新手到高手（第2版）

拉，直至与右侧支架相接为止，如图8-50
所示。

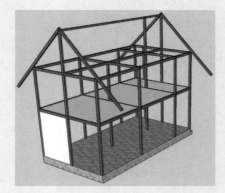

图8-50

10 重复相同的操作，继续绘制墙面，如图8-51
所示。

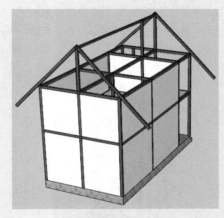

图8-51

11 使用"直线"工具 ✎，拾取点并绘制直线，
创建封闭面，如图8-52所示。

12 重复上述操作，继续绘制封闭面。使用"推/
拉"工具 ♦，选择面并推拉40mm，结果如图
8-53所示。

图8-52

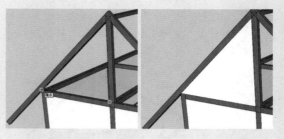

图8-52（续）

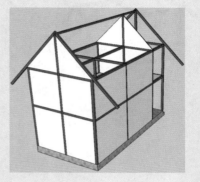

图8-53

提示：

为了方便在截图中展示门窗洞口的绘制效果，已
将部分支架隐藏。

8.2.3 创建门窗洞口

创建门窗洞口的操作步骤如下。

01 选择支架，使用"推/拉"工具 ♦ 向上调整支
架的高度，操作结果如图8-54所示。

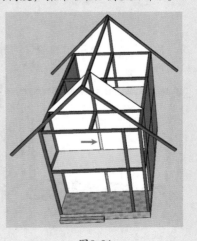

图8-54

02 修改支架的高度后，墙面会出现空隙。选择"推/拉"工具，补齐空隙，结果如图8-55所示。

图8-55

03 使用"直线"工具，绘制直线以划分门窗洞口，如图8-56所示。

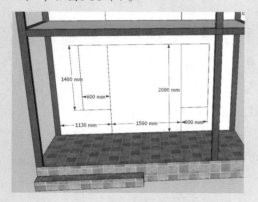

图8-56

04 使用"偏移"工具和"擦除"工具，细化门窗洞口的轮廓线，如图8-57所示。

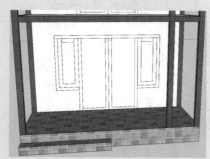

图8-57

05 选择"推/拉"工具，推空门窗洞口，如图8-58所示。

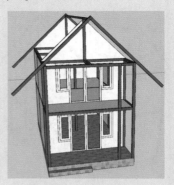

图8-58

8.2.4 绘制扶手、栏杆与屋顶

绘制扶手、栏杆与屋顶的操作步骤如下。

01 执行"编辑"|"撤销隐藏"|"全部"命令，将隐藏的支架重新显示出来，如图8-59所示。

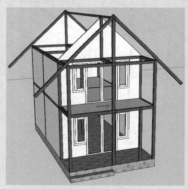

图8-59

02 使用"矩形"工具，绘制80mm×60mm的矩形，如图8-60所示。

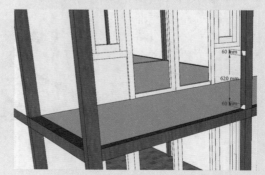

图8-60

03 使用"推/拉"工具 ✥，选择矩形并进行推拉，绘制扶手的效果如图8-61所示。

图8-61

04 重复上述操作，继续绘制扶手，如图8-62所示。

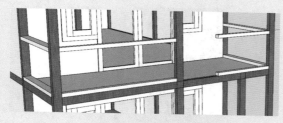

图8-62

05 使用"矩形"工具 ▣ 和"推/拉"工具 ✥，绘制矩形并进行推拉，栏杆的绘制结果如图8-63所示。

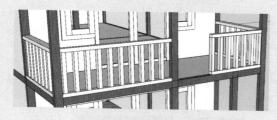

图8-63

06 利用"直线"工具 ✐，绘制直线以创建封闭面，屋顶的绘制结果如图8-64所示。

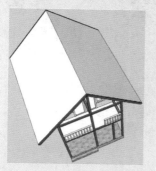

图8-64

8.2.5 赋予材质

赋予材质的操作步骤如下。

01 选择"材质"工具 ⊗，在"材质"面板中选择材质，为小木屋赋予木纹材质，如图8-65所示。

图8-65

02 重复上述操作，在"材质"面板中选择材质，为屋顶赋予材质，如图8-66所示。

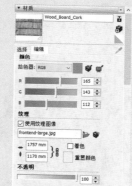

图8-66

03 选择屋顶并右击，在弹出的快捷菜单中选择

"纹理"|"位置"选项，单击激活红色图钉，调整材质的位置，如图8-67所示。调整结束后右击，在弹出的快捷菜单中选择"完成"选项，结束操作。

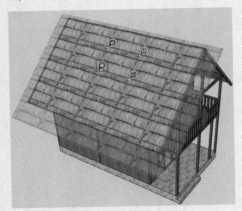

图8-67

04 在"材质"面板上单击"吸管"按钮 ✎ ，吸取调整完毕的材质，再将材质赋予另一侧的屋顶，如图8-68所示。

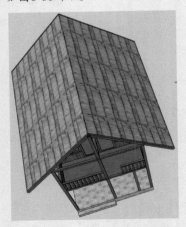

图8-68

8.2.6 绘制楼梯

绘制楼梯的操作步骤如下。

01 选中"矩形"工具 ▣ ，绘制一个700mm×700mm的矩形。使用"推/拉"工具 ✥ ，选择矩形并向下推出40mm，结果如图8-69所示。

02 重复使用"矩形"工具 ▣ ，绘制一个1400mm×790mm的矩形。使用"推/拉"工具 ✥ ，选择矩形并向下推出40mm，休息平台

的绘制结果如图8-70所示。

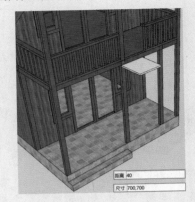

图8-69

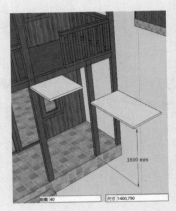

图8-70

03 选择"矩形"工具 ▣ ，绘制120mm×80mm的矩形。使用"推/拉"工具 ✥ ，分别选择矩形并向上推出2680mm和1960mm，结果如图8-71所示。

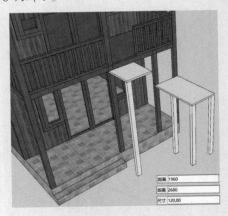

图8-71

04 使用"直线"工具 ✐ ，绘制直线以创建封闭

面，如图8-72所示。

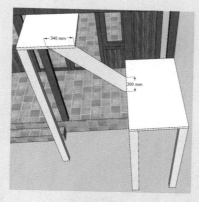

图8-72

05 使用"推/拉"工具 ♦，选择面并向内推出 40mm，再向内移动复制，绘制结果如图8-73 所示。

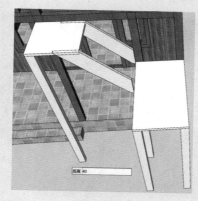

图8-73

06 重复上述操作，在另一梯段的基础上绘制封闭面并推拉出40mm，结果如图8-74所示。

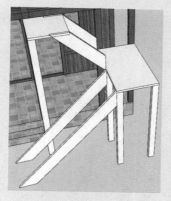

图8-74

07 选择休息平台，使用"移动"工具 ♦，按住

Ctrl键向下移动复制，距离为300mm，如图 8-75所示。

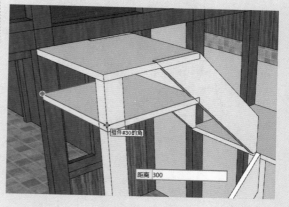

图8-75

08 双击平台副本，进入编辑模式。使用"推/拉"工具 ♦，选择面并向右推拉，如图8-76所示。如图8-77所示为推拉的结果，踏步的宽度为300mm。

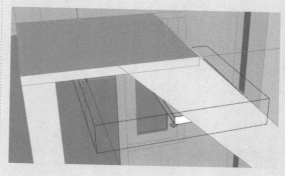

图8-76

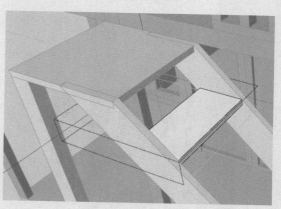

图8-77

09 选择编辑完成的踏步，选中"移动"工具 ♦，按住Ctrl键向下移动复制，距离为260mm，如

217

图8-78所示。

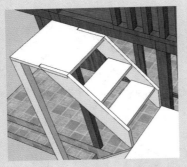

图8-78

10 重复上述操作，继续为另一梯段创建踏步，如图8-79所示。

图8-79

8.2.7 添加楼梯扶手

添加楼梯扶手的操作步骤如下。

01 选择"矩形"工具▣，绘制一个60mm×60mm的矩形。使用"推/拉"工具◈，选择矩形并向上推出980mm，结果如图8-80所示。

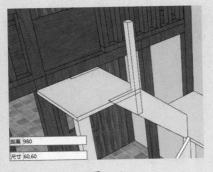

图8-80

02 选择栏杆，使用"移动"工具✧，按住Ctrl键向下移动复制，如图8-81所示。

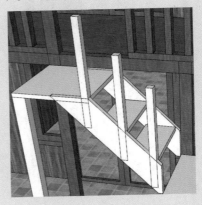

图8-81

03 使用"直线"工具✎，绘制直线以创建封闭面，如图8-82所示。

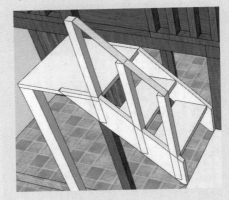

图8-82

04 使用"推/拉"工具◈，选择面并向下推出50mm，如图8-83所示。

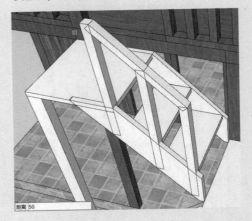

图8-83

05 使用"矩形"工具▦和"推/拉"工具◈，完
善栏杆与扶手，结果如图8-84所示。

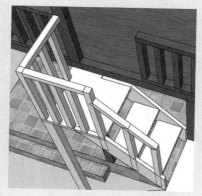

图8-84

06 继续为另一梯段添加栏杆与扶手，效果如图
8-85所示。

图8-85

07 为楼梯、栏杆与扶手赋予材质，并开启阴影
效果，最终结果如图8-86所示。

图8-86

从图8-87所示中可以观察到要绘制的岗亭
形状为四边形，有比较明显的透视关系，可以使
用照片匹配模式绘制模型。

图8-87

"照片匹配"是 SketchUP 依据导入图片的
透视效果，通过匹配透视角度，来创建与建筑物
或构筑物的一张或多张照片相匹配的 3D 模型。此
过程最适于制作构筑物（包含表示平行线的部分）
的图像模型，如方形窗户的顶部和底部。

当一个模型中有多张匹配的照片时，此时即
可执行"相机"|"预览匹配照片"命令，转换到
可以同时观察所有匹配图片的模式。而此时当前
的操作状态自动转换为"环绕观察"，按住鼠标
左键或中键，拖曳鼠标可以旋转图片。在某张图
片上双击，即可转换到某张图片的角度，图片的
大小依据模型的大小而定。该图片的边框显示为
洋红色，按 Enter 键，即可进入照片匹配模式并
修改模型。

1. 将照片添加至模型中

将照片添加至模型中的具体操作步骤如下。

01 执行"文件"|"导入"命令，在"导入"对
话框中选择照片，并同时选中"用新建照片
匹配"单选按钮，如图8-88所示。

02 单击"导入"按钮导入图片，如图8-89所示，
可以观察到视图中分别有两条红色线条、两
条绿色线条以及一个坐标系。其中，红色和
绿色线条是以透视线的原理来匹配模型中红
轴、绿轴方向的线条，而且可以移动坐标系
来调整坐标位置。

图8-88

图8-89

03 首先将坐标轴放置在亭子的左下角，如图8-90所示。

图8-90

04 移动一条红轴线条的两端，并匹配至岗亭的左下边线，如图8-91所示。

图8-91

05 移动第二条线，与岗亭玻璃顶棚的边线匹配，如图8-92所示。

图8-92

06 将两条绿轴分别匹配至岗亭右侧两条边线的位置，如图8-93所示。

图8-93

07 单击"照片匹配"面板的"完成"按钮，如

图8-94所示。注意，其中间距大小可以更改，用来确定模型大小。

图8-94

08 完成后如图8-95所示。注意：在照片匹配模式下可以平移、缩放，但是不要轻易环绕观察，即不要按住鼠标中键后单击拖动，否则会出现如图8-96所示的照片消失且切换成普通模式的情况。若要还原照片匹配模式，在左上角单击岗亭照片，即可切换回来。

图8-95

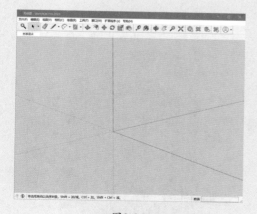

图8-96

2. 构建模型
构建模型的具体操作步骤如下。

01 选中"矩形"工具 ▦，绘制岗亭的底面，如图8-97所示。

图8-97

02 选中"推/拉"工具 ♦，推出岗亭的基本高度，如图8-98所示。

图8-98

03 单击"样式"工具栏中的 ▭ 工具按钮，显示模型后边线。使用"移动"工具 ♦，选择底面边线，按住Ctrl键将其向上移至玻璃顶处并复制，如图8-99所示。

图8-99

04 选中"偏移"工具📋，以上一步中移动复制的边线为偏移边线，将其向外偏移至玻璃顶外侧位置，如图8-100所示。

图8-100

05 重复上一步的操作，偏移复制出左侧面上玻璃门门框的轮廓线，并将门框底边移至相应位置，如图8-101所示。

图8-101

06 重复上述操作，再偏移复制出另一侧的门框位置，如图8-102所示。

图8-102

07 选择岗亭一角的竖直边线，选中"移动"工具✥并按住Ctrl键，将其移至侧面的中点，再分别向两侧移动复制出门框的宽度，删除多余线条，如图8-103所示。

图8-103

08 配合使用"选择"工具▸与"旋转"工具⟳选取顶面，选中"偏移"工具📋，偏移复制出岗亭顶部的宽度，如图8-104所示。

图8-104

09 使用"推/拉"工具◈，推出岗亭顶部的高度，如图8-105所示。

图8-105

10 通过执行多次类似的操作步骤，完善模型中可见面上的基本形状，并推出相应的高度，如图8-106所示。

图8-106

11 按住鼠标中键并拖动鼠标，转换成普通模式，如图8-107所示。

图8-107

12 在岗亭顶绘制两个尺寸为200mm×40mm的截面，并选择岗亭的顶面边线为放样路径，选中"路径跟随"工具，单击顶部绘制的两个矩形截面，路径跟随以消减体积，创建顶部的凹凸效果，如图8-108所示。

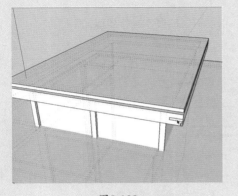

图8-108

13 使用"移动"工具，选择玻璃顶支架的矩形一边延轴线并往内移动，创建坡面效果，如图8-109所示。

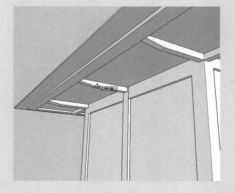

图8-109

14 使用"擦除"工具删除模型后部两侧的面，如图8-110所示。

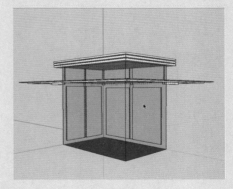

图8-110

15 选择已经绘制完成的前部两侧的面，选中"移动"工具并按住Ctrl键，将其移动复制出来，如图8-111所示。

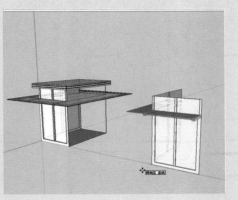

图8-111

第8章 创建基本建筑模型

223

16 使用"缩放"工具 🔲，选择对边中部控制点，在数值文本框中输入缩放倍数 -1.00,-1.00，完成镜像，如图8-112所示。

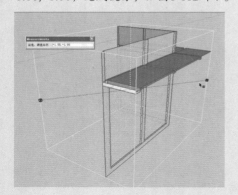

图8-112

17 使用"移动"工具 ✛，将镜像完成的面移至岗亭中，如图8-113所示。

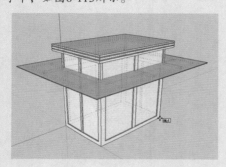

图8-113

18 绘制岗亭的4个脚。使用"偏移"工具 🗗 在底面偏移100mm，复制出岗亭脚的外边线，并使用"矩形"工具 🔲 绘制尺寸为 200mm×200mm的矩形，同时使用"推/拉"工具 ♦ 向下推拉100mm，如图8-114所示。

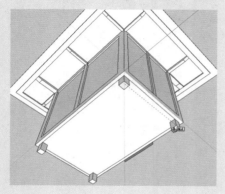

图8-114

19 单击视图左上角的岗亭照片页面按钮，开启"照片匹配"模式，再绘制出照片上的地面及植物，如图8-115所示。

图8-115

20 单击鼠标中键转换成普通模式，单击"样式"工具栏中的 🔲 按钮，隐藏后边线。然后选择除岗亭外的所有模型，右击，在弹出的快捷菜单中选择"隐藏"选项，将周边环境隐藏，如图8-116所示。

图8-116

3. 铺贴材质
铺贴材质的具体操作步骤如下。

01 在"岗亭照片"页面标签上右击，在弹出的快捷键菜单中选择"编辑照片匹配"选项，如图8-117所示。此时进入最初添加照片匹配的模式，若透视出现错误，或者坐标点出现错误，坐标轴位置和透视角度都可以再次调整。

02 在弹出的"照片匹配"面板中单击"从照片投影纹理"按钮，如图8-118所示。此时弹出"是否覆盖现有材质"的提示对话框与"要部分剪辑可见平面"的提示对话框，一般情况下都单击"是"按钮。

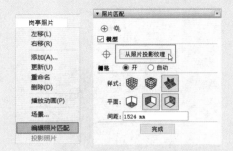

图8-117 图8-118

03 完成投影后转动视角切换至普通模式，可以观察到模型，如图8-119所示，自动为可见面覆盖了相应材质。

图8-119

04 由于是依据照片自动匹配的材质，所以看不见的面将不能被填充，出现材质错乱的现象，如图8-120所示。

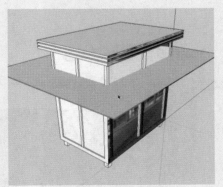

图8-120

05 使用"材质"工具，选择灰色材质并设置相应的透明度，填充岗亭中未填充和填充发

生错乱的玻璃面，如图8-121所示。

图8-121

06 重复上述操作，选择蓝灰色材质，为岗亭中的边框、支架中错乱的材质与未填充材质的区域，如图8-122所示。

图8-122

07 执行"编辑"|"撤销隐藏"|"最后"命令，再还原到"匹配照片"模式，选择周边环境并右击，在弹出的快捷菜单中选择"投影照片"选项，如图8-123所示。

图8-123

08 将模型中未填充的区域通过吸取周边的材质

第8章 创建基本建筑模型

225

并覆盖该区域后，在出现错乱的材质上右击，在弹出的快捷菜单中选择"纹理"|"位置"选项，如图8-124所示。

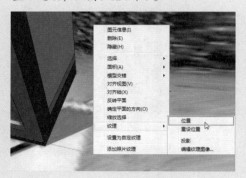

图8-124

09 将材质移至合适位置，按Enter键更改材质，如图8-125和图8-126所示。

图8-125

图8-126

10 同样，对于旁边的绿篱也可以吸取正面的材质，再铺贴至背面。选中"擦除"工具，同

时按住Ctrl键将绿篱边线柔化，如图8-127和图8-128所示。

图8-127

图8-128

11 重复右击，在弹出的快捷菜单中选择"纹理"|"位置"选项，从而更改模型中发生错乱的材质，完善材质铺贴。开启"阴影"效果，最终得到如图8-129和图8-130所示的岗亭前侧和后侧的效果图。

图8-129

图8-130

8.4.1 绘制游乐设施主体

绘制游乐设施主体的操作步骤如下。

01 使用"矩形"工具▦，绘制一个50mm×50mm的矩形，结果如图8-132所示。

02 使用"推/拉"工具◈，选择矩形面向上推出1900mm，如图8-133所示。

图8-132   图8-133

8.4 ▸ 制作游乐设施模型

本节介绍儿童游乐设施模型的制作方法。游乐设施包括主体、滑梯、攀爬架以及秋千等，主要使用木材材质，最终效果如图8-131所示。

03 选择"移动"工具✥，按住Ctrl键移动复制模型，支架的绘制结果如图8-134所示。

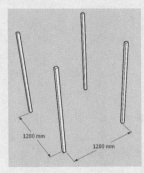

1280 mm   1280 mm

图8-134

04 使用"矩形"工具▦，拾取支架的角点绘制矩形，如图8-135所示。

图8-131

图8-135

05 使用"偏移"工具⬀，选择矩形面并向外偏移60mm，如图8-136所示。

图8-136

06 使用"推/拉"工具◆，选择矩形面向上推拉100mm，如图8-137所示。

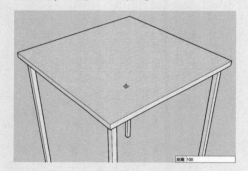

图8-137

07 使用"矩形"工具▣，绘制50mm×50mm的矩形，选择矩形后右击，在弹出的快捷菜单中选择"创建组件"选项，将矩形创建成组件，结果如图8-138所示。

08 使用"推/拉"工具◆，选择矩形面并推拉至支架边缘，如图8-139所示。

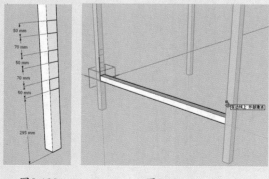

图8-138　　　　　图8-139

09 重复上述操作，继续选择矩形面并进行推拉，如图8-140所示。

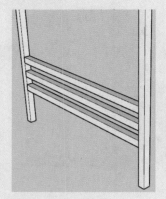

图8-140

10 选择"移动"工具✥，按住Ctrl键向上移动复制，绘制结果如图8-141所示。

图8-141

11 使用"直线"工具✏，拾取中点绘制直线作为辅助线，如图8-142所示。

图8-142

12 选择"旋转"工具 ↻ ，拾取辅助线的中点为基点，如图8-143所示。

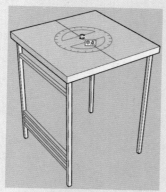

图8-143

13 按住Ctrl键拖动鼠标，输入"角度"值为90.0，份数为3x，如图8-144所示。

图8-144

14 按Enter键结束操作，旋转复制对象的结果如图8-145所示。

图8-145

15 使用"偏移"工具 ，选择矩形面并向内偏移60mm，如图8-146所示。

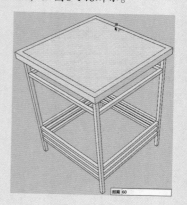

图8-146

16 使用"直线"工具 ✐ ，绘制直线划分面，如图8-147所示。

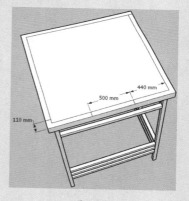

图8-147

17 使用"推/拉"工具 ◆ ，选择面并向上推拉100mm，如图8-148所示。

图8-148

18 选择平台下方的竖直支架，使用"移动"工具❖，按住Ctrl键向上移动复制，如图8-149所示。保持选中支架并右击，在弹出的快捷菜单中选择"设定为唯一"选项。

19　双击其中一个竖直支架模型进入编辑模式，使用"推/拉"工具❖，选择面并向下推拉400mm，如图8-150所示。因为组件具有联动更新的功能，所以修改其中一个组件（选中的支架），其他与其相同的组件（其他3个支架）也会一起被修改。

图8-149　　　　　　　图8-150

20　按住Ctrl键选择平台的4条边，如图8-151所示。

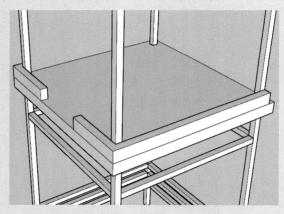

图8-151

21　选择"移动"工具❖，按住Ctrl键向上移动复制，距离为550mm，如图8-152所示。

22　继续向上移动复制边线，距离为100mm，如图8-153所示。

23　使用"直线"工具✎，绘制直线封面，如图8-154所示。

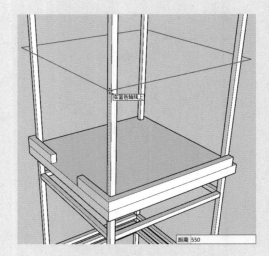

图8-152

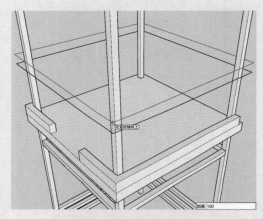

图8-153

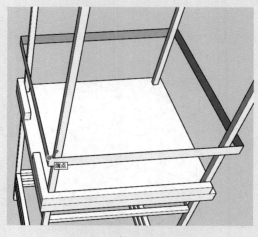

图8-154

24　使用"推/拉"工具❖，选择面并向内推拉60mm，绘制扶手的结果如图8-155所示。

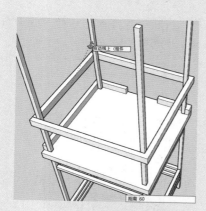

图8-155

25 使用"矩形"工具▯，绘制60mm×40mm的矩形，选择矩形后右击，在弹出的快捷菜单中选择"创建组件"选项，将矩形创建成组件，结果如图8-156所示。

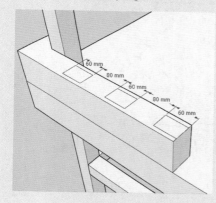

图8-156

26 使用"推/拉"工具◈，选择矩形面并向上推拉至扶手，栏杆的绘制结果如图8-157所示。

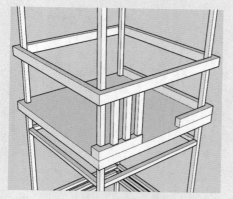

图8-157

27 选择栏杆，使用"移动"工具✛，按住Ctrl键

向右移动复制，如图8-158所示。

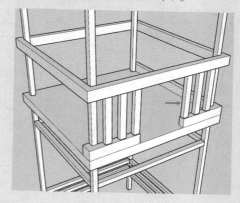

图8-158

28 选择"圆弧"工具▢，指定起点、终点以及弧高绘制圆弧，如图8-159所示。

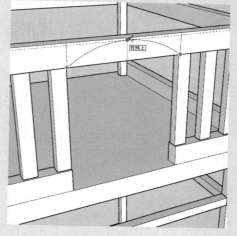

图8-159

29 使用"推/拉"工具◈，推空划分出来的面，操作结果如图8-160所示。

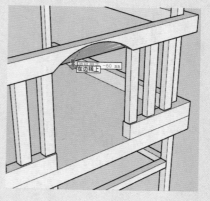

图8-160

第8章 创建基本建筑模型

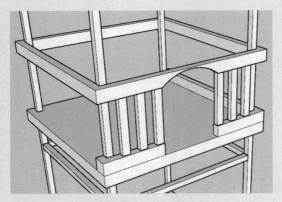

图8-160（续）

30　继续在扶手上绘制圆弧，并推空划分出来的面，绘制结果如图8-161所示。

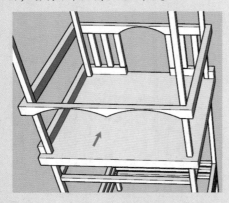

图8-161

31　选择"矩形"工具▦，绘制一个1500mm×700mm的矩形，结果如图8-162所示。

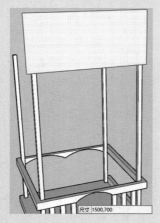

图8-162

32　使用"直线"工具✐，绘制直线划分面，如图8-163所示。

33　使用"偏移"工具⬚，选择面并向内偏移10mm，如图8-164所示。

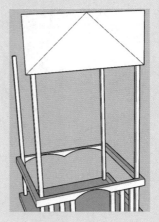

图8-163

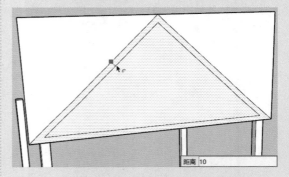

图8-164

34　选择"擦除"工具⬚，删除多余的面，如图8-165所示。选择修改后的模型并右击，在弹出的快捷菜单中选择"创建组件"选项，将对象创建成组件。

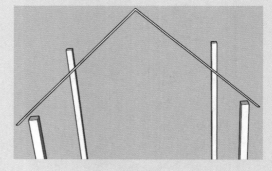

图8-165

35　双击进入组件，使用"推/拉"工具◈，选择面并推拉1500mm，如图8-166所示。设施主体的绘制结果如图8-167所示。

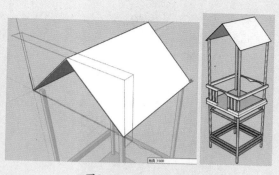

图8-166   图8-167

8.4.2 绘制滑梯

绘制滑梯的具体操作步骤如下。

01 使用"卷尺"工具 🖉，绘制垂直和水平参考线，如图8-168所示。

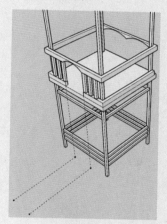

图8-168

02 使用"直线"工具 ✏，绘制直线封面，如图8-169所示。

图8-169

03 使用"推/拉"工具 ♦，选择面并向上推拉100mm，如图8-170所示。

图8-170

04 使用"直线"工具 ✏，绘制直线封面，完成滑梯的绘制，结果如图8-171所示。

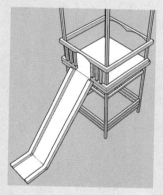

图8-171

8.4.3 绘制攀爬架

绘制攀爬架的具体操作步骤如下。

01 选择"卷尺"工具 🖉绘制参考线，选择"直线"工具 ✏，绘制直线创建封闭面，如图8-172所示。

图8-172

02 使用"推/拉"工具 ♦，参考平台的厚度向下推拉面，如图8-173所示。

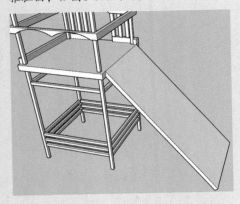

图8-173

03 使用"偏移"工具 ⑦，选择面并向内偏移100mm，如图8-174所示。

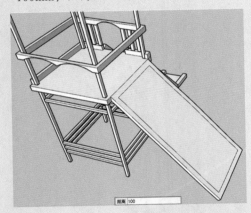

图8-174

04 使用"推/拉"工具 ♦，选择面并向下推空，如图8-175所示。

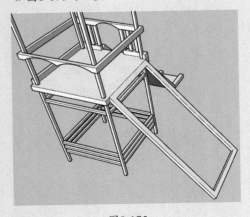

图8-175

05 使用"直线"工具 ✏，绘制辅助线，结果如图8-176所示。

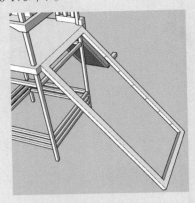

图8-176

06 使用"圆形"工具 ⚫，拾取辅助线的中点为圆心，绘制半径为20mm的圆形，如图8-177所示。

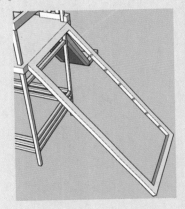

图8-177

07 使用"推/拉"工具 ♦，选择圆形并向左推拉，与边框相接，如图8-178所示。

图8-178

08 重复上述操作继续绘制图形，结果如图8-179所示。

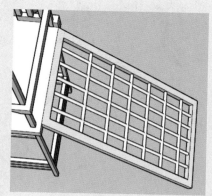

图8-179

09 使用"卷尺"工具，绘制垂直和水平参考线，如图8-180所示。

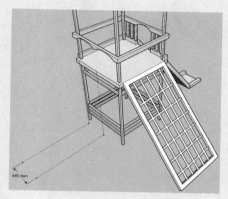

图8-180

10 使用"直线"工具，绘制闭合面。使用"推/拉"工具，参考平台厚度向下推拉面，如图8-181所示。

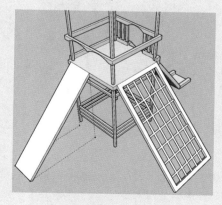

图8-181

11 使用"直线"工具，绘制线段划分面，如图8-182所示。

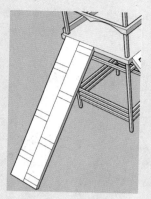

图8-182

12 使用"推/拉"工具，选择划分出来的面并向上推拉50mm，如图8-183所示。

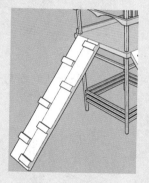

图8-183

8.4.4 绘制秋千支架

绘制秋千支架的具体操作步骤如下。

01 使用"直线"工具和"推/拉"工具，绘制闭合面并进行推拉，如图8-184所示。

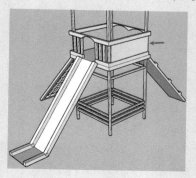

图8-184

02　使用"矩形"工具▣，绘制50mm×871mm的矩形。使用"推/拉"工具◆，将矩形向上推拉140mm。使用"移动"工具❖，按住Ctrl键移动复制矩形，距离为160mm，如图8-185所示。

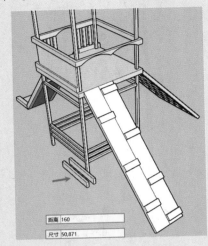

图8-185

03　重复上述操作，绘制尺寸为100mm×100mm的矩形，并向上推拉2440mm，如图8-186所示。

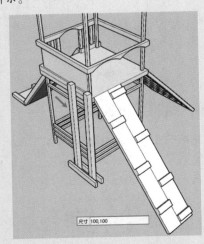

图8-186

04　选择02步中绘制的矩形，使用"移动"工具❖，按住Ctrl键向上移动复制矩形，距离为1050mm，份数为2x，如图8-187所示。

05　使用"直线"工具✐和"推/拉"工具◆，划分面后继续往上推拉矩形，结果如图8-188所示。

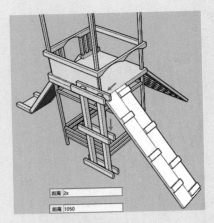

图8-187

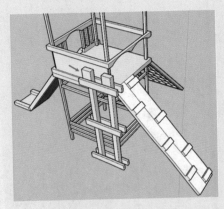

图8-188

06　选择绘制完成的模型，选中"移动"工具❖，按住Ctrl键并向左移动复制，距离为2850mm，如图8-189所示。

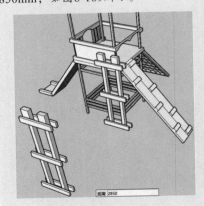

图8-189

07　使用"矩形"工具▣，绘制160mm×160mm的矩形。使用"推/拉"工具◆，选择矩形面并推拉3120mm，如图8-190所示。

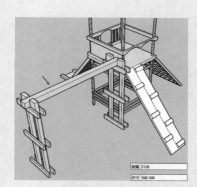

图8-190

8.4.5 绘制秋千

绘制秋千的具体绘制步骤如下。

01 使用"矩形"工具▦，绘制60mm×100mm的矩形。使用"推/拉"工具◈，选择矩形面并推拉30mm。使用"移动"工具✥，按住Ctrl键向右移动复制矩形，距离为540mm，如图8-191所示。

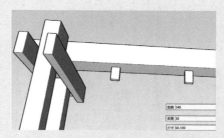

图8-191

02 使用"圆形"工具◉，绘制半径为60mm的圆形。使用"偏移"工具🗗，选择圆形向内偏移6mm，选择中间的面，按Delete键删除。选择"推/拉"工具，设置距离为30mm，选择划分出来的面并进行推拉，如图8-192所示。

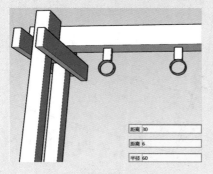

图8-192

03 使用"圆形"工具◉，绘制半径为15mm的圆形。使用"推/拉"工具◈，选择圆形并向下推拉1070mm，如图8-193所示。

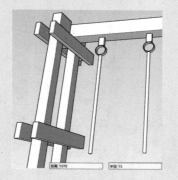

图8-193

04 继续使用"推/拉"工具◈，按住Ctrl键，继续向下推拉圆形，距离为330mm，如图8-194所示。

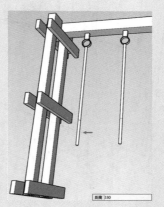

图8-194

05 使用"缩放"工具▦，选择圆形面，将鼠标指针放置在右上角的角点处，按住Ctrl键以圆心为基点进行缩放，缩放因子为0.6，如图8-195所示。

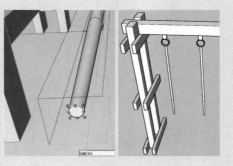

图8-195

06 使用"矩形"工具▦，绘制一个300mm×150mm的矩形，如图8-196所示。

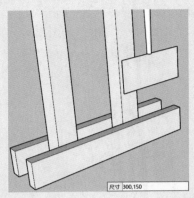

尺寸 300,150

图8-196

07 使用"直线"工具✐，在矩形面上绘制直线，如图8-197所示。

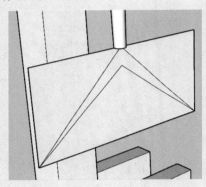

图8-197

08 选择多余的面，按Delete键删除，如图8-198所示。选择整理后的图形并右击，在弹出的快捷菜单中选择"创建组件"选项，将图形创建成组件。

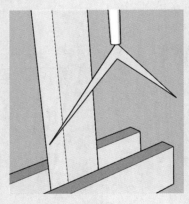

图8-198

09 双击组件进入编辑模式，使用"推/拉"工具✦，选择面并推拉3mm，如图8-199所示。

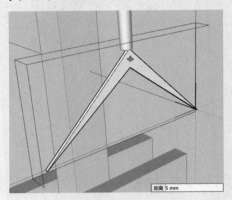

距离 5 mm

图8-199

10 选择组件，使用"移动"工具✥，按住Ctrl键移动复制，如图8-200所示。

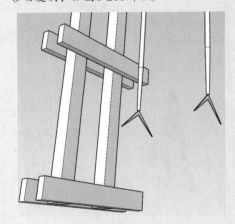

图8-200

11 使用"矩形"工具▦，拾取组件的角点绘制矩形，如图8-201所示。

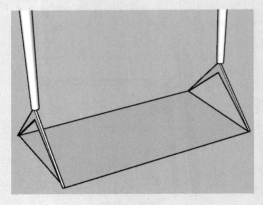

图8-201

SketchUP草图绘制从新手到高手（第2版）

12 使用"推/拉"工具 ，选择面并向下推拉 70mm，如图8-202所示。

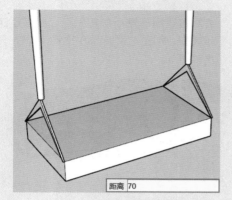

图8-202

13 选择绘制完成的秋千，使用"移动"工具 ，按住Ctrl键移动复制，如图8-203所示。游乐设施模型的创建结果如图8-204所示。

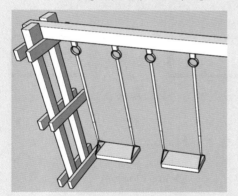

图8-203

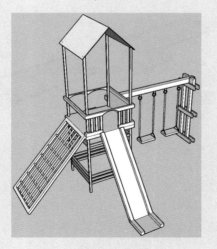

图8-204

8.4.6 赋予材质

赋予材质的具体操作步骤如下。

01 选中"材质"工具 ，在"材质"面板中选择材质，为屋顶赋予材质，如图8-205所示。

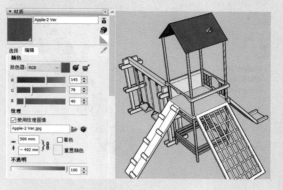

图8-205

02 在"材质"面板中选择木材材质，为设施主体的栏杆、扶手、支架，攀爬架赋予木材材质，如图8-206所示。

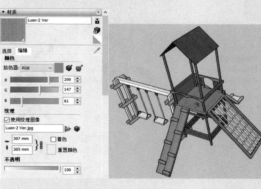

图8-206

03 在"材质"面板中设置材质参数，完善攀爬架模型的材质，如图8-207所示。

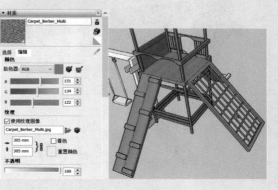

图8-207

04   为滑梯赋予木纹材质，如图8-208所示。

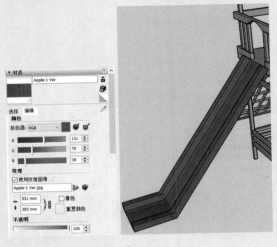

图8-208

05   为秋千支架赋予深色木纹材质，如图8-209所示。

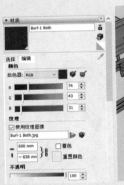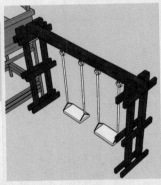

图8-209

06   重复上述操作，为秋千赋予材质，如图8-210所示。

图8-210

8.5   课堂实训：新中式亭架

本节综合运用本章所学知识点，练习创建新中式亭架模型，创建结果如图8-211所示，具体的操作步骤如下。

图8-211

01   使用"矩形"工具▦与"偏移"工具，绘制矩形后，选择面并向内偏移。

02   使用"材质"工具，在"材质"面板中选择材质，为亭架地面赋予材质，如图8-212所示。

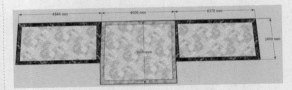

图8-212

03   使用"矩形"工具、"偏移"工具、"推/拉"工具◆和"材质"工具，创建亭架支柱，结果如图8-213所示。

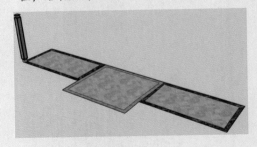

图8-213

04   选择支柱，使用"移动"工具，按住Ctrl键移动复制，如图8-214所示。

05   执行"文件"|"导入"命令，导入座椅组件，并放置在合适位置，如图8-215所示。

06   使用"矩形"工具▦、"推/拉"工具◆、"移动"工具和"材质"工具，绘制亭架顶棚，最终结果如图8-215所示。

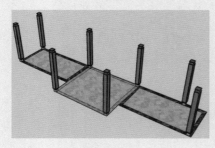

图8-214

图8-215

8.6 课后练习

本节通过创建 2D 树木组件，练习 SketchUP 辅助设计工具和导入功能的使用方法。首先将需要绘制的植物图片导入 AutoCAD，通过该软件快速绘制树木轮廓；然后导入 SketchUP 进行封面，并为其填充材质，再创建成绕相机旋转的组件即可，如图 8-216 所示。

图8-216

8.7 课后习题

本节学习使用绘图命令与编辑命令创建室外座椅，绘制结果如图 8-217 所示。

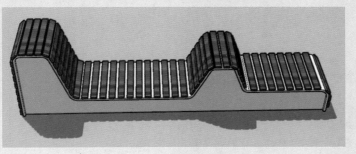

图8-217

第8章 创建基本建筑模型

241

第9章
综合实例：现代风格客厅与餐厅表现

室内设计指建筑内部的环境设计，是以一定建筑空间为基础，运用技术和艺术因素制造的一种人工环境，它是一种以追求室内环境多种功能的完美结合，充分满足人们生活需求、工作中的物质需求和精神需求为目标的设计活动。室内设计是强调科学与艺术相结合，强调整体性、系统性的设计，是人类社会的居住文化发展到一定高度的产物，如图9-1所示为室内设计效果图。

图9-1

本章将详细介绍创建室内设计效果图的方法，帮助读者了解利用SketchUP辅助室内设计的方法和技巧，包括模型的创建和效果图渲染的整个流程。

9.1 导入 SketchUP 的准备工作

利用SketchUP创建模型前，需要对CAD文件进行处理，对SketchUP软件进行常规设置。导入SketchUP前的准备工作，避免了建模时带来的不必要麻烦，使建模操作更快捷。

9.1.1 导入 CAD 平面图形

CAD图纸中含有大量的图形、图块、标注等信息，这些信息在建模工作中显得累赘，还会增加场景文件的复杂程度，并且会影响软件的运行速度，所以需要整理CAD平面图形。

下面介绍导入CAD平面图形的操作步骤。

01 使用AutoCAD打开配套资源中的"第9章\9.1.1 CAD平面图.dwg"素材文件，如图9-2所示，这是未经处理的室内平面布置图。

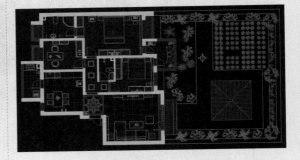

图9-2

02 将CAD图形中的植物、文字、家具、铺装等元素全部删除，并将门的位置用矩形补齐，将图形全部放置在0图层，使导入图形尽量精简，如图9-3所示。

03 在命令行中输入pu（清理）命令，弹出如图9-4所示的"清理"对话框，单击"全部清理"按钮，对场景中的图源信息进行处理。

04 在弹出的"清理-确认清理"对话框中选择"清理此项目"选项，如图9-5所示。

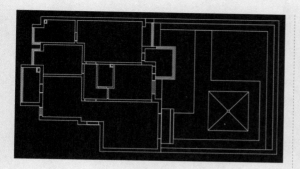

图9-3

图9-4

图9-5

05 多次单击"全部清理"按钮并选择"清理此项目"选项,直到"全部清理"按钮变为灰色即表示完成了图像的清理,如图9-6所示。

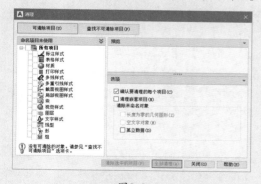

图9-6

06 采用上述方法,将如图9-7所示的CAD顶面布置图文件进行清理,清理完成后的效果如图9-8所示。

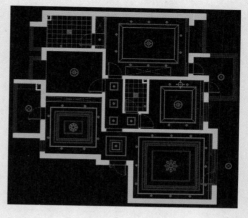

图9-7

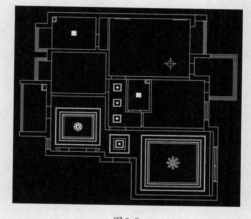

图9-8

9.1.2 优化 SketchUP 模型信息

优化 SketchUP 模型信息的操作步骤如下。

01 执行"窗口"|"模型信息"命令,在弹出的"模型信息"对话框中选择"单位"选项卡,并设置参数如图9-9所示。

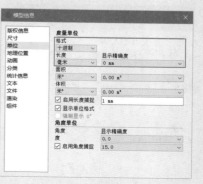

图9-9

02 执行“文件”|“导入”命令，如图9-10所示。

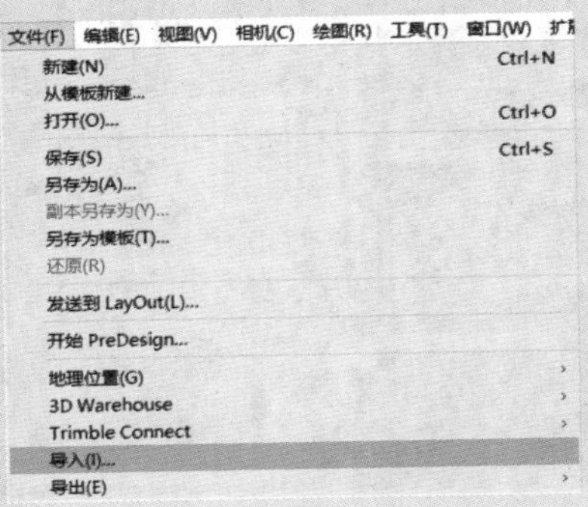

图9-10

03 在弹出的“导入”对话框中选择CAD文件，如图9-11所示。

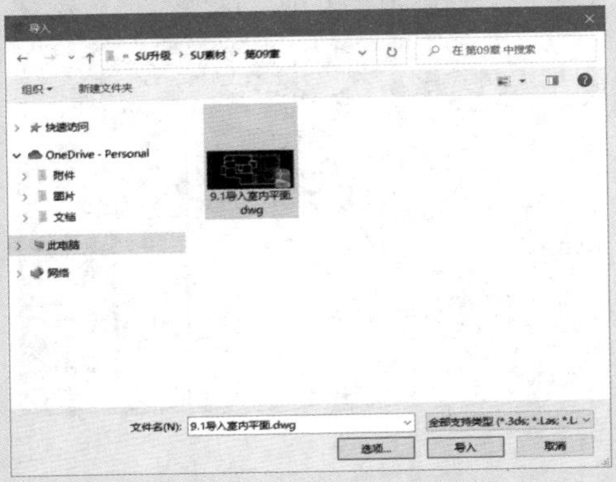

图9-11

04 单击“选项”按钮，在弹出的“导入AutoCAD DWG/DXF选项”对话框中，将单位设置为“毫米”，并选中“保持绘图原点”复选框，如图9-12所示，单击“好”按钮即可导入文件。

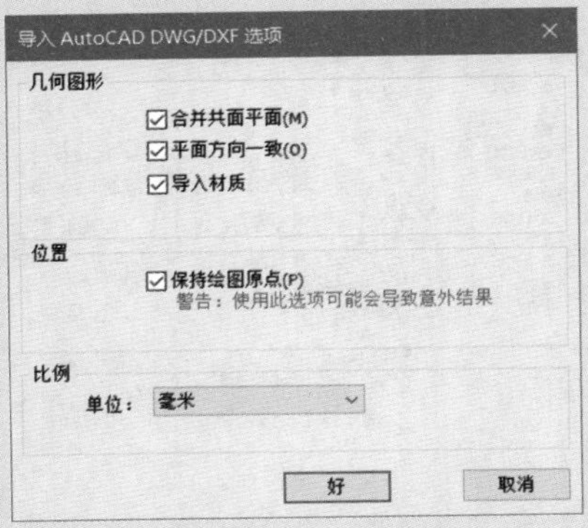

图9-12

9.2 在SketchUP中创建模型

完成导入图纸前的准备工作后，即可开始在SketchUP中创建模型。创建模型时应规划适当的步骤，以加快模型的创建速度，并提高制图的流畅性。

9.2.1 绘制墙体

绘制墙体的具体操作步骤如下。

01 使用“矩形”工具▣和“直线”工具╱，将导入的CAD平面图形进行封面处理，如图9-13所示。

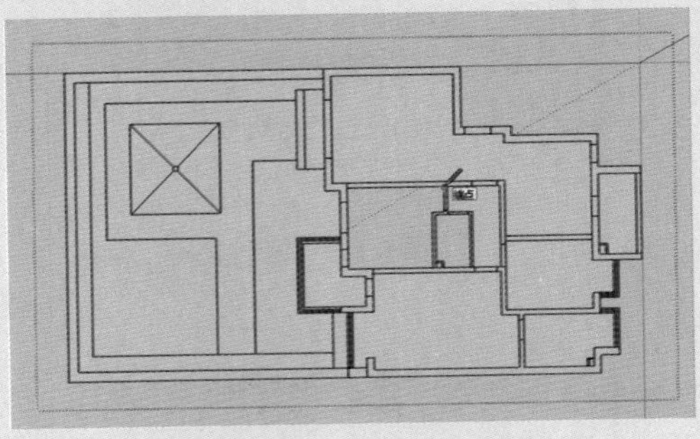

图9-13

02 按快捷键Ctrl+A选择整个平面并右击，在弹出的快捷菜单中选择“反转平面”选项，将所有平面反转，如图9-14所示。

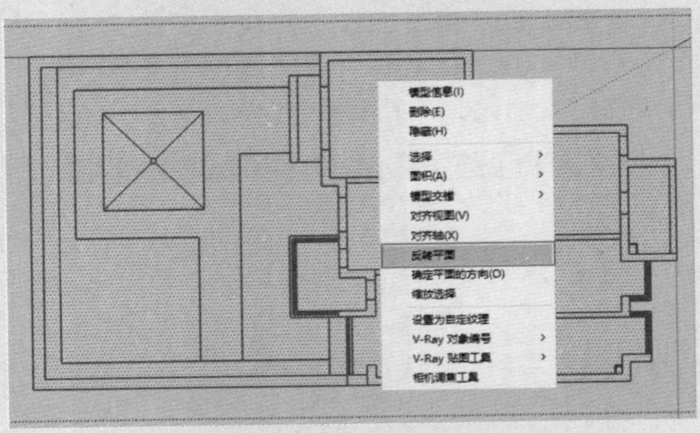

图9-14

03 执行“窗口”|“默认面板”|“标记”命令，在弹出的“标记”面板中单击“添加标记”按钮⊕，添加名为“墙体”“天花板”“平面”的标记，如图9-15所示。

04 使用“选择”工具↖，按住Ctrl键选中所有墙体平面，包括门窗所在墙体，右击，在弹出的快捷菜单中选择"创建群组"选项，将所有墙体平面创建为组，如图9-16所示。

图9-15

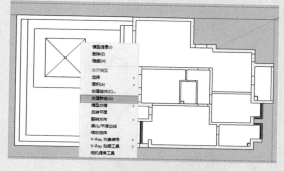

图9-16

05 在墙体群组上右击，在弹出的快捷菜单中选择"图元信息"选项，在弹出的"图元信息"面板中，将墙体群组所在的"未标记"转换为"墙体"标记，如图9-17所示。

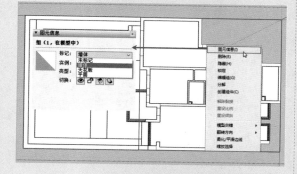

图9-17

06 双击墙体群组，使用"推/拉"工具◆，将所有墙体面向上推拉2800mm，如图9-18所示。

07 分别使用"视图"工具和"选择"工具 ，选择所有墙体底面的边线，如图9-19所示。

08 绘制踢脚线。使用"移动"工具◆，按住Ctrl键，将墙体底面边线向上移动100mm并复制，如图9-20所示。

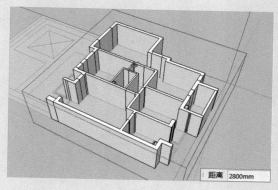

图9-18

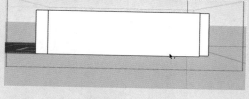

图9-19

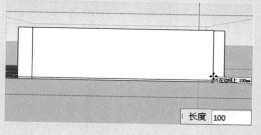

图9-20

09 绘制门（窗）洞。使用"卷尺"工具 ，在入口处绘制一条距离地面2200mm的辅助线，如图9-21所示。

图9-21

10 结合使用"直线"工具 与"推/拉"工具 制作入户花园的门洞，如图9-22和图9-23所示。

02
03
04
05
06
07
08
09
10

第9章 综合实例：现代风格客厅与餐厅表现

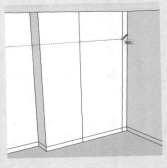

图9-22

图9-23

11 采用类似的方法，完成客厅窗洞的制作。
在距地面100mm处绘制辅助线，如图9-24
所示。使用"矩形"工具 ▣，绘制一个
2330mm×2200mm的矩形，如图9-25所示。

图9-24

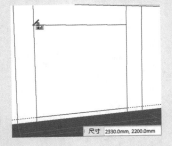

图9-25

12 使用"推/拉"工具 ◈，将客厅窗户框架挖
空，如图9-26所示。

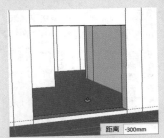

图9-26

13 绘制餐厅窗洞。在距地面600mm处绘制辅助
线，如图9-27所示。使用"矩形"工具 ▣，绘
制一个1500mm×720mm的矩形，如图9-28所
示。

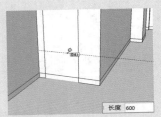

图9-27

图9-28

14 使用"推/拉"工具 ◈，将窗户框架挖空，如
图9-29所示。

图9-29

15 将其余门（窗）洞进行同样的处理，尺寸与上述门（窗）洞尺寸相同，如图9-30~图9-32所示。

图9-30

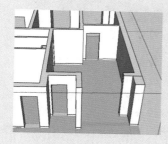
图9-31

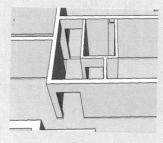
图9-32

16 绘制客厅电视背景墙。使用"卷尺"工具，绘制距墙角边线200mm的辅助线，然后使用"矩形"工具和"推/拉"工具，绘制尺寸为800mm×30mm、距离为2480mm的长方体，并将其制作为群组，如图9-33所示。

图9-33

17 使用"偏移"工具，将矩形平面向内偏移20mm，并使用"推/拉"工具向外推出20mm，如图9-34所示。

图9-34

18 采用同样的方法继续细化长方体，如图9-35所示。

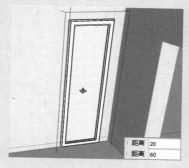
图9-35

19 使用"矩形"工具和"推/拉"工具，绘制尺寸为3100mm×10mm，距离为2480mm的长方体，并将其制作为群组，如图9-36所示。

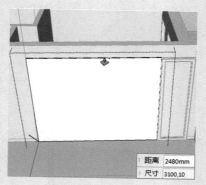
图9-36

20 绘制电视背景墙装饰。使用"矩形"工具，绘制尺寸为690mm×420mm的矩形，并用"圆弧"工具◠，在矩形的4个角，绘制出圆角的轮廓形状，并将其制作作为组件，如图9-37所示。

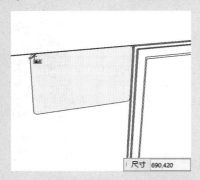

图9-37

21 双击进入组件，使用"推/拉"工具◈将矩形面向外推出8mm，并使用"缩放"工具▣，按住Ctrl键向中心缩放至0.98，如图9-38所示。

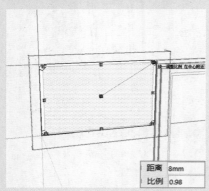

图9-38

22 采用同样的方法继续细化装饰，并使用"移动"工具◈，将其向左下移动60mm，如图9-39所示。

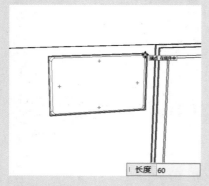

图9-39

23 使用"移动"工具◈，按住Ctrl键，向下移动480mm并复制，在数值文本框中输入份数为4x，如图9-40所示。

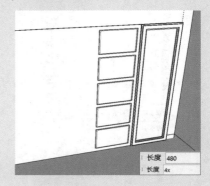

图9-40

24 使用"移动"工具◈，将复制出的装饰向左移动760mm并复制3份，如图9-41所示。

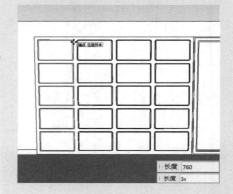

图9-41

25 使用"移动"工具◈，将右侧矩形组件移动复制，如图9-42所示。

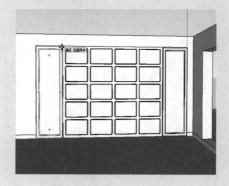

图9-42

26 选择所有的电视背景墙组件，右击，在弹出的快捷菜单中选择"创建群组"选项，创建客厅电视背景墙群组，绘制结果如图9-43所示。

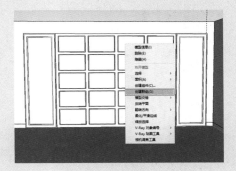

图9-43

27　细化客厅墙体。结合使用"卷尺"工具、"矩形"工具和"推/拉"工具绘制如图9-44所示的墙体置物架，并创建为群组。

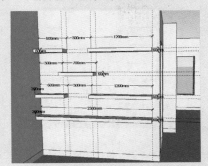

图9-44

28　绘制餐厅酒柜外框。使用"卷尺"工具 ，绘制距墙角边线370mm的辅助线，然后使用"矩形"工具 和"推/拉"工具 ，绘制尺寸为2740mm×120mm×2480mm的长方体，并将其制作为群组，如图9-45所示。

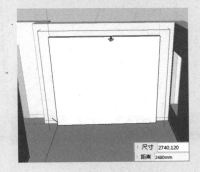

图9-45

29　选择外轮廓面，使用"偏移"工具 ，将其向外偏移70mm，用"直线"工具进行完善，

并用"推/拉"工具 ，将偏移的面向外推出80mm，如图9-46所示。

图9-46

30　使用"偏移"工具 将推拉的面依次向内偏移30mm、180mm、30mm，并用"推/拉"工具 将里面的图形向内推拉10mm、195mm，并删除多余的线段，如图9-47所示。

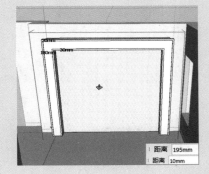

图9-47

31　绘制餐厅酒柜。使用"矩形"工具 和"推/拉"工具 ，绘制一个尺寸为600mm×170mm×800mm的长方体，并制作为组件，如图9-48所示。

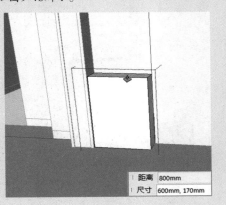

图9-48

32 使用"卷尺"工具 ✐，绘制如图9-49所示的辅助线。

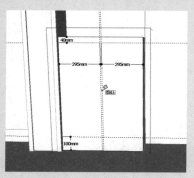

图9-49

33 使用"矩形"工具 ▤，以辅助线交点为起点绘制矩形，并使用"推/拉"工具 ◈，分别向外推出10mm、25mm，如图9-50所示。

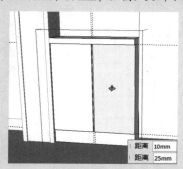

图9-50

34 使用"卷尺"工具 ✐，绘制储物柜边线360mm的辅助线，并使用"矩形"工具 ▤，绘制10mm×600mm的矩形，将矩形向外推出165mm，并制作为组件，如图9-51所示。

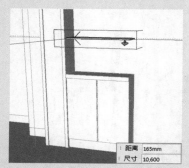

图9-51

35 使用"移动"工具 ✥，按住Ctrl键，向上移动360mm并复制，在数值文本框中输入份数为

2x，如图9-52所示。

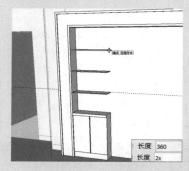

图9-52

36 再次使用"移动"工具 ✥，将前面绘制的模型向右移动复制，如图9-53所示。

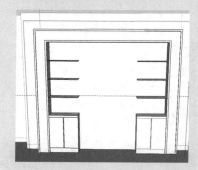

图9-53

37 使用基本绘图工具绘制不规则截面，并用"矩形"工具绘制尺寸为2240mm×1200mm的矩形，删除留下矩形边线，即放样路径，如图9-54所示。

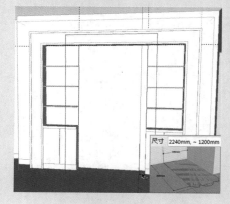

图9-54

38 使用"选择"工具选择放样路径。使用"路径跟随"工具 ☝，单击不规则截面，不规则面将会沿矩形边线路径跟随出如图9-55所示的模

型，对其进行柔化处理。

图9-55

39 使用"矩形"工具▦和"推/拉"工具◆，绘制一个尺寸为1000mm×170mm×800mm的长方体，并制作为组件，如图9-56所示。

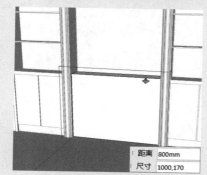

| 距离 | 800mm |
| 尺寸 | 1000,170 |

图9-56

40 使用"卷尺"工具◢，绘制如图9-57所示的辅助线。

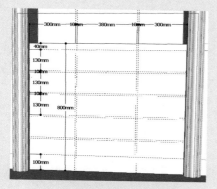

图9-57

41 使用"矩形"工具▦，以辅助线交点为起点绘制矩形，并使用"推/拉"工具◆，分别向外推出10mm、25mm，如图9-58所示。

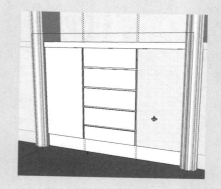

图9-58

42 使用"矩形"工具▦和"推/拉"工具◆，绘制一个尺寸为1000mm×110mm×1340mm的长方体，并制作为组件，作为餐厅酒柜，绘制结果如图9-59所示。

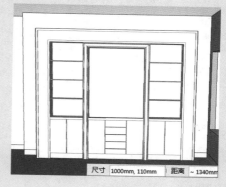

| 尺寸 | 1000mm, 110mm | 距离 | ~ 1340mm |

图9-59

9.2.2 绘制平面

绘制平面的具体操作步骤如下。

01 选择墙体群组并右击，在弹出的快捷菜单中选择"隐藏"选项，将其隐藏以方便绘制，如图9-60所示。

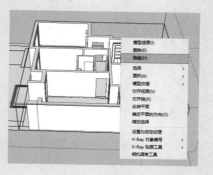

图9-60

02 框选所有平面，将其群组，如图9-61所示。选择快捷菜单中"图元信息"选项，将平面群组所在的"未标记"更换为"平面"标记，如图9-62所示。

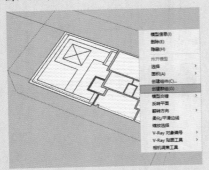

图9-61

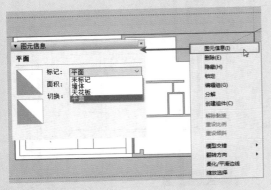

图9-62

03 整理室外景观。双击进入平面组件，使用"选择"工具选取室外景观平面，并创建为群组。使用"移动"工具✥，将室外群组向下移动200mm，如图9-63所示。

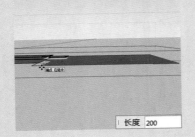

图9-63

04 双击进入室外群组，选择客厅通往室外台阶并创建为组。使用"推/拉"工具✦，将台阶推拉150mm，如图9-64所示。

图9-64

05 选择室外围墙平面并成组，使用"推/拉"工具✦，将围墙平面向上推拉2400mm，如图9-65所示。

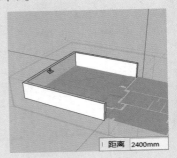

图9-65

06 绘制窗户轮廓。执行"编辑"｜"撤销隐藏"｜"全部"命令，显示墙体群组。使用"旋转矩形"工具▣和"推/拉"工具✦，绘制一个尺寸为2330mm×2200mm×80mm的长方体，并制作为组件。使用"偏移"工具⬚，将外轮廓面向内偏移60mm，如图9-66所示。

图9-66

07 使用"卷尺"工具和"直线"工具，绘制距偏移边线810mm的辅助线。使用"偏移"工具⬚，将矩形面向内偏移80mm，如图9-67所示。

图9-67

08 使用"推/拉"工具 ◆，将窗户框挖空，并将窗户框两边向外推出10mm，如图9-68所示。

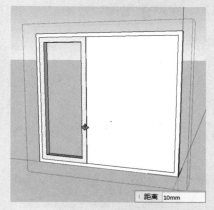

图9-68

09 使用"卷尺"工具，绘制如图9-69所示辅助线，并利用"矩形"工具 ▦，以辅助线的交点为起点绘制矩形。

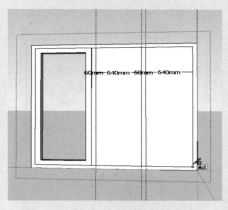

图9-69

10 使用"推/拉"工具 ◆ 将窗户挖空，并移动窗户至合适位置，如图9-70所示。

图9-70

11 绘制客厅窗套。使用"矩形"工具 ▦，绘制一个2300mm×2330mm的矩形，将其制作为组件。利用"偏移"工具 ⛭，将矩形向外偏移60mm，如图9-71所示。

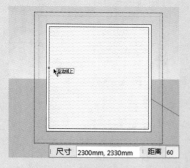

图9-71

12 使用"直线"工具完善图形，并删除多余的线和面。使用"推/拉"工具 ◆，将其分别向外推出10mm和150mm，如图9-72所示。

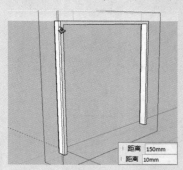

图9-72

13 使用"卷尺"工具，沿踢脚线向下拉出40mm，并将其向外推出10mm，客厅窗套绘制结果如图9-73所示。

14 执行"文件"|"导入"命令，将餐厅窗户导入并移至合适位置，结果如图9-74所示。

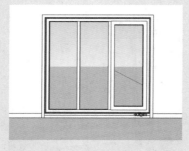

图9-73

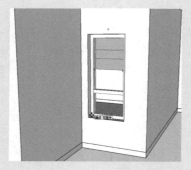

图9-74

15 绘制餐厅窗套。运用前文绘制客厅窗套的方法绘制餐厅窗套，在此不再赘述，结果如图9-75和图9-76所示。

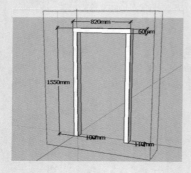

图9-75

图9-76

16 绘制地板纹样。利用SketchUP基本绘图工具绘制如图9-77所示的图形。

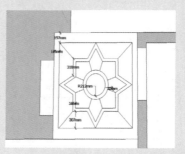

图9-77

9.2.3 绘制天花板

绘制天花板的具体操作步骤如下。

01 导入"顶面布置图.dwg"素材文件，并将其所在标记更改为"天花板"标记，如图9-78所示。

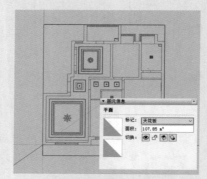

图9-78

02 使用"矩形"工具 ▇ 和"直线"工具 ✐，将导入的CAD平面图封面，并将平面反转，如图9-79所示。

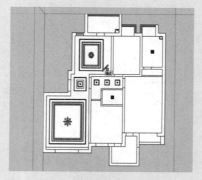

图9-79

03 制作客厅、餐厅及过道天花板。将客厅餐厅及过道天花板平面单独创建成组，如图9-80所示。

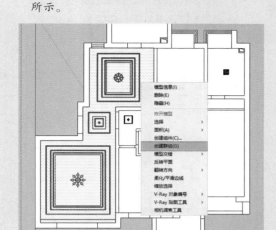

图9-80

04 双击进入客厅、餐厅及过道天花板群组，使用"推/拉"工具◆，将其顶平面沿着蓝轴方向向下推拉出320mm，如图9-81所示。

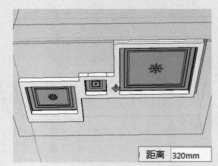

图9-81

05 使用"推/拉"工具◆，将客厅、餐厅及过道顶平面依次向下推拉260mm、200mm，如图9-82和图9-83所示。

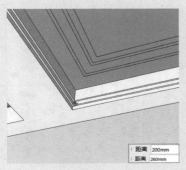

图9-82

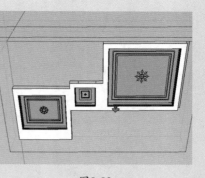

图9-83

06 细化客厅天花板。选择客厅其他顶平面并创建为组。双击进入天花板群组，将多余的线段删除，然后使用"偏移"工具◢，将客厅顶面向内偏移370mm，将其创建为组件，如图9-84所示。

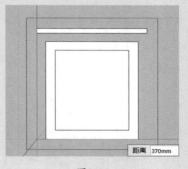

图9-84

07 双击进入组件，使用"偏移"工具◢，将底面依次向外偏移100mm、50mm，并利用"推/拉"工具◆，将矩形向下推拉40mm，如图9-85所示。

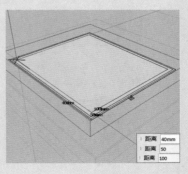

图9-85

08 使用"推/拉"工具◆，将中间矩形向上推拉127mm，并利用"偏移"工具◢将顶面矩形向内依次偏移50mm、127mm、273mm、

第9章 综合实例：现代风格客厅与餐厅表现

52mm，如图9-86所示。

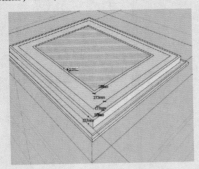

图9-86

09 使用"推/拉"工具 ❖，挖空中间两个矩形，并将最里面的矩形底面向上推拉119mm，然后将中间两个矩形框分别转换为组件，如图9-87所示。

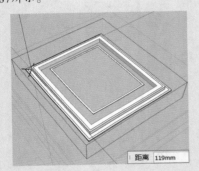

距离 119mm

图9-87

10 双击进入正中间矩形框组件，保留顶面边线，将其他线和面删除，利用"直线"工具 ✏ 和"圆弧"工具 ⌒ 绘制如图9-88所示的截面。

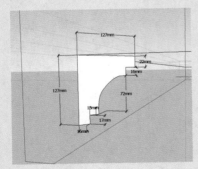

图9-88

11 选择顶面边线，使用"路径跟随"工具 ⬰，单击绘制完成的截面，截面会沿顶面边线路径跟随出如图9-89所示的模型，对其进行柔化处理，即完成客厅天花板的绘制。

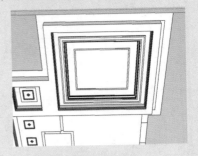

图9-89

12 采用上述相同的方法细化过道天花板，在此不再赘述，如图9-90和图9-91所示。

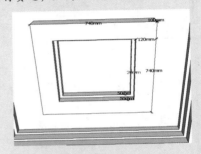

图9-90

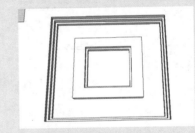

图9-91

13 采用上述相同的方法细化餐厅天花板，在此不再赘述，如图9-92和图9-93所示。

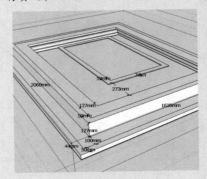

图9-92

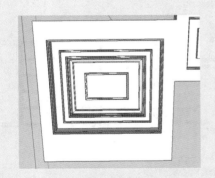

图9-93

14 将客厅、餐厅以及过道移至合适位置，如图9-94所示。

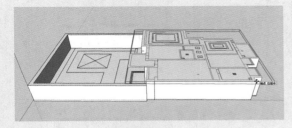

图9-94

9.2.4 赋予材质

赋予材质的具体操作步骤如下。

01 为客厅、餐厅及过道赋予材质。选择天花板群组并右击，在弹出的快捷菜单中选择"隐藏"选项。双击进入墙体群组，使用"材质"工具 ，在弹出的"材质"编辑器中单击"创建材质"按钮 ，如图9-95所示。

02 此时弹出"创建材质"对话框，单击"浏览材质图像文件"按钮 ，如图9-96所示。

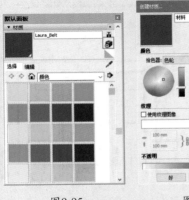

图9-95   图9-96

03 在弹出的"选择图像"对话框中选择所需墙纸，设置完成后单击"打开"按钮，如图9-97所示。

04 在弹出的"创建材质"对话框中，对纹理的大小、颜色进行调整，单击"好"按钮，如图9-98所示。

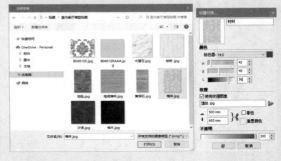

图9-97   图9-98

05 选择新材质，将材质赋予客厅墙面，如图9-99所示。

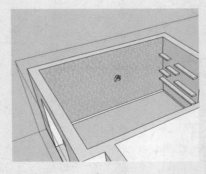

图9-99

06 按住Alt键，吸取墙体的材质，并为其他相同材质的墙面赋予材质，如图9-100和图9-101所示。

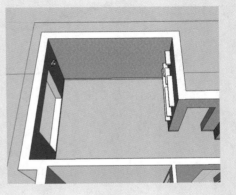

图9-100

第9章 综合实例：现代风格客厅与餐厅表现

257

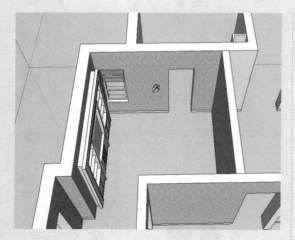

图9-101

07 采用上述方法为踢脚线赋予材质，如图9-102所示。

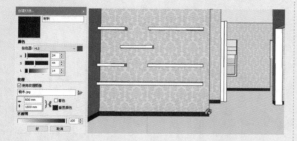

图9-102

08 为置物板赋予木材质，如图9-103所示。

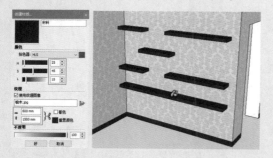

图9-103

09 为客厅电视背景墙赋予材质。将背景墙分别赋予"金属-镜面不锈钢""布""大理石""玻璃-喷砂"材质，如图9-104~图9-107所示。

10 为餐厅酒柜赋予材质。采用同样的方法，为酒柜分别赋予如图9-108~图9-112所示的材质，有些重复的材质在此不再赘述。

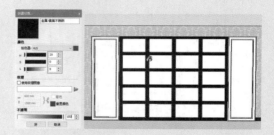

图9-104

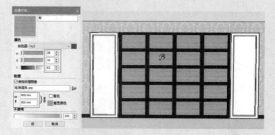

图9-105

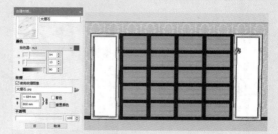

图9-106

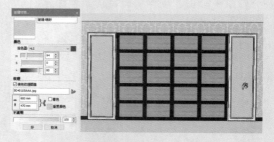

图9-107

图9-108

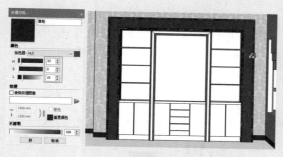

图9-109

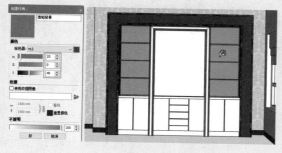

图9-110

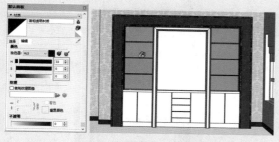

图9-111

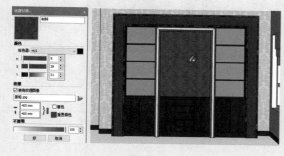

图9-112

11 为客厅、餐厅窗户赋予材质，结果如图9-113
   所示。

12 双击进入平面群组，为室内地板赋予材质。
   采用上述创建材质的方法，将材质赋予客厅
   和餐厅地板，如图9-114所示。

13 采用同样的方法，为过道地板赋予材质，

有些重复的材质在此不再赘述，如图9-115
所示。

图9-113

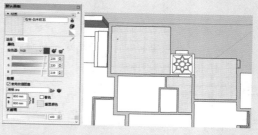

图9-114

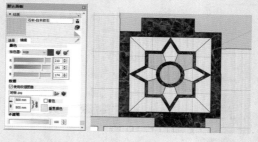

图9-115

14 为室外园林景观地面赋予材质，为室外地面
   分别赋予如图9-116所示的材质。

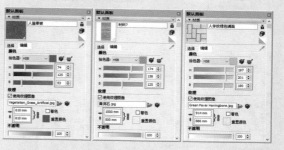

图9-116

15 为天花板赋予材质。显示天花板群组，双击
   进入天花板群组。使用"材质"工具，将
   室内天花板赋予"涂料-白色"材质，如图
   9-117所示。

第9章 综合实例：现代风格客厅与餐厅表现

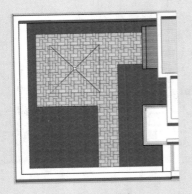

图9-116 （续）

16 双击进入客厅天花板群组，使用"材质"工具 ，为天花板中间的平面赋予"玻璃-金镜1"材质，如图9-118所示。

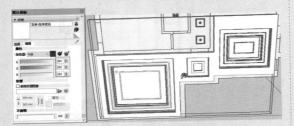

图9-117

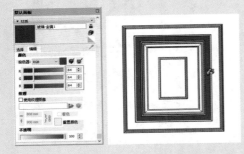

图9-118

17 为客厅、餐厅天花板灯光带赋予材质，材质颜色和效果如图9-119所示。

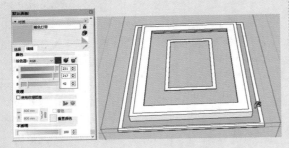

图9-119

18 为室内天花板安装灯组件。执行"文件"|"导入"命令，导入吊灯、筒灯模型，并移动复制到合适的位置，结果如图9-120~图9-122所示。

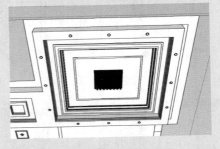

图9-120

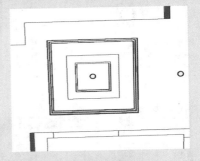

图9-121

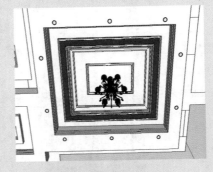

图9-122

9.2.5 放置家具

放置家具的具体操作步骤如下。

01 双击进入墙体群组，采用前文讲述的方法导入"第9章\9.2.5导入室内家具.dwg"文件，并将其移至合适位置，如图9-123所示，方便查看家具的放置位置。

02 布置客厅。执行"窗口"|"默认面板"|"标记"命令，在弹出的"标记"对话框中单击

"添加标记"按钮⊕，添加名为"家具"的标记，如图9-124所示，并将"家具"标记切换为当前标记。

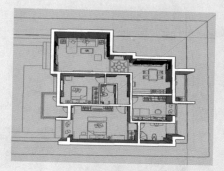

图9-123

图9-124

03 执行"文件"|"导入"命令，如图9-125所示。在弹出的"导入"对话框中，根据要求设置"导入"对话框参数后，双击目标文件或单击"导入"按钮即可导入，如图9-126所示。

图9-125

图9-126

04 导入沙发组件后，将其放置到合适的位置，如图9-127所示。

图9-127

05 继续导入组件，将电视机组件、茶几组件、空调组件、壁画组件等放置到相应位置，客厅家具的布置结果如图9-128和图9-129所示。

图9-128

图9-129

06 在客厅内放置窗帘，使用"缩放"工具将其缩放至合适大小，如图9-130所示。

图9-130

第9章 综合实例：现代风格客厅与餐厅表现

261

07 置入户门组件，并将其放置到合适位置，结果如图9-131所示。

图9-131

08 布置厨房家具。放置灶台组件、冰箱组件，如图9-132所示。

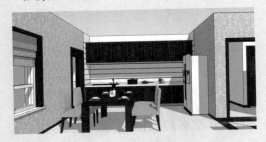

图9-132

09 在餐厅中放置餐桌椅、酒柜，并在餐厅和生活阳台之间安装隔门组件，如图9-133和图9-134所示。

图9-133

图9-134

10 布置客厅、餐厅及过道后，效果如图9-135所示。

图9-135

9.3 后期渲染

在 SketchUP 中创建的模型难免粗糙，真实度不够。一般情况下都需要做适当的后期处理，使模型更真实、更富有质感。在本节中仅介绍客厅后期渲染的方法。

9.3.1 渲染的前期准备

在对一个空间进行渲染之前，需要分析场景的灯光，并由此在场景中布置合适的光源。分析可知，场景中的客厅有1盏吊灯、2盏台灯和21盏筒灯，餐厅中拥有1盏吊灯和12盏筒灯，具体的操作步骤如下。

01 调整场景。执行"窗口"|"默认面板"|"阴影"命令，在弹出的"阴影"面板中设置参数，将时间设为"08:26 上午"，并单击"显示/隐藏阴影"按钮开启阴影效果，如图9-136所示。

02 结合使用"缩放"工具、"环绕视察"工具和"平移"工具，调整场景的视角。执行"视图"|"动画"|"添加场景"命令，保存当前场景，如图9-137所示。

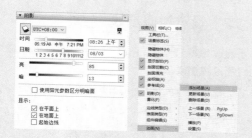

图9-136

图9-137

03 布置灯光。在V-Ray灯光工具栏中单击"泛光灯"工具按钮※，在客厅台灯中添加泛光灯。

04 在V-Ray for SketchUP工具栏中单击"资源编辑器"工具按钮Ⓥ，打开"V-Ray资源编辑器"面板。单击"灯光"按钮 Ⓛ，在"光源"列表中选择已创建的泛光灯，在右侧将灯光颜色的RGB值设置为255,253,180，同时设置其他参数，如图9-138所示。

图9-138

05 由于场景中亮度不够，需要添加IES灯（即光域网光源）来增强场景的亮度，提升室内空

间的品质感。首先，在客厅上方添加数盏IES灯，接着，在"V-Ray资源编辑器"面板中选择IES灯，在右侧设置参数。将灯光颜色的RGB值为255,253,193，同时设置其他参数，如图9-139所示。

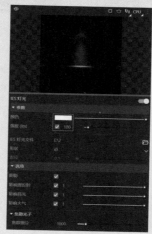

图9-139

06 采用同样的方法，在客厅吊灯和置物板上分别添加光域网光源，并设置光域网光源参数，增强客厅的亮度，如图9-140所示。

图9-140

第9章 综合实例：现代风格客厅与餐厅表现

图9-140（续）

07 设置客厅灯光后，在客厅窗户的位置添加一个矩形灯⛶，在"V-Ray资源编辑器"面板中将矩形灯颜色的RGB值设置为199,255,255，继续设置其他参数，如图9-141所示。

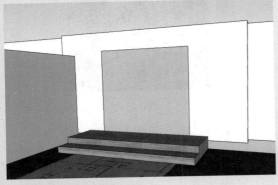

图9-141

9.3.2 设置材质参数

处理完场景中的灯光效果后，即可为场景中的材质设置渲染参数。

01 执行"窗口"|"默认面板"|"材质"命令，打开"材质"面板，单击✐按钮，吸取吊灯材质，如图9-142所示。

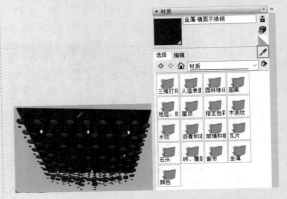

图9-142

02 在"V-Ray资源编辑器"面板中单击"材质"按钮▦，在材质列表中显示吸取的吊灯材质，在右侧设置参数，将"反射颜色"的RGB值设置为212,212,212，"漫反射"颜色的RGB值设置为22,22,22，如图9-143所示。

图9-143

03 采用同样的方法设置客厅吊灯灯泡和天花板灯光带的材质参数。在"材质"面板中单击✐按钮吸取灯泡及灯带材质，在"V-Ray资源编辑器"面板中设置自发光"颜色"的RGB值为255,251,185，"漫反射"颜色的RGB值为

231,217,42，其余参数设置如图9-144所示。

图9-144

04 设置地板材质参数。在"材质"面板中单击✏按钮吸取地板材质，在"V-Ray资源编辑器"面板中
选中"菲涅尔"复选框，将"漫反射"颜色的RGB值设置为236,231,220，并在"漫反射"通道中添
加位图，如图9-145所示。

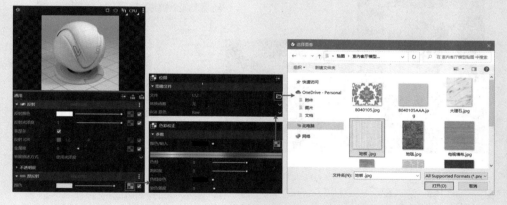

图9-145

05 采用同样的方法设置客厅墙面材质参数。在"材质"面板中单击✏按钮吸取墙面材质，在"V-Ray
资源编辑器"面板中将"漫反射"颜色的RGB值设置为224,208,171，其他参数设置如图9-146
所示。

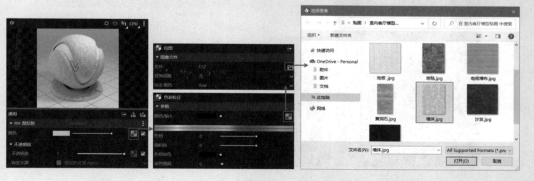

图9-146

06 设置客厅沙发背景墙的黄洞石材质参数。在"材质"面板中单击✐按钮吸取背景墙黄洞石材质，在"V-Ray资源编辑器"面板中选中"菲涅耳"复选框，将"漫反射"颜色的RGB值设置为175,158,126，同时在其通道中添加位图，如图9-147所示。

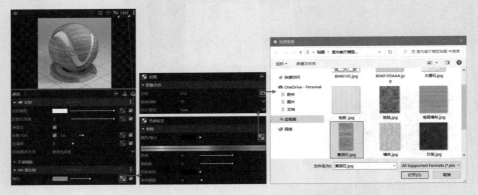

图9-147

07 设置客厅沙发材质参数。在"材质"面板中单击✐按钮吸取沙发材质，在"V-Ray资源编辑器"面板中将"漫反射"颜色的RGB值设置为114,41,49，同时在其通道中添加位图，如图9-148所示。

图9-148

08 设置沙发抱枕材质参数。在"材质"面板中单击✐按钮吸取抱枕材质，在"V-Ray资源编辑器"面板中选中"菲涅耳"复选框，将"漫反射"颜色的RGB值设置为186,181,172，同时在其通道中添加位图，如图9-149所示。

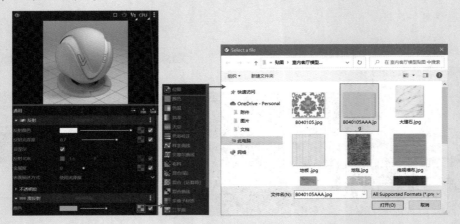

图9-149

09 设置客厅茶几、电视柜、置物板、踢脚面木材质参数。在"材质"面板中单击✏按钮吸取木材质，在"V-Ray资源编辑器"面板中设置"反射光泽度"参数，选中"菲涅耳"复选框，并在"漫反射"的颜色通道中添加位图，如图9-150所示。

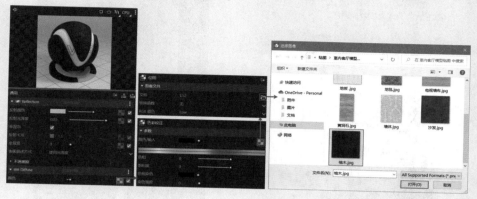

图9-150

10 设置客厅茶几玻璃材质参数。在"材质"面板中单击✏按钮吸取玻璃材质，在"V-Ray资源编辑器"面板中选中"菲涅耳"复选框，将漫反射颜色RGB值设置为0,0,0，再设置"折射"参数，如图9-151所示。

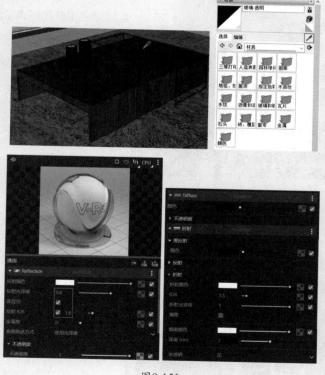

图9-151

11 设置客厅电视背景墙金属-镜面不锈钢材质参数。在"材质"面板中单击✏按钮吸取背景墙材质，在"V-Ray资源编辑器"面板中将"漫反射"颜色的RGB值设置为22,22,22，其他参数设置如图9-152所示。

267

图9-152

12 设置客厅电视机背景墙布材质参数。在"材质"面板中单击 ✏ 按钮吸取背景墙布材质，在"V-Ray资源编辑器"面板中将"漫反射"颜色的RGB值设置为207,207,207，并在其通道中添加位图，如图9-153所示。

图9-153

13 设置客厅地毯材质参数。在"材质"面板中单击 ✏ 按钮吸取地毯材质，在"V-Ray资源编辑器"面板中将"漫反射"颜色的RGB值设置为141,117,97，并在其通道中添加位图，如图9-154所示。

图9-154

9.3.3 设置渲染参数

调整场景中主要材质的参数后，即可开始设置渲染参数，具体的操作步骤如下。

01 在V-Ray for SketchUP工具栏中单击"资源编辑器"按钮⊘，打开"V-Ray资源编辑器"面板。在"环境"展卷栏下设置参数，如图9-155所示。

图9-155

02 在"抗锯齿过滤器"展卷栏下，设置"尺寸"值为8，"类型"为区域，如图9-156所示。

图9-156

03 打开"色彩管理"展卷栏，将"高光混合"值设为0.8，如图9-157所示。

图9-157

04 打开"渲染输出"展卷栏，设置"长宽比"为"自定义"，重定义图像的宽度和高度，并设置渲染文件的保存路径，如图9-158所示。

图9-158

05 在"全局照明"展卷栏中设置"主引擎"为"发光贴图（辐照度图）"，"二级引擎"为"灯光缓存"，如图9-159所示。

图9-159

06 在"发光贴图"展卷栏中设置"最小比率"为值-4，"最大比率"值为-1，如图9-160所示。

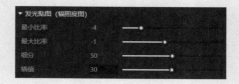

图9-160

07 在"灯光缓存"展卷栏中设置"细分"值为500，"重追踪"值为4，如图9-161所示。

图9-161

08 设置完成后，关闭"V-Ray资源编辑器"面板。单击"渲染"按钮🖼，开始渲染场景，最终渲染效果如图9-162所示。

图9-162

第10章

综合实例：小区景观设计

居住区绿化是建立居住小区众多因素中不可缺少的组成部分。随着社会的发展，居民的生活质量要求越来越高，人们普遍追求营造高品质的小区环境。小区景观设计并非只是在空地上配置花草树木，而是一个集总体规划、空间层次、建筑形态、竖向设计、花木配置等功能于一体的综合概念。

本例设计的住宅小区占地近3万平方米，项目由高层舒适型住宅、小户型公寓组成，并辅以星级酒店式综合楼（公寓、酒店、写字楼）、风情商业街及主题幼儿园等配套设施等组成。

本章将讲解如何使用SketchUP软件创建住宅小区园林景观设计的方法，选择图10-1所示中的红色区域进行详细讲解。

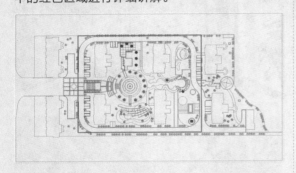

图10-1

10.1 建模前的准备工作

创建模型前的准备工作包括整理CAD平面图，以及将CAD平面图导入SketchUP 2023中两个步骤。借助CAD图形，可以很轻松绘制模型的轮廓，并在此基础上进行各种操作。

10.1.1 整理CAD平面图

整理CAD平面图的具体操作步骤如下。

01 启动AutoCAD，打开配套资源中的"第10章\居住区平面图.dwg"素材文件，文件中包含简化后的居住区总平图，如图10-2所示。

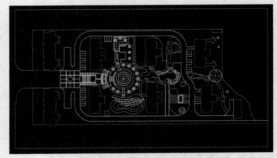

图10-2

02 在命令行中输入pu（清理）命令，在弹出的"清理"对话框中单击"全部清理"按钮，对场景中的多余图形进行清理，如图10-3所示。

图10-3

03 在弹出的"清理-确认清理"对话框中选择"清理此项目"选项，如图10-4所示。

04 多次单击"全部清理"按钮并选择"清理此项目"选项，直到"全部清理"按钮变为灰色，即完成图形的清理，如图10-5所示。

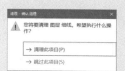

图10-4

图10-5

10.1.2 导入 CAD 图形

导入 CAD 图形的具体操作步骤如下。

05 执行"文件"|"导入"命令,在弹出的"导入"对话框中选择CAD文件,如图10-6所示。

图10-6

06 单击"选项"按钮,在弹出的"导入 AutoCAD DWG/DXF选项"对话框中将"单位"设置为"毫米",并选中"保持绘图原点"复选框,如图10-7所示。

图10-7

07 完成CAD图形的导入后,弹出"导入结果"对话框,如图10-8所示。

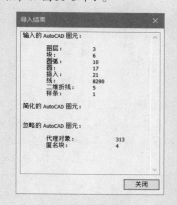

图10-8

08 选择所有图形并右击,在弹出的快捷菜单中选择"创建群组"选项,将其创建成组,如图10-9所示。

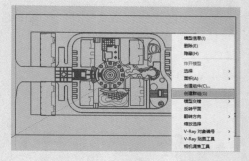

图10-9

09 执行"窗口"|"默认面板"|"标记"命令,弹出"标记"面板,如图10-10所示。

图10-10

10 单击"添加标记"按钮⊕,分别添加命名为"建筑""人物""植物""小品""车"的5个标记,如图10-11所示。

图10-11

11 双击进入群组，使用"直线"工具✐和"矩形"工具▣，将居住区总平图进行封面并全选图形，右击，在弹出的快捷菜单中选择"反转平面"选项，如图10-12和图10-13所示。

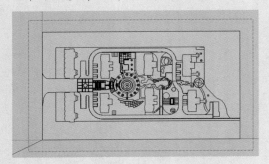

图10-12

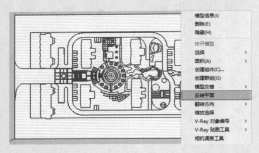

图10-13

住宅小区的模型包括主干道、中心广场、活动区、休闲区以及山水景观。本节介绍综合运用绘图及编辑工具创建模型的方法。

10.2.1 绘制主干道和圆形喷泉广场模型

1. 绘制主干道

绘制主干道的具体操作步骤如下。

01 绘制阶梯状花坛。使用"推/拉"工具◆，将主干道两侧的花坛依次向上推拉420mm、780mm，如图10-14所示。

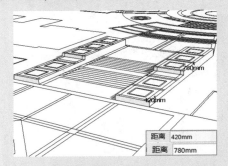

图10-14

02 绘制花坛细节。使用"卷尺"工具✐和"直线"工具✐，绘制距离花坛边线30mm的辅助线，并使用"推/拉"工具◆将花坛边缘和绿化边框分别向外、向上推拉50mm，如图10-15所示。

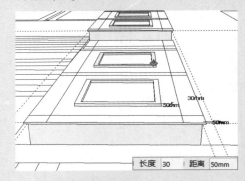

图10-15

03 绘制台阶。使用"推/拉"工具◆，将每个阶台阶向上推拉60mm，如图10-16所示。

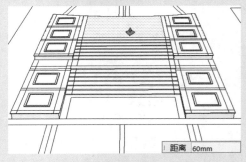

图10-16

04 绘制主干道花坛。使用"推/拉"工具◆，设置距离，将花坛依次向上推拉。按住Ctrl键，继续向上推拉并复制面，表示花坛边缘。设置距离，将花坛绿化平面分别向上推拉复制，如图10-17所示。

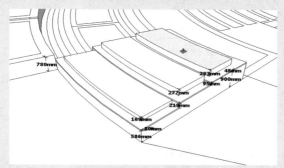

图10-17

05 绘制台阶。使用"推/拉"工具，将向上、向下两部分台阶分别向上推拉50mm、75mm，如图10-18所示。

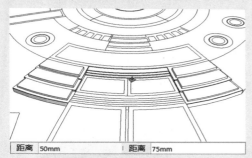

图10-18

2. 绘制圆形喷泉广场

绘制圆形喷泉广场的具体操作步骤如下。

01 使用"推/拉"工具，按住Ctrl键，选择圆形喷泉广场平面并向上推拉830mm，并预留出70mm的边缘厚度，如图10-19所示。

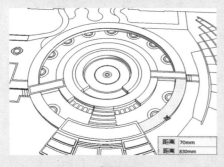

图10-19

02 重复上述操作，将圆形喷泉广场中的水体部

分向上推拉120mm，如图10-20所示。

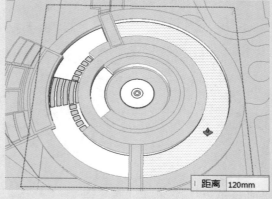

图10-20

03 使用"推/拉"工具，按住Ctrl键，将圆形喷泉广场中的踏步向上推拉763mm，如图10-21所示。

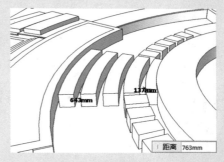

图10-21

04 细化喷泉广场的基本形态。使用"推/拉"工具，按住Ctrl键，将喷泉广场内部的圆形向上推拉，由内到外分别为50mm、150mm、300mm、450mm、600mm，如图10-22所示。

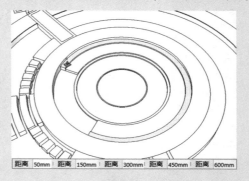

图10-22

05 绘制喷泉广场的花坛。使用"推/拉"工具，按住Ctrl键，将喷泉广场的花坛依次向上推拉

830mm、447mm、50mm，并将绿化平面向下推拉47mm，如图10-23所示。

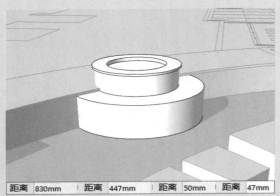

| 距离 | 830mm | 距离 | 447mm | 距离 | 50mm | 距离 | 47mm |

图10-23

06 执行"文件"|"导入"命令，导入喷泉组件并移至合适位置，如图10-24所示。

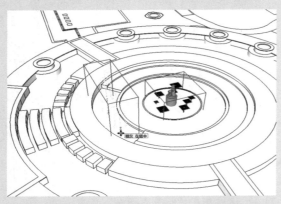

图10-24

07 采用上述方法导入喷泉台组件，使用"移动"工具 ✦ ，按住Ctrl键，将组件移动复制，结果如图10-25所示。

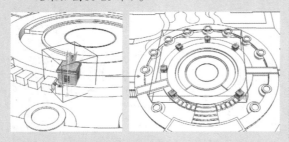

图10-25

08 选择导入的组件并右击，在弹出的快捷菜单中选择"模型信息"选项，移动组件至"小品"标记，如图10-26所示。

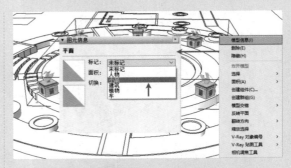

图10-26

10.2.2 绘制老年人活动区及周围景观模型

1. 绘制水池

绘制水池的具体操作步骤如下。

01 绘制台阶和道路边缘。使用"推/拉"工具 ✦ ，按住Ctrl键，将每级台阶向上推拉225mm、450mm、675mm，并将道路边缘向上推拉100mm，如图10-27所示。

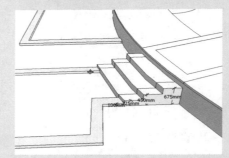

图10-27

02 使用"推/拉"工具 ✦ ，按住Ctrl键，将水池平面向下推拉178mm，如图10-28所示。

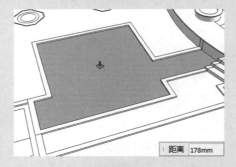

| 距离 | 178mm |

图10-28

03 绘制水边防护栏。使用"移动"工具 ✦ ，按住Ctrl键，将玻璃栏板平面向上移动100mm并复制，使用"推/拉"工具💠，向上推拉1100mm的实体栏板，并进行细化，结果如图10-29所示。

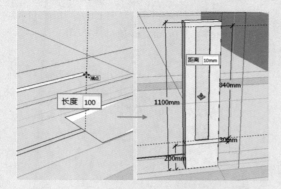

图10-29

04 使用"移动"工具💠，按住Ctrl键，将绘制的实体栏板移至合适位置并复制。使用"推/拉"工具💠，将玻璃栏板向上推拉955mm，如图10-30所示。

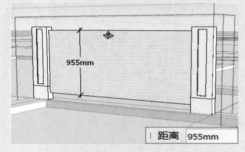

图10-30

05 使用"移动"工具💠，按住Ctrl键，将栏杆移至合适的位置并复制，如图10-31所示。

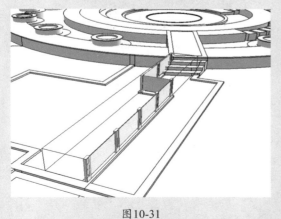

图10-31

2. 绘制老年人活动区

绘制老年人活动区的具体操作步骤如下。

01 绘制铺装。使用"推/拉"工具💠，按住Ctrl键，将广场全部铺装平面向下推拉150mm，如图10-32所示。

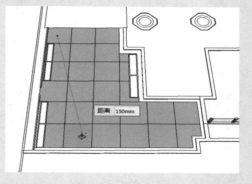

图10-32

02 绘制花坛。使用"推/拉"工具💠，按住Ctrl键，将花坛依次向上推拉400mm、73mm、76mm，并将绿化面向下推拉14mm，如图10-33所示。

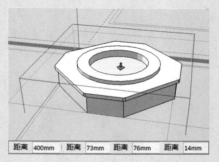

图10-33

03 使用"移动"工具💠，按住Ctrl键，移动复制花坛，并将其创建为群组，结果如图10-34和图10-35所示。

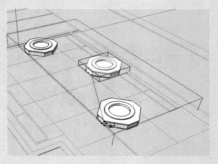

图10-34

04 绘制绿篱。使用"推/拉"工具 ✦，将绿化面
向上推拉700mm，如图10-36所示。

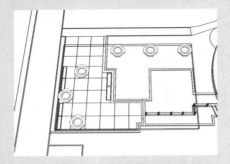

图10-35

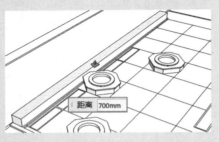

图10-36

05 执行"文件"|"导入"命令，导入座椅、廊
架、小品组件并移至合适的位置，如图10-37
和图10-38所示。

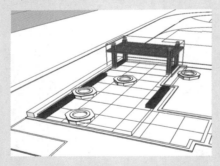

图10-37

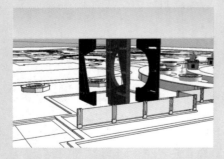

图10-38

10.2.3 绘制休闲区模型

绘制休闲区模型的具体操作步骤如下。

01 使用"推/拉"工具 ✦，按住Ctrl键，将景墙
分别向上推拉1448mm、1751mm、2295mm、
2412mm、2470mm，如图10-39所示。

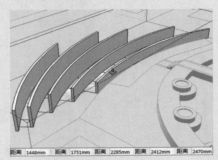

图10-39

02 使用"推/拉"工具 ✦，向上推拉台阶，结果
如图10-40所示。

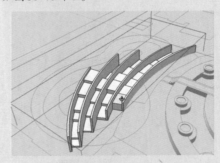

图10-40

03 绘制微地形。双击进入组件，使用"移动"
工具 ✦，将等高线向上移动，并将其全部
选中，然后单击"沙箱"工具栏中的"根据
等高线创建"工具按钮 ◢，结果如图10-41
所示。

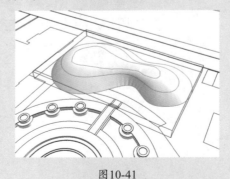

图10-41

04 绘制景观亭。使用"矩形"工具 ▤，绘制一个2700mm×3000mm的矩形，并以矩形角点为端点绘制4个300mm×300mm的小矩形，如图10-42所示。

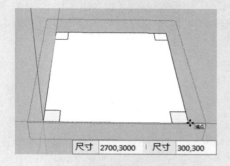

图10-42

05 使用"推/拉"工具 ◆，将景观柱平面向上推拉3000mm，并使用"矩形"工具 ▤，以柱子端点为起点绘制顶面，如图10-43所示。

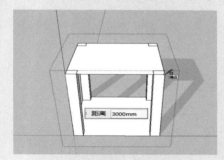

图10-43

06 使用"推/拉"工具 ◆，按住Ctrl键，将平面依次向上推拉140mm、700mm、140mm，如图10-44所示。

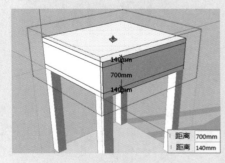

图10-44

07 使用"偏移"工具 ▨，将顶面向内偏移299mm，并使用"推/拉"工具 ◆，将里面的矩形挖空，如图10-45所示。

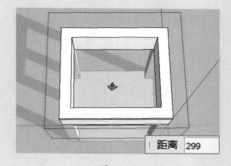

图10-45

08 使用"卷尺"工具 ▧，沿景观亭柱子边线绘制辅助线，并使用"矩形"工具 ▤，以交点为起点绘制矩形。使用"推/拉"工具 ◆，将平面向内推拉85mm，如图10-46所示。

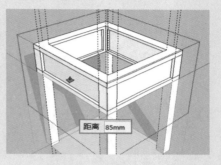

图10-46

09 使用"卷尺"工具 ▧，绘制距横向边线20mm、330mm，距离竖向边线577mm的辅助线，并使用"直线"工具 ✏ 连接辅助线的交点，如图10-47所示。

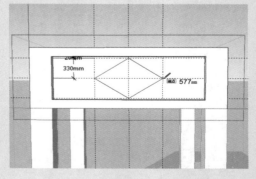

图10-47

10 选择多边形平面并创建为组件，使用"偏移"工具 ▨，将多边形面向内偏移85mm，并使用"推拉"工具 ◆，将内多边形挖空，外多边形向外推拉11mm，如图10-48所示。

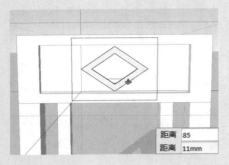

图10-48

11 使用"圆"工具 ●，在顶面四角和中心绘制半径为120mm的圆，并创建为组件。双击进入组件，使用"推/拉"工具 ◆，将圆形面分别向上推拉460mm、1500mm，如图10-49所示。

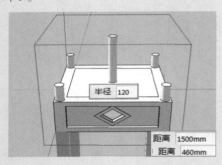

图10-49

12 使用"矩形"工具 ▣ 和"推/拉"工具 ◆，绘制一个1700mm×90mm×29mm的长方体作为顶柱，创建为群组并移至合适的位置，如图10-50所示。

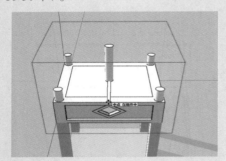

图10-50

13 使用"移动"工具 ◆，按住Ctrl键，将其移动并复制12份，创建为群组。使用"旋转"工具 ◢，按住Ctrl键，将组件旋转复制3份作为亭子的顶，如图10-51所示。

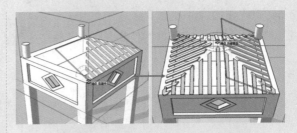

图10-51

14 绘制亭顶放样截面和路径。使用"矩形"工具 ▣，参照顶面尺寸绘制两个垂直的矩形，并使用"偏移"工具 ◥ 将矩形平面向外偏移689mm，整理完成后的结果如图10-52所示。

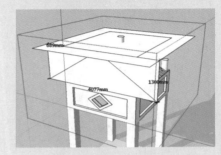

图10-52

15 使用"选择"工具选择放样路径。使用"跟随路径"工具 ◢，单击垂直截面，将会沿放样路径放样出如图10-53所示的图形，对景观亭进行调整，结果如图10-54所示。

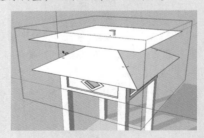

图10-53

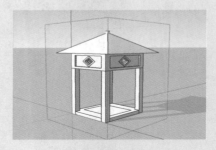

图10-54

16 绘制基座装饰。使用"圆弧"工具 ⬡，绘制
　　弧高为270mm，弧长为500mm的弧面，并创
　　建为组件。使用"推/拉"工具 ◆ 推拉出弧形
　　面，如图10-55所示。

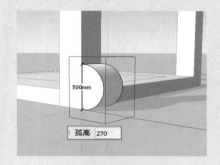

图10-55

17 使用"移动"工具 ◆ 和"旋转"工具 ◎，按
　　住Ctrl键，复制亭底部装饰组件，结果如图
　　10-56所示。

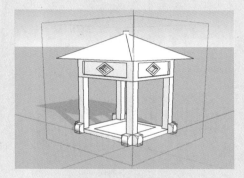

图10-56

18 将视图转换至俯视图，使用"移动"工具 ◆，
　　将景观亭移至合适的位置，如图10-57所示。

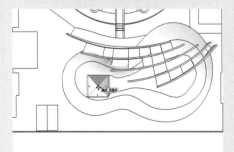

图10-57

19 选择亭子，使用"曲面平整" ◎ 工具，单击
　　山体将亭子底面平整到山体上，将亭子移至
　　合适位置，如图10-58所示。

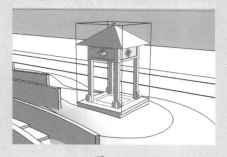

图10-58

10.2.4　绘制枯山水模型

绘制枯山水模型的具体操作步骤如下。

01 选择枯山水的平面图并右击，在弹出的快捷菜
　　单中选择"创建群组"选项，如图10-59所示。

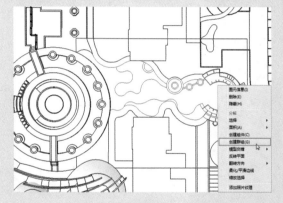

图10-59

02 选择"推/拉"工具 ◆，将枯山水平面向下推
　　拉265mm，绿化平面向下推拉100mm，如图
　　10-60所示。

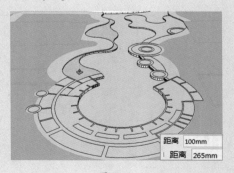

图10-60

03 执行"文件"|"导入"命令，导入小品、
　　石灯笼和景观石（对其进行大小、高低调

整）、石头汀步组件并移至合适的位置，如图10-61~图10-64所示。

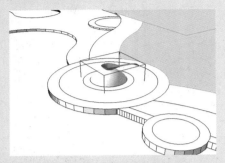

图10-61

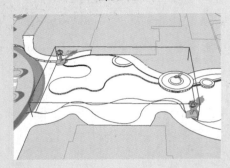

图10-62

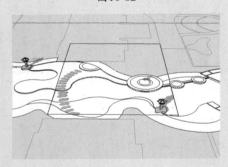

图10-63

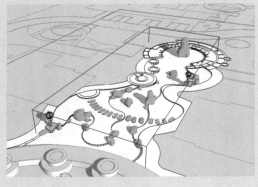

图10-64

10.2.5　绘制儿童游乐区模型

绘制儿童游乐区模型的具体操作步骤如下。

01　绘制座椅。使用"旋转矩形"工具■，绘制一个378mm×360mm的矩形。使用"偏移"工具，将矩形面向外偏移30mm并创建为组件，然后使用"推/拉"工具，将平面推拉48mm，如图10-65所示。

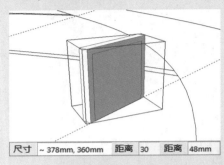

图10-65

02　使用"旋转"工具，按住Ctrl键，将组件旋转0.8°并复制32份，如图10-66所示。

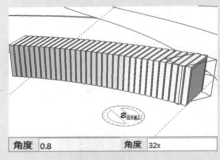

图10-66

03　结合使用"圆弧"工具及"直线"工具，绘制放样路径并选中。使用"跟随路径"工具，单击矩形截面，放样结果如图10-67所示。

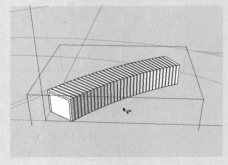

图10-67

04 使用"旋转"工具 ✺，按住Ctrl键，将座椅组件旋转复制3份，如图10-68所示。

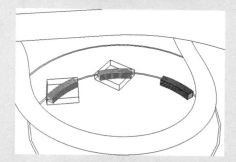

图10-68

05 利用"旋转"工具 ✺，按住Ctrl键，将场景边缘向上推拉50mm，如图10-69所示。

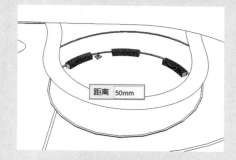

图10-69

06 执行"文件"|"导入"命令，导入小品、儿童游戏器械组件并移至合适的位置，如图10-70所示。

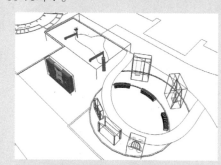

图10-70

10.2.6 绘制静区模型

绘制静区模型的具体操作步骤如下。

01 绘制景墙。使用"卷尺"工具 ✐，绘制距离铺装边线243mm、1380mm、240mm的辅助线，

并使用"矩形"工具 ▣，以交点为起点绘制矩形。然后使用"推/拉"工具 ◈，将矩形平面分别向上推拉825m、780mm、2860mm作为景墙，如图10-71所示。

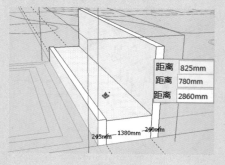

图10-71

02 使用"卷尺"工具 ✐，绘制距横向景墙边线1317mm、700mm和竖向景墙边线1147mm的辅助线，并使用"矩形"工具 ▣，以辅助线交点为起点绘制矩形，然后使用"推/拉"工具 ◈ 将其挖空，如图10-72所示。

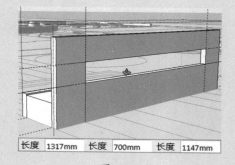

图10-72

03 使用"直线"工具 ✐，绘制如图10-73所示的图形。

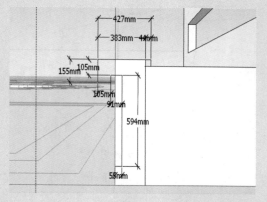

图10-73

281

04 使用"推/拉"工具◆，将绘制的平面图形推拉9331mm，结果如图10-74所示。

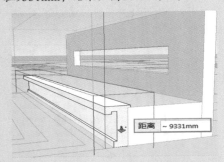

图10-74

05 使用"卷尺"工具✐，绘制距横向景墙边线192mm和竖向景墙边线12mm的辅助线，并结合使用"矩形"工具▦和"推/拉"工具◆，绘制一个93mm×192mm×3520mm的长方体作为支架，如图10-75所示。

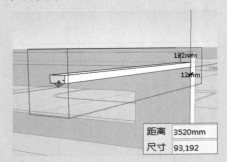

图10-75

06 选择支架，使用"移动"工具◆，按住Ctrl键，将支架向左移动3044mm并复制3份，如图10-76所示。

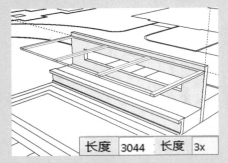

图10-76

07 使用"卷尺"工具✐，参照柱子边线绘制辅助线，并结合使用"矩形"工具▦及"推/拉"工具◆，绘制一个155mm×192mm×2563mm的

长方体作为竖向支撑，如图10-77所示。

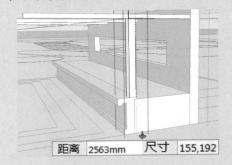

图10-77

08 选择竖向支撑，使用"移动"工具◆，按住Ctrl键，将其向左移动复制3份，如图10-78所示。

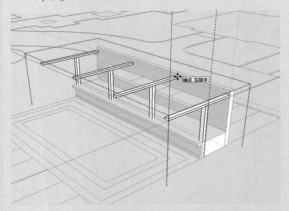

图10-78

09 使用"矩形"工具▦，以组件角点为起点绘制一个50mm×93mm的矩形，并利用"推/拉"工具◆，将矩形平面向外推拉9324mm，作为横向支架，结果如图10-79所示。

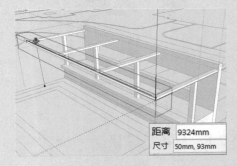

图10-79

10 选择横向支架，使用"移动"工具◆，按住Ctrl键，将横向支架向左移动650mm并复制3

份，如图10-80所示。

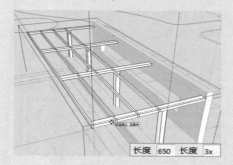

图10-80

11 使用"卷尺"工具 🖋，绘制距组件边线930mm的辅助线，并结合使用"矩形"工具 ▦ 及"推/拉"工具 ◈，绘制一个74mm×64mm×1900mm的长方体作为竖向支架，如图10-81所示。

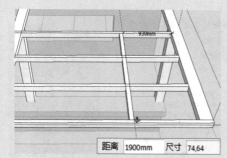

图10-81

12 选择竖向支架，使用"移动"工具 ✤，按住Ctrl键，将支架向左移动并复制，如图10-82所示。

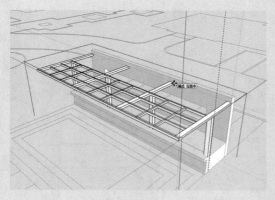

图10-82

13 绘制廊架顶面。使用"矩形"工具 ▦，以支架端点为起点绘制矩形，如图10-83所示。

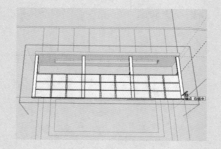

图10-83

14 绘制绿篱。使用"推/拉"工具 ◈，按住Ctrl键，将绿化平面向上推拉300mm作为绿篱，如图10-84所示。

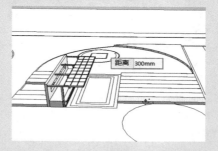

图10-84

15 细化铺装。使用"推/拉"工具 ◈，按住Ctrl键，将铺装平面向下推拉150mm，如图10-85所示。

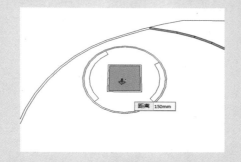

图10-85

16 细化座椅。使用"推/拉"工具 ◈，按住Ctrl键，将座椅平面向上推拉450mm。使用"偏移"工具 ⟀，将平面向外偏移50mm，并使用"推/拉"工具 ◈，将其向上推拉40mm，如图10-86所示。

17 执行"文件"|"导入"命令，导入小品组件并移至合适的位置，如图10-87所示。

18 使用"推/拉"工具 ◈，按住Ctrl键，将道路牙子平面向上推拉100mm，如图10-88所示。

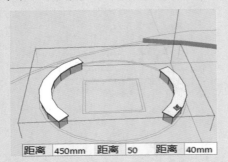

图10-86

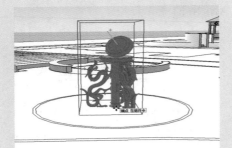

图10-87

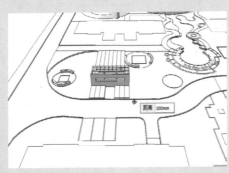

图10-88

10.3 细化场景模型

模型创建完成后，开始为模型赋予材质，在赋予材质的同时整理模型使其更真实。

10.3.1 赋予主干道模型材质

赋予主干道模型材质的具体操作步骤如下。

01 为小区中的草坪、道路赋予材质。使用"材质"工具，在"材质"对话框中单击"创

建材质"按钮，选择"草坪"材质并填充小区草坪，如图10-89所示。

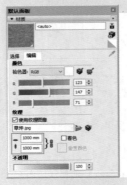

图10-89

02 采用上述相同方法导入材质，选择"花岗岩01"材质并填充小区道路，如图10-90所示。

图10-90

03 采用上述相同方法导入材质，选择"深色花岗岩"材质并填充主干道边框，如图10-91所示。

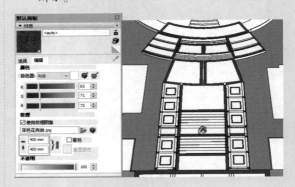

图10-91

04 采用相同方法导入材质，选择"广场砖"材

质 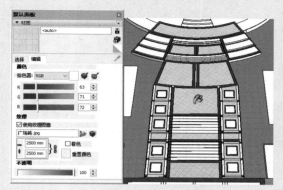 并填充主干道道路，如图10-92所示。

图10-92

05 选择"花岗岩01"材质 ■，填充主干道台
阶，如图10-93所示。

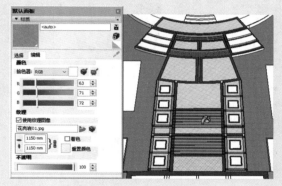

图10-93

06 采用上述方法选择"瓷砖01"材质 ■，填充
主干道花坛外围，如图10-94所示。

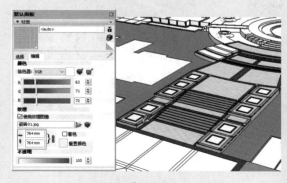

图10-94

07 选择"石材" ▦ 材质，填充主干道花坛材
质，如图10-95所示。

08 选择"花草植被" ▦ 材质，填充主干道花坛
绿化区，如图10-96所示。

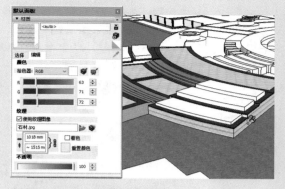

图10-95

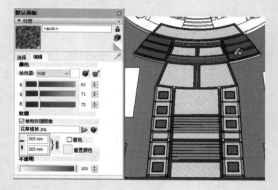

图10-96

10.3.2 赋予中心圆形喷泉广场模型材质

赋予中心圆形喷泉广场模型材质的具体操作
步骤如下。

01 使用"材质"工具 ✎，选择"深色大理石" ■
材质、"石材" ▦ 材质和"广场砖" ▦ 材
质，填充中心喷泉广场外圈走道，如图10-97
所示。

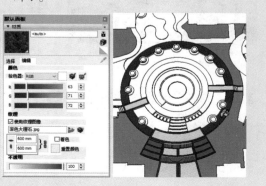

图10-97

02 选择"鹅卵石" 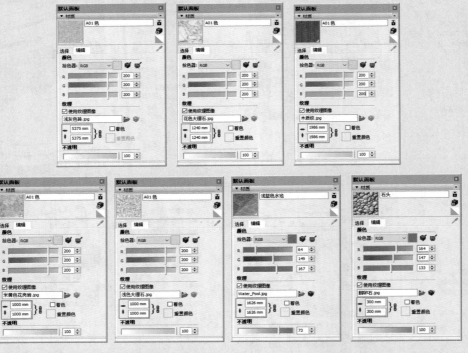材质和"水纹"材质，填充水池底部和水面。选择"浅色大理石"材质、"石材"材质、"深色花岗岩"材质、"米黄色花岗岩"材质、"木质纹"材质、"花色大理石"材质和"浅灰色砖"材质，由外向内依次填充中心广场喷泉内圈走道的材质，如图10-98和图10-99所示。

图10-98

03 选择"米黄色花岗岩"材质、"深色花岗岩"材质、"花草植被"材质，填充喷泉广场的花坛，如图10-100所示。

图10-99

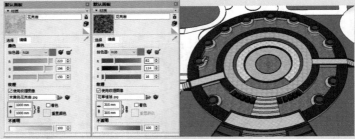

图10-100

10.3.3 赋予休闲区模型材质

赋予休闲区模型材质的具体操作步骤如下。

01 选择"材质"工具，单击"材质"对话框中的"创建材质"按钮，选择"广场砖"材质、"石材"材质、"工字砖"材质及"草皮"材质，填充休闲区景墙和微地形，如图10-101所示。

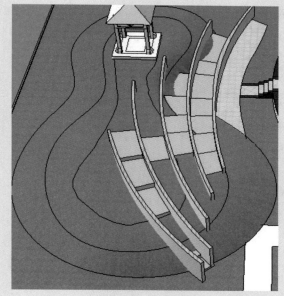

图10-101

02　选择"灰色半透明玻璃"▨材质和"白色"材质，赋予景观亭顶部支架与玻璃顶面，并为亭身赋予
"灰色自然砖"▨材质，景观亭基面赋予"灰色大理石"▨材质和"回纹砖"材质▨，如图10-102
所示。

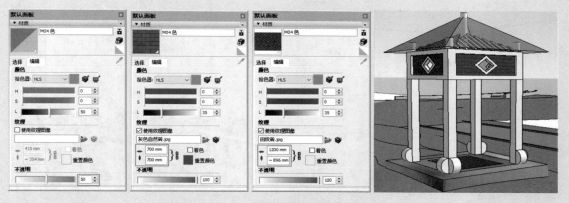

图10-102

10.3.4　赋予老年人活动区模型材质

赋予老年人活动区模型材质的具体操作步骤如下。

01　选择"材质"工具⬛，单击"材质"对话框中的"创建材质"按钮⬛，选择"条形砖"▨材质、
"深色花岗岩"▨材质、"蓝色半透明玻璃"▨材质及"浅色花岗岩"▨材质，填充老年人活动区
铺地。选择"深色木纹"▨材质、"草皮"▨材质和"白色""灰色"材质填充老年人活动区的
树池。

02　选择"自然文化石"▨材质和"水纹"▨材质，填充水池底部和水面。选择"灰色半透明玻璃"材
质▨、"浅色花岗岩"▨材质和深色材质▨，赋予老年人活动区防水栏杆，部分材质面板显示如图
10-103所示，最终的结果如图10-104与图10-105所示。

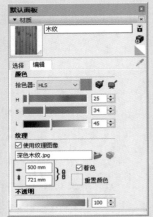

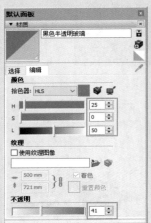
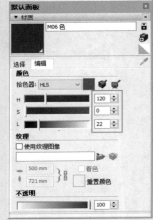

图10-103

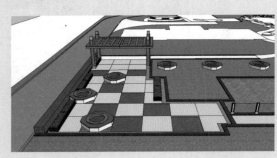

图10-104

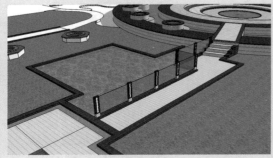

图10-105

10.3.5 赋予枯山水材质

选择"材质"工具，单击"材质"对话框中的"创建材质"按钮，选择"沙耙地被层"材质、"灰色砖"材质、"灰色片石"材质、"浅蓝色碎石拼砖"材质、"深色花岗岩"材质及"草皮"材质等，填充枯山水区铺地材质，部分材质面板显示如图 10-106 所示，结果如图 10-107 所示。

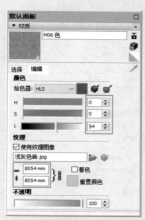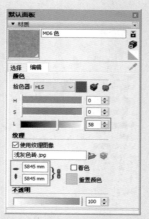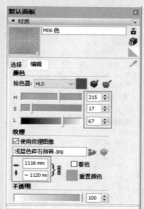
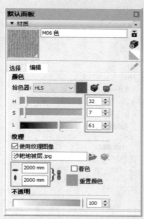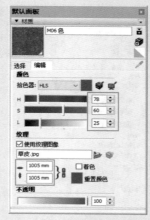

图10-106

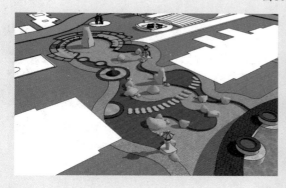

图10-107

10.3.6 赋予儿童活动区材质

选择"材质"工具 ，单击"材质"对话框中的"创建材质"按钮 ，选择"深色木纹" ■ 材质、"人字形砖" ■ 材质、"碎石地被层" ■ 材质、"浅色花岗岩" ■ 材质、"植草砖" ■ 材质，填充儿童活动区中的游戏器械区铺地。选择"原色樱桃木质纹" ■ 材质、"水洗石" ■ 材质填充座椅。选择"灰色砖" ■ 材质、"细沙地被层" ■ 材质，填充儿童活动区中的戏沙区铺地，部分材质面板如图 10-108 所示，最终结果如图 10-109 所示。

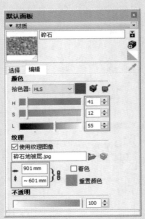
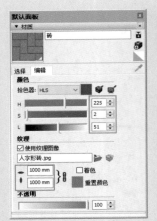
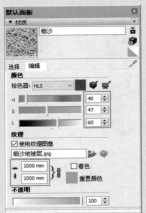
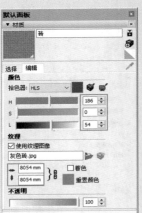
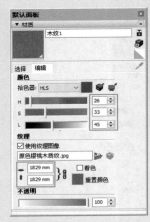

图10-108

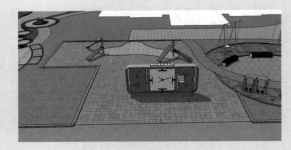

图10-109

10.3.7 赋予静区材质

选择"材质"工具 ，单击"材质"对话框中的"创建材质"按钮 ，选择"石材" 材质、"深色花岗岩" 材质填充景墙。选择"米白色大理石" 材质、"木质纹" 材质、"草皮" 材质，填充花池、绿篱材。选择"不锈钢" 材质、"紫色半透明玻璃" 材质填充廊架顶棚和支架。选择"深色大理石" 材质、"灰色砖" 材质、"深色花岗岩" 材质、"灰色砖" 材质、"灰色片石" 材质、"蓝色半透明玻璃" 材质、"深色木纹" 材质，填充静区铺地和座椅，如图10-110和图10-111所示为部分材质面板，如图10-112所示为最终结果。

图10-110

图10-111

图10-112

10.4 丰富场景模型

在 SketchUP 中，为了使模型看起来更真实，一般通过在场景中添加真实生活中的物件，以丰富场景模型。

10.4.1 添加构筑物

添加构筑物的具体操作步骤如下。

01 执行"窗口"|"默认面板"|"标记"命令，弹出"标记"面板，将建筑标记设为当前标记，首先为居住区添加居住建筑和商店，并移至合适的位置，结果如图10-113所示。

图10-113

02 在场景中添加防护围栏，如图10-114所示。

图10-114

03 在老年人活动区的草地上添加石块，石块随意摆放，有大有小，有远有近，使其放置得自然、真实。在玻璃铺地下面放置装饰性文字，如图10-115所示。

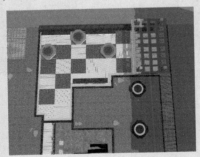

图10-115

04 在枯山水中添加桥组件，更能烘托小桥流水人家的意境，如图10-116所示。

05 在静区草地上随意放置石块，并添加汀步来连接不同的景观空间，起到移步异景的作用。在玻璃铺地下面放置装饰性文字，如图

10-117所示。

图10-116

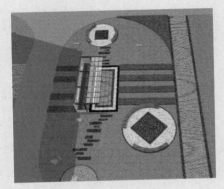

图10-117

10.4.2 添加植物

在添加植物时，不仅需要考虑乔木、灌木、花卉、草皮和地被植物的层次搭配，同时也要考虑植物色彩、姿态等其他因素，从整体出发，营造特点鲜明且丰富多样的景观，具体的操作步骤如下。

01 在"标记"面板中将植物标记设为当前标记，在主干道上添加彩色植物组件，起到指引作用，如图10-118所示。

图10-118

02 为中心喷泉广场添加灌木植物组件，起到点缀作用，结果如图10-119所示。

图10-119

03 在老年人活动区添加乔木、低矮植物、少量灌木，大片的留白空地增加了人们的活动空间，如图10-120所示。

图10-120

04 在休闲区添加小乔木、灌木丛，此场景中没有添加高大乔木，以达到一览众山小的效果，如图10-121所示。

图10-121

05 在枯山水中添加竹子、彩色小乔木，渲染氛围，如图10-122所示。

06 儿童是特殊群体，在儿童活动区种植植物时需要考虑安全问题，因此，在此区域没有种植高大、树叶密集的植物，种植小乔木、灌木，使视线不被遮挡，如图10-123所示。

图10-122

图10-123

07 在小区添加大小乔木、灌木、低矮植物，植物搭配丰富，层次感强，适合人们在此游玩、休息，如图10-124所示。

图10-124

10.4.3 添加人、动物、车辆及路灯

添加人、动物、车辆及路灯的具体操作步骤如下。

01 植物放置完成后，开始在场景中放置人物组件，并将所有放置的人物创建为一个群组，如图10-125所示。

02 添加完人物组件后，接下来为场景添加鸟和狗等动物组件，使场景更有活力，并且将所有动物组件创建成组，如图10-126所示。

03 添加完动物组件后，接下来为场景添加路灯、车组件，如图10-127和图10-128所示。

图10-125

图10-126

图10-127

图10-128

10.5 整理场景

至此模型构建完成，接下来通过调节相应的参数，即可导出需要的图形，将图形导入Photoshop进行后期处理。

10.5.1 渲染图片

渲染图片的具体操作步骤如下。

01 调整场景。执行"窗口" | "默认面板" | "阴影"命令，在弹出的"阴影"面板中设置参数，并单击"显示/隐藏阴影"按钮 🫗 开启阴影效果，如图10-129所示。

图10-129

02 结合使用"缩放"工具 🔍、"环绕视察"工具 🕂 和"平移"工具 🖎，将场景调整至合适位置，并执行"视图" | "动画" | "添加场景"命令，保存当前场景，如图10-130所示。

图10-130

03 在做好渲染的前期工作后，就开始设置渲染参数。在V-Ray for SketchUP工具栏中单击"资源编辑器"工具按钮 🗐，在出现的对话框中参照前文进行设置，在此不再赘述。设置完成后单击"渲染"按钮 🗘，开始渲染场景，最终的渲染效果如图10-131所示。

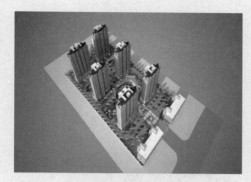

图10-131

10.5.2 后期处理

在SketchUP中利用V-Ray进行渲染后，为使场景显得更加真实，需要将效果图导入Photoshop中进行后期处理，具体的操作步骤如下。

01 打开Photoshop，执行"文件"|"打开"命令，打开渲染得到的效果图，在"图层"面板中双击，并重命名为"原图"，如图10-132所示。

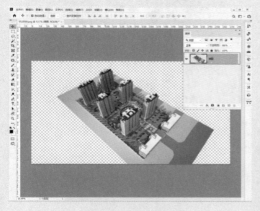

图10-132

02 复制"原图"图层并隐藏，选择与模型类似环境的图片，添加大体场景，如图10-133所示。

图10-133

03 使用"魔棒"工具，选中"原图"图层中的草坪部分，为其添加草坪，如图10-134所示。

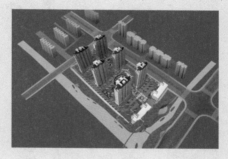

图10-134

04 使用"魔棒"工具，选中水体区域，添加水体和倒影，如图10-135所示。

图10-135

05 在规划场地的周边环境中添加植物，如图10-136所示。

06 在规划场地中添加乔木、灌木、地被等植物，如图10-137所示。

07 丰富规划场地周边环境，如图10-138所示。

08 在规划场地中添加汽车，渲染氛围，如图

10-139所示。

图10-136

图10-137

图10-138

图10-139

09 为场景添加投影，使阳光效果更强烈，如图
10-140所示。

图10-140

10 对整个画面进行处理，添加云雾，使鸟瞰空
间感更强，如图10-141所示。

图10-141

11 对整个场景进行微调，小区鸟瞰图绘制结果
如图10-142所示。

图10-142